W0254051

Teubner Skripten zur Mathematischen Stochastik

Laue/Riedel/Roßberg

Unimodale und positiv definite Dichten

Teubner Skripten zur Mathematischen Stochastik

Herausgegeben von

Prof. Dr. rer. nat. Ursula Gather, Universität Dortmund
Prof. Dr. rer. nat. Jürgen Lehn, Technische Universität Darmstadt
Prof. Dr. rer. nat. Norbert Schmitz, Universität Münster
Prof. Dr. phil. nat. Wolfgang Weil, Universität Karlsruhe

Die Texte dieser Reihe wenden sich an fortgeschrittene Studenten, junge Wissenschaftler und Dozenten der Mathematischen Stochastik. Sie dienen einerseits der Orientierung über neue Teilgebiete und ermöglichen die rasche Einarbeitung in neuartige Methoden und Denkweisen; insbesondere werden Überblicke über Gebiete gegeben, für die umfassende Lehrbücher noch ausstehen. Andererseits werden auch klassische Themen unter speziellen Gesichtspunkten behandelt. Ihr Charakter als Skripten, die nicht auf Vollständigkeit bedacht sein müssen, erlaubt es, bei der Stoffauswahl und Darstellung die Lebendigkeit und Originalität von Vorlesungen und Seminaren beizubehalten und so weitergehende Studien anzuregen und zu erleichtern.

Unimodale und positiv definite Dichten

Von Prof. Dr. rer. nat. Gabriele Laue,
Hochschule für Technik, Wirtschaft und Kultur Leipzig (FH)
Priv.-Doz. Dr. rer. nat. Manfred Riedel und
Prof. Dr. rer. nat. Hans-Joachim Roßberg
Universität Leipzig

B. G. Teubner Stuttgart · Leipzig 1999

Prof. Dr. rer. nat. Gabriele Laue

Geboren 1943 in Ostpreußen. Von 1961 bis 1966 Studium der Mathematik in Leipzig, 1966 Diplom. Ab 1970 wiss. Assistentin/Oberassistentin an der Universität Leipzig, Fachbereich Optimierung/Stochastik, 1974 Promotion, 1988 Habilitation. Seit 1993 Professorin an der Hochschule für Technik, Wirtschaft und Kultur Leipzig (FH).

Priv.-Doz. Dr. rer. nat. Manfred Riedel

Geboren 1950 in Camburg/Saale. Von 1968 bis 1973 Studium der Mathematik an der Universität Breslau, 1973 Diplom. Als wiss. Mitarbeiter von 1973 bis 1993 am Mathematischen Institut der Universität Leipzig, 1978 Promotion, 1987 Habilitation. Seit 1994 Privatdozent an der Universität Leipzig.

Prof. Dr. rer. nat. Hans-Joachim Roßberg

Geboren 1927 in Döbeln. Von 1946 bis 1951 Studium von Mathematik und Physik an der Universität Leipzig, 1951 Staatsexamen. Von 1953 bis 1956 Aspirant an der Universität Leipzig bei E. Hölder und an der Humboldt-Universität Berlin bei B. W. Gnedenko. 1958 Promotion an der Universität Leipzig. Von 1957 bis 1969 wiss. Mitarbeiter an der Akademie der Wissenschaften Berlin. 1968 Habilitation an der Universität Jena. Ab 1969 ordentlicher Professor an der Universität Leipzig, Emeritierung 1992.

Die Deutsche Bibliothek – CIP-Einheitsaufnahme

Laue, Gabriele:
Unimodale und positiv definite Dichten / von Gabriele Laue ;
Manfred Riedel und Hans-Joachim Roßberg. – Stuttgart ; Leipzig :
Teubner, 1999
(Teubner-Skripten zur mathematischen Stochastik)
ISBN 978-3-519-02745-4 **ISBN 978-3-322-94780-2 (eBook)**
DOI 10.1007/978-3-322-94780-2

Das Werk einschließlich aller seiner Teile ist urheberrechtlich geschützt. Jede Verwertung außerhalb der engen Grenzen des Urheberrechtsgesetzes ist ohne Zustimmung des Verlages unzulässig und strafbar. Das gilt besonders für Vervielfältigungen, Übersetzungen, Mikroverfilmungen und die Einspeicherung und Verarbeitung in elektronischen Systemen.

© 1999 B.G.Teubner Stuttgart · Leipzig

Einband: Peter Pfitz, Stuttgart

Vorwort

In Theorie und Praxis spielen eingipflige (unimodale) Dichten eine bedeutende Rolle. Sie sind aber im deutschen Sprachbereich kaum behandelt worden. Noch viel weniger untersucht wurden bisher positiv definite Dichten, das sind Dichten, die zu reellen charakteristischen Funktionen proportional sind. Auch sie werden vielfach bei der Modellierung zufälliger Erscheinungen genutzt.

Wegen der Symmetrie ist eine positiv definite Dichte p durch ihre Werte auf $[0, \infty)$ vollständig charakterisiert. Deshalb ist es sinnvoll, neben p auch die (Realteil-)Dichte

$$p^+(x) := \begin{cases} 0 & \text{für} \quad x < 0 \\ 2\,p(x) & \text{für} \quad x \geq 0 \end{cases}$$

zu betrachten und damit zwei Vorteile zu gewinnen:

- Man kann die Theorie der charakteristischen Funktionen nichtnegativer Zufallsgrößen anwenden, in der es orginelle Resultate mit nützlichen Anwendungen gibt.

- Man erfaßt zugleich eine große Klasse von Dichten, die auf $[0, \infty)$ konzentriert sind und die selbständiges Interesse besitzen.

Das Ziel der Autoren ist es, diese Gebiete zu einer einheitlichen Theorie zusammenzufügen und zu zeigen, daß sie viele interessante Anwendungen gestattet. Einen Überblick darüber gibt Kapitel 0. Die Theorie ist weitgehend neu und bietet viele Möglichkeiten zum weiteren Ausbau.

Das Buch richtet sich sowohl an Studenten als auch an Kollegen. Wir erwarten vom Leser nur, daß er eine Einführungsvorlesung für Wahrscheinlichkeitstheorie und Mathematische Statistik besucht hat.

Wir haben allen Kapiteln eine Anzahl von Aufgaben beigefügt. Viele von ihnen ergänzen den dargestellten Stoff. Wir empfehlen daher allen Lesern, sich damit auseinanderzusetzen.

Leipzig, im Mai 1999

G. Laue, M. Riedel,
H.-J. Roßberg

Inhaltsverzeichnis

Abkürzungen

c. F.	charakteristische Funktion
Im-Dichte	Imaginärteil-Dichte
Re-Dichte	Realteil-Dichte
pos. def.	positiv definit
Vf.	Verteilungsfunktion

Symbole

$\mathcal{F}_E$	Menge der Mischungen von Exponentialverteilungen
E_L	Mischung von Exponentialverteilungen mit mischender Verteilung L
F_X	Verteilungsfunktion der Zufallsgröße X
p_X	Dichte der Zufallsgröße X
p_F	Dichte der Verteilungsfunktion F
f_X	charakteristische Funktion der Zufallsgröße X
$M_{F,a}$	absolutes Moment der Ordnung a der Verteilungsfunktion F
$m_{F,a}$	gewöhnliches Moment der Ordnung a der Verteilungsfunktion F
$\breve{h}$	Fourier-Transformierte von h
$\breve{f}$	Laplace-Stieltjes-Transformierte der Vf. F
$\sim$	verteilt nach oder verteilt wie
$C(a,b)$	Cauchy-Verteilung mit den Parametern a, b
C_0	in Null gestutzte Cauchy-Verteilung
$Erl(a,b)$	Erlang-Verteilung mit den Parametern a, b
$Exp(a)$	Exponentialverteilung mit Parameter a
$\Gamma(a,b)$	Gammaverteilung mit den Parametern a, b
$U_{[a,b]}$	gleichmäßige Verteilung auf $[a,b]$
$N(\mu,\sigma^2)$	Normalverteilung mit Erwartung μ und Varianz σ^2
Φ	standardisierte Normalverteilung
Φ_0	in Null gestutzte Normalverteilung
$L(a,b)$	Laplace-Verteilung mit den Parametern a, b
G_0	Rayleigh-Verteilung
$W(a,b)$	Weibull-Verteilung mit den Parametern a, b

Kapitel 0

Positiv definite und unimodale Dichten in stochastischen Modellen

Wertet man Messungen aus, so begegnet man immer wieder der Frage, welche Verteilungsfunktion F dem Datenmaterial zugrunde liegt. Manchmal gestattet es der zentrale Grenzwertsatz zu vermuten, daß eine Normalverteilung vorliegt. In den meisten Fällen kann man jedoch nicht sofort auf einen bestimmten Verteilungstyp schließen. Deshalb versucht man, F wenigstens einer bestimmten Klasse von Verteilungsfunktionen zuzuordnen. Geeignete Klassen von Verteilungen zu untersuchen, ist daher eine Aufgabe von ständiger Aktualität.

Wir betrachten in diesem Buch absolutstetige Verteilungsfunktionen (Vf.), deren Dichten unimodal, d. h. eingipflig sind. Jede solche Dichte besitzt in einem Punkt $x = \nu$, dem *Modalwert*, ein Maximum, und rechts und links davon ist sie monoton. Häufig benutzte Verteilungen dieser Art sind die Normalverteilung, die Exponentialverteilung, die Erlang-Verteilung, die χ^2-Verteilung, die Weibull-Verteilung, die t-Verteilung. Es gibt bisher nur wenige Bücher, die solche Verteilungen behandeln. Ausnahmen sind z. B. die Monographien von Dharmadhikari und Joag-dev (1988), Bertin, Cuculescu und Theodorescu (1997).

Wir interessieren uns noch für eine zweite Eigenschaft, die viele absolutstetige Vf. besitzen und die bisher kaum untersucht wurde: Die

Dichte p einer solchen Vf. stimmt mit dem Realteil oder Imaginärteil einer gewissen charakteristischen Funktion (c. F.) h auf $(-\infty, \infty)$ bzw. $(0, \infty)$ überein. Dabei ergeben sich drei Möglichkeiten:

(i) $p(x) = Re\ h(x),\ -\infty < x < \infty.$

(ii) $p(x) = \begin{cases} Re\ h(x) & \text{für} \quad x \geq 0 \\ 0 & \text{für} \quad x < 0 \end{cases}.$

(iii) $p(x) = \begin{cases} Im\ h(x) & \text{für} \quad x \geq 0 \\ 0 & \text{für} \quad x < 0 \end{cases}.$

(Der Fall $p(x) = Im\ h(x),\ -\infty < x < \infty$ ist unmöglich.)

Im ersten Fall erweist sich p als *positiv definit (pos. def.)*. Im zweiten Fall nennen wir p *Realteil-Dichte (Re-Dichte)* und im letzten *Imaginärteil-Dichte (Im-Dichte)*.

Offenbar muß $Re\ h$ ($Im\ h(x)$ für $x \geq 0$) nichtnegativ und integrierbar sein. Wichtige Beispielklassen für c. F. mit $Re\ h \geq 0$ sind symmetrisch unbeschränkt teilbare c. F. und Mischungen solcher Funktionen. Andererseits besitzen Vf. H nichtnegativer Zufallsgrößen mit 0-unimodaler Dichte stets c. F. mit $Im\ h(x) \geq 0$ für $x \geq 0$.

Liegt eine nichtnegative c. F. vor, so werden wir zeigen, daß sie genau dann integrierbar ist, wenn ihre Vf. für nichtnegative Argumente unterhalb einer gewissen Geraden liegt (vgl. Lemma 3.2.1).

Allgemein läßt sich die Nichtnegativität und Integrierbarkeit anhand der Vf. nur schwer erkennen. Betrachten wir aber unimodale Vf. mit beschränkter Dichte, so brauchen wir dazu nur nachzuweisen, daß der Quotient zweier bestimmter unabhängiger Zufallsgrößen eine Mischung von Exponentialverteilungen ist (vgl. Kriterium 4.3.8*).

In der Literatur zur angewandten Stochastik wird c. F. bisher wenig Aufmerksamkeit geschenkt: Sie treten meist nur als Hilfsmittel auf, z. B. beim Beweis von Grenzwertsätzen. Die von uns betrachteten c. F. sind jedoch gleichzeitig Dichten und lassen sich damit inhaltlich interpretieren. Darüber hinaus hat sich beim Studium nichtnegativer Zufallsgrößen herausgestellt, daß für ihre c. F. u. a. besonders einfache Umkehrformeln, Identitäten und Momentbeziehungen gelten (vgl. § 2.4).

Wir werden zeigen, daß man bei vielen praktischen Problemen ganz natürlich auf Dichten des Typs (i), (ii), oder (iii) geführt wird.

Zunächst geben wir Beispiele für alle drei Fälle an.

Beispiele für pos. def. Dichten

(1) Die Dichte der Normalverteilung $N(0,1)$,

$$\varphi(x) = \frac{1}{\sqrt{2\pi}} e^{-x^2/2},$$

ist die bekannte Gaußsche Glockenkurve und ist daher unimodal. Sie besitzt die charakteristische Funktion (c. F.)

$$f(x) = \frac{1}{\sqrt{2\pi}} \int_{-\infty}^{\infty} \cos xu \, e^{-u^2/2} \, du = e^{-x^2/2},$$

demnach gilt $\varphi(x) = \frac{1}{\sqrt{2\pi}} f(x)$. Das bedeutet, φ ist auch pos. def.

(2) Die Laplace-Verteilung $L(0,1)$ besitzt die Dichte

$$p_L(x) = \frac{1}{2} e^{-|x|}$$

und die c. F.

$$f_L(x) = \frac{1}{1+x^2}.$$

Es ist aber bekanntlich $p_C(x) := f_L(x)/\pi$ die Dichte der Cauchy-Verteilung $C(0,1)$. Sie besitzt die c. F. $f_C(t) = 2\,p_L(t)$. Somit bilden p_L und p_C ein Paar von pos. def. Dichten, die beide unimodal sind. Wir nennen p_L und p_C zueinander *adjungierte* pos. def. Dichten; $\hat{p} := p_C$ heißt die zu $p := p_L$ *adjungierte* Dichte, $(p, \hat{p})$ *adjungiertes* Dichtepaar.

(3) Eine t-Verteilung mit $n \geq 1$ Freiheitsgraden besitzt die Dichte

$$p(x) = \frac{\Gamma((n+1)/2)}{\Gamma(n/2)\sqrt{\pi n}} \left(1 + \frac{x^2}{n}\right)^{-(n+1)/2}.$$

Sie ist offenbar unimodal, aber auch pos. def. Dies sieht man für den Fall $n = 2k + 1$ sofort, denn dann ist p darstellbar durch

$$p(x) = \frac{\Gamma(k+1)}{\Gamma(k+1/2)\sqrt{\pi(2k+1)}} f_L^{k+1}\left(\frac{x}{\sqrt{2k+1}}\right). \qquad \square$$

Wir wenden uns nun Dichten nichtnegativer Zufallsgrößen zu, und zwar den Re- und Im-Dichten. Re-Dichten sind mit pos. def. Dichten eng verknüpft; sie sind jedoch von eigenständigem Interesse, da in der Praxis häufig nichtnegative Zufallsgrößen auftreten.

Ebenso wie unimodale pos. def. Dichten spielen unimodale Re-Dichten eine besondere Rolle. Sie besitzen den Modalwert 0. Da die Dichte p einer nichtnegativen Zufallsgröße genau dann unimodal ist, wenn sie auf $[0, \infty)$ monoton fällt, sprechen wir in diesem Fall von einer *monotonen Dichte.*

Beispiele für Re-Dichten.

(4) Die in Null gestutzte Normalverteilung Φ_0 besitzt die Dichte

$$\varphi_0(x) = \sqrt{\frac{2}{\pi}} e^{-x^2/2}, \quad x \geq 0.$$

Für ihre c. F. f gilt (vgl. Anhang D)

$$\sqrt{\frac{2}{\pi}}\, Re\ f(x) = \varphi_0(x), \quad x \geq 0,$$

und somit ist φ_0 monotone Re-Dichte.

(5) Die Dichte der Exponentialverteilung $Exp(1)$,

$$p(x) := \begin{cases} 0 & \text{für } \; x < 0 \\ e^{-x} & \text{für } \; x \geq 0 \end{cases},$$

ist monoton und besitzt die c. F.

$$f(x) = \frac{1}{1-ix} = \frac{1}{1+x^2} + \frac{ix}{1+x^2}.$$

Re f ist auf $[0, \infty)$ — bis den Faktor $2/\pi$ — die Dichte der in Null gestutzten Cauchy-Verteilung C_0. Ihre c. F. f_{C_0} hat den Realteil

$$Re\ f_{C_0}(t) = \frac{2}{\pi}\int_0^\infty \cos tu\,\frac{1}{1+u^2}\,du = e^{-t}, \quad t \geq 0.$$

Somit besitzt auch $Exp(1)$ eine Re-Dichte.

(6) Die nichtmonotone Dichte

$$p(x) := \frac{2}{\pi}\frac{1-\cos x}{x^2}, \quad x > 0,$$

ist ebenfalls eine Re-Dichte. Betrachten wir nämlich die Vf. $G(x) := 2x(1 - x/2)$, $0 \leq x \leq 1$, so erhalten wir die zugehörige c. F. g

$$Re\ g(x) = 2\frac{1-\cos x}{x^2}.$$

Also gilt

$$p(x) = \frac{1}{\pi}Re\ g(x), \quad x \geq 0. \qquad \square$$

Wir führen schließlich Beispiele für den letzten Fall an.

Beispiele für Im-Dichten

(7) Die Rayleigh-Verteilung G_0 besitzt die Dichte

$$p_{G_0}(x) = x\,e^{-x^2/2}, \quad x \geq 0.$$

Dies ist eine Im-Dichte, denn die c. F. g_0 erfüllt für $x \geq 0$ die Beziehung

$$Im\ g_0(x) = \int_0^\infty u\,e^{-u^2/2}\sin xu\,du = \sqrt{\frac{2}{\pi}}x\,e^{-x^2/2} = \sqrt{\frac{2}{\pi}}p_{G_0}(x).$$

(8) Die Erlang-Verteilung $Erl(a, 2)$ besitzt eine Im-Dichte (vgl. Beispiel 5.1.1).

(9) Sind X und Y unabhängige nach Φ_0 verteilte Zufallsgrößen, so besitzt $X + Y$ eine Im Dichte (vgl. Aufgabe 5.3.3). $\square$

Die Paarbildung, der wir in Beispiel (2) begegnet sind, ist typisch für die von uns betrachteten Dichten. Wir werden sie in den Kapiteln 3, 4 und

5 eingehend behandeln. Die Elemente eines solchen Paares sind in ähnlicher Weise miteinander verknüpft wie konjugierte Dichten, die in der Quantenmechanik studiert werden. Daher genügen auch die Momente von pos. def. Dichten, Re- und Im-Dichten gewissen „Unschärferelationen". Um sie zu beweisen, wird man jedoch auf andere analytische Probleme geführt. Sie werden in Kapitel 9 vorgestellt.

Im Beispiel (1) haben wir gesehen, daß die Dichte φ der standardisierten Normalverteilung bis auf einen Faktor mit ihrer Fourier-Transformierten übereinstimmt. Sie ist ein Beispiel für selbstreziproke (selbstadjungierte) Funktionen, mit denen wir uns in Kapitel 6 auseinandersetzen.

0.1 Verteilungen von Summen und Differenzen

Wir betrachten ein Portefeuille von n Verträgen eines Versicherungsunternehmens. Der Gesamtschaden X, der dem Unternehmen durch diese n Verträge in einem bestimmten Zeitraum entsteht, setzt sich aus der Summe der Einzelschäden X_1, X_2,...,X_n zusammen.

Die Überlagerung zufälliger Einflüsse wird im allgemeinen ebenfalls durch Summen (oder Differenzen) von unabhängigen Zufallsgrößen beschrieben. Sollen z. B. Messungen an einer Zufallsgröße X durchgeführt werden, so wird die Beobachtung in der Regel durch einen zufälligen Fehler Y verfälscht. Die gemessene Größe wird dann als Summe von X und Y interpretiert.

Gegeben seien zunächst zwei unabhängige identisch verteilte Zufallsgrößen X und Y mit der Dichte q. Dann besitzt ihre Summe (Differenz) ebenfalls eine Dichte p_S (p_D), sie läßt sich darstellen durch

$$p_S(x) = \int_{-\infty}^{\infty} q(x-u)\,q(u)\,du \left(p_D(x) = \int_{-\infty}^{\infty} q(x+u)\,q(u)\,du\right).$$

Wir werden zeigen, daß diese Dichten in vielen Fällen die von uns untersuchten Eigenschaften besitzen; u. a. leiten wir die folgenden Aussagen ab:

(1) p_S ist pos. def., wenn $q \in L_2$ und symmetrisch ist.

(2) p_D ist genau dann pos. def., wenn $q \in L_2$.

(3) p_S (p_D) ist unimodal, wenn q symmetrisch und unimodal ist.

Beispiele

(1) Es seien $X, Y \sim N(0, \sigma^2)$ ($\sim$ steht für „verteilt nach"). Dann ist $X \pm Y \sim N(0, 2\sigma^2)$, und alle drei Aussagen sind trivial.

(2) Die Zufallsgrößen X und Y mögen die Cauchy-Verteilung $C(0,1)$ besitzen. Dann hat die zugehörige Dichte $q = p_C$ ebenfalls alle Eigenschaften, die für die Gültigkeit der Aussagen 1 - 3 erforderlich sind.

(3) Weitere Beispiele für Dichten q, die alle drei Kriterien erfüllen:

- Dichte einer im Intervall $[-a, a]$ gleichmäßig verteilten Zufallsgröße,
- Dichte einer Laplace-Verteilung,
- Dichte einer t-Verteilung. □

Sind X und Y dagegen unterschiedlich verteilt, und besitzt etwa X eine pos. def. Dichte (Re-, Im-Dichte), so gehört $X \pm Y$ unter ziemlich allgemeinen Bedingungen ebenfalls einer dieser Klassen an (vgl. Kapitel 7).

0.2 Mischungen von Verteilungen

In § 0.1 haben wir die n Verträge eines Versicherungsunternehmens in den Mittelpunkt der Betrachtung gestellt. Konzentrieren wir uns auf die einzelnen Schäden, die dadurch dem Unternehmen entstehen, so kommen wir zu der folgenden Modellierung. Es seien N die zufällige Anzahl der Schäden, die in einem bestimmten Zeitraum entstehen, und Y_i, $i = 1, 2, ..., N$, die entsprechenden zufälligen Schadenhöhen. Weiter seien die Zufallsgrößen $Y_1, Y_2, ...$ identisch nach Q verteilt, darüber hinaus seien $N, Y_1, Y_2, ...$ unabhängig. Dann ist die Vf. F des Gesamtschadens $X := Y_1 + ... + Y_N$ durch die folgende *Mischung* der Vf. $Q^{0*} := \epsilon_0$, $Q^{1*} := Q$, Q^{2*},... gegeben:

$$F(x) := \sum_{k=0}^{\infty} Q^{k*}(x) \, P\{N = k\},$$

dabei bezeichnet ϵ_a die ***ausgeartete Vf.*** mit Sprung in a. Wird Q etwa durch die Normalverteilung $N(0, \sigma^2)$ angenähert, und bezeichnen wir die Vf. von N mit F_N, so kann F in der Gestalt

$$F(x) = \int_0^\infty \Phi\left(\frac{x}{\sqrt{u}\sigma}\right) dF_N(u)$$

approximiert werden.

Im Kapitel 7 werden wir uns mit speziellen Mischungen, den sogenannten Skalierungsmischungen, befassen. Bei ihnen hängt der Kern von x/u bzw. $x\,u$ ab. Solche Mischungen entstehen bei vielen anderen Anwendungen, nämlich dann, wenn Produkte oder Quotienten unabhängiger Zufallsgrößen betrachtet werden.

Das Auftreten von Produkten und Quotienten von Zufallsgrößen können wir beim Anlegen von Kapital illustrieren. Zum Zeitpunkt t habe ein bestimmter Investmentfonds in der Währung A den Kurs $X(t)$, d. h. für $X(t)$ Einheiten der Währung A erhält man einen Anteil dieses Fonds. Der Währungskurs von A zu einer Währung B sei $Y(t)$ (eine Einheit der Währung A entspricht $Y(t)$ Einheiten der Währung B). Ein Anleger mit dem Kapital V in der Währung B kann somit zum Zeitpunkt t_0 — wenn Ausgabezuschläge und Transaktionskosten vernachlässigt werden — $W := V/(Y(t_0)X(t_0))$ Anteile erwerben. Zu einem späteren Zeitpunkt t erhält er beim Verkauf dieser Anteile das Kapital $W\,X(t)\,Y(t)$ in der Währung B.

Wir betrachten daher Produkte bzw. Quotienten von unabhängigen Zufallsgrößen. Wie sich zeigt, genügt es in vielen Fällen, wenn eine der Komponenten eine pos. def. Dichte (Re-, Im-Dichte) besitzt, um zu sichern, daß auch das Produkt bzw. der Quotient diese Eigenschaft hat. Ist z. B. eine Komponente standardisiert normal verteilt, so haben das Produkt und der Quotient unter ziemlich allgemeinen Bedingungen an die zweite Zufallsgröße eine pos. def. Dichte, eine Re- oder Im-Dichte.

Sind allgemeiner $X \sim F_X$ und $Y \sim F_Y$ unabhängige Zufallsgrößen, besitzt weiter F_X die pos. def. Dichte p_X, und ist F_Y stetig in 0, so werden wir u. a. die folgenden Aussagen beweisen:

- Das Produkt $X\,Y$ besitzt eine Dichte p_{XY}.

- p_{XY} ist genau dann pos. def., wenn das Moment der Ordnung -1 der Vf. F_Y existiert.

In diesem Zusammenhang gewinnen Momente negativer Ordnung eine praktische Bedeutung. Inhaltlich besagt die Existenz solcher Momente der Vf. F_Y, daß das Ereignis $\{|Y| < x\}$ für kleine positive x nur äußerst selten auftritt.

Wir erhalten außerdem eine Interpretation spezieller Dichtepaare $(p, \hat{p})$: Ist die pos. def. Dichte p als Dichte eines Produktes oder Quotienten darstellbar, so läßt sich umgekehrt die adjungierte Dichte $\hat{p}$ als Dichte eines Quotienten bzw. Produktes deuten.

Die Vf. von Produkten und Quotienten unabhängiger Zufallsgrößen sind, wie gesagt, Skalierungsmischungen. In vielen statistischen Modellen benutzt man Skalierungsmischungen von Normalverteilungen. Von den zahlreichen relevanten Beispielen heben wir die t-Verteilung und die *logistische Verteilung* hervor. Beide sind Mischungen von Normalverteilungen und besitzen unimodale und pos. def. Dichten. Wir werden zeigen, daß dabei auch die *Kolmogorov-Verteilung* K auftritt. Diese steht eng im Zusammenhang mit dem Hauptsatz der Mathematischen Statistik (Satz von Glivenko), wir haben nämlich die folgenden Aussagen:

- Sind $X_1, X_2, ..., X_n$ unabhängige nach F verteilte Beobachtungen (Zufallsgrößen), so ist

$$F_n := \frac{1}{n} \sum_{k=1}^{n} \epsilon_{X_k}$$

die zugehörige *empirische Vf.* Für den Abstand

$$D_n := sup\{|F_n(x) - F(x)| : x \in (-\infty, \infty)\}$$

gilt dann

$$P\{\lim_{n\to\infty} D_n = 0\} = 1.$$

- Ist F stetig, so gilt darüber hinaus

$$\lim_{n\to\infty} P\{\sqrt{n}\, D_n < x\} = K(x).$$

Bezeichnen wir mit F_{log} die logistische Vf., so ist unser Ergebnis: Sind $X \sim N(0,1)$ und $Y \sim K$ unabhängige Zufallsgrößen, so ist $2XY \sim F_{log}$. Als Nebenprodukt ergibt sich dabei, daß K alle Momente der Ordnung $n \geq -1$ besitzt.

Zur Simulation von stochastischen Modellen benötigt man Zufallszahlen zu den Vf., denen die Komponenten des Modells unterliegen. Wir diskutieren die Erzeugung von Zufallszahlen von Skalierungsmischungen. Ist z. B. F eine Vf., deren c. F. f vom Pólya-Typ ist, so läßt sie sich als Vf. eines Quotienten X/Y von unabhängigen Zufallsgrößen deuten. Hierbei hat Y die Dichte

$$p_Y(x) = \frac{1}{2\pi}\left(\frac{\sin x/2}{x/2}\right)^2, \quad x \neq 0,$$

und die Vf. von X läßt sich aus der c. F. f bestimmen. Dies ermöglicht es, für wichtige Spezialfälle Zufallszahlen zu F zu konstruieren (vgl. §§ 2.5, 10.2).

0.3 Zuverlässigkeit und Erneuerung

Wir betrachten ein technisches System vom Zeitpunkt $t_0 = 0$ an und interessieren uns für das Arbeiten einer bestimmten Komponente. Fällt sie aus, so wird sie sofort durch eine neue gleichartige ersetzt. Die Reparaturzeit sei vernachlässigbar klein. Fassen wir die Lebensdauer der Komponente als Zufallsgröße auf, und interesssieren wir uns für den Verbrauch von Ersatzteilen im Intervall $[0,t]$, so haben wir eine Folge $X_1, X_2, \cdots$ von Lebensdauern zu untersuchen. Diese Folge unabhängiger, identisch verteilter nichtnegativer Zufallsgrößen mit Vf. F nennen wir einen *gewöhnlichen Erneuerungsprozeß*.

Inspizieren wir das System zu irgendeinem Zeitpunkt t_1, so hat die gerade arbeitende Komponente eine Restlebensdauer, deren Vf. F_1 im allgemeinen von F verschieden ist. Der (vom Zeitpunkt t_1 an) beobachtete Erneuerungsprozeß heißt dann *verzögert* und wird durch eine Folge unabhängiger Zufallsgrößen $X_1, X_2, \cdots$ mit den Eigenschaften

$$X_1 \sim F_1, \quad X_i \sim F, \quad i = 2, 3, \cdots,$$

modelliert. Hier interessiert der Verbrauch von Ersatzteilen im Verlauf eines Zeitintervalls $(t_1, t_1 + t]$.

Ein Erneuerungsprozeß heißt *stationär*, wenn das erste Moment $m_{F,1}$ der Vf. F existiert und F_1 die Dichte

$$p_{F_1}(x) := \frac{1}{m_{F,1}}(1 - F(x)), \quad x \geq 0, \tag{0.3.1}$$

besitzt. Die Dichte p_{F_1} tritt auf, wenn der Prozeß schon sehr lange läuft: Wir nehmen an, daß ein gewöhnlicher Erneuerungsprozeß zum Zeitpunkt $t_0 = -T$ beginnt und zum Zeitpunkt $t_1 = 0$ inspiziert wird. Weiter sei $Y_T \sim G_T$ die Restlebensdauer der zum Zeitpunkt 0 arbeiteten Komponente. Man kann dann zeigen, daß G_T die Grenzverteilung mit Dichte (0.3.1) hat, wenn $T \to \infty$ strebt (vgl. z. B. Feller (1971)).

Die Dichte p_{F_1} ist offenbar monoton und beschränkt. Umgekehrt hat jede monotone beschränkte Dichte die Gestalt (0.3.1) mit einer gewissen Vf. F. Diese Dichten sind häufig Re-Dichten, und alle Resultate für monotone Re-Dichten lassen sich in der Sprache der Erneuerungstheorie interpretieren. Das folgende Resultat gibt an, unter welchen Bedingungen p_{F_1} eine Re-Dichte ist:

Die Vf. F_1 (Anfangsverteilung eines stationären Erneuerungsprozesses) besitzt genau dann eine Re-Dichte, wenn die Vf.

$$\frac{2}{\pi}\int_0^\infty F\left(\frac{x}{u}\right)\frac{1}{1+u^2}\,du, \quad x \geq 0,$$

eine Mischung von Exponentialverteilungen ist (vgl. Kriterium 4.3.8*).

Wir wenden uns nun der Zuverlässigkeitstheorie zu. Sie modelliert unter anderem die Alterung technischer Systeme und ihrer einzelnen Bauteile. Dabei wird — wie in der Erneuerungstheorie — die zufällige Lebensdauer eines Bauteiles durch eine nichtnegative Zufallsgröße X mit der Vf. F beschrieben. Häufig benutzte Lebensdauerverteilungen sind z. B. die Exponentialverteilung, die Erlang-Verteilung, die Gamma-Verteilung, die in Null gestutzte Normalverteilung sowie Mischungen solcher Verteilungen. In den vorangegangenen Abschnitten haben wir bereits gesehen, daß diese Verteilungen für bestimmte Parameter entweder Re-Dichten oder Im-Dichten besitzen.

Um den Alterungsprozeß zu beschreiben, benutzt man die Funktion

$$F_t(x) := P\{X < t + x | X \geq t\} = \frac{F(t+x) - F(t)}{1 - F(t)}, \quad x > 0,$$

d. h. die bedingte Wahrscheinlichkeit dafür, daß ein Teil mit Alter t im Intervall $(t, t+x)$ ausfallen wird. Mit ihrer Hilfe werden Klassen von Vf. definiert. Ein wichtiger Fall liegt z. B. vor, wenn F_t für $x > 0$ eine in t wachsende Funktion ist. Dann ist die bedingte Wahrscheinlichkeit dafür, daß X in einem Intervall der Länge x ausfällt, um so größer, je älter das Bauteil ist. Anders ausgedrückt gilt: Ältere Bauteile fallen in einem Intervall fester Länge in der Regel häufiger aus als jüngere. Besitzt F eine Dichte p, so führt man die *Ausfallrate*

$$r_F(t) := \lim_{x \downarrow 0} \frac{F_t(x)}{x} = \frac{p(t)}{1 - F(t)}$$

ein. Man kann zeigen, daß F_t genau dann bezüglich t wächst, wenn $r_F(t)$ wachsend ist. Man sagt dann: F gehört zum Typ IFR (increasing failure rate) und schreibt $F \in IFR$. Bei vielen Verteilungen läßt sich die IFR-Eigenschaft sofort nachweisen. Ist z. B. $X \sim Exp(a)$, so haben wir

$$r_F(x) = \frac{a\, e^{-ax}}{e^{-ax}} = a, \quad x \geq 0.$$

Ist p_{F_1} eine Dichte der Gestalt (0.3.1), so folgt aus $F \in IFR$ auch $F_1 \in IFR$. Diese Voraussetzung liefert deshalb zusammen mit anderen Bedingungen Charakterisierungen von Exponentialverteilungen (vgl. § 8.2). Wir untersuchen in Kapitel 8 außerdem die Frage, welche Konsequenzen die Voraussetzung $F_1 \in IFR$ nach sich zieht, wenn F_1 eine monotone Re-Dichte besitzt.

0.4 Die Kovarianzfunktion eines stationären stochastischen Prozesses

Viele statistische Methoden setzen voraus, daß die auftretenden Zufallsgrößen unabhängig sind. Jedoch trifft diese Voraussetzung in der Ökonomie, Technik und in den Naturwissenschaften oft nicht zu. Die

Abhängigkeit der Zufallsgrößen spiegelt hier gerade das Wesen der studierten Phänomene wider. Deswegen müssen Modelle betrachtet werden, in denen Abhängigkeiten zwischen den Zufallsgrößen zugelassen werden.

Wir gehen davon aus, daß zu jedem Zeitpunkt $t \in \mathcal{R}$ eine Zufallsgröße $X(t)$ vorliegt. Dann heißt die Familie $\{X(t) : t \in \mathcal{R}\}$ ein *stochastischer Prozeß*. Wir setzen voraus, daß der Erwartungswert $EX(t)$ konstant ist, also nicht von t abhängt. Dabei bestehe zwischen den Zufallsgrößen $X(t)$ und $X(s)$, $s \leq t$, eine Abhängigkeit. Um sie zu messen, benutzen wir die *Kovarianzfunktion* $R(t,s) := Cov[(X(t), X(s)]$. Bekanntlich ist sie ein Maß für die lineare Abhängigkeit von $X(t)$ und $X(s)$. Sie soll nur von der Differenz $t - s$ abhängen, so daß allein der Abstand der Punkte t und s für die Abhängigkeit entscheidend ist. Solche stochastischen Prozesse $X(t)$ heißen *stationär im weiteren Sinn*; sie erfüllen also

$$EX(t) = c \quad \text{und} \quad Cov[(X(t), X(s)] = Cov[(X(t-s), X(0)].$$

Die Kovarianzfunktion hängt damit nur von einer Variablen ab, und wir schreiben dies in der Form

$$R(t,s) = R(t-s, 0) =: R(t-s).$$

Die Abhängigkeitsstruktur des Prozesses wird also durch die Funktion $R(t)$ ausgedrückt.

Untersucht man R, so stellt sich heraus (vgl. § 10.3), daß R pos. def. ist. Deshalb gibt es eine Vf. F, die sogenannte Spektralfunktion, so daß die Darstellung

$$R(u) = \int_{-\infty}^{\infty} \cos ux \, dF(x)$$

besteht. Falls F eine Dichte p besitzt, so haben wir

$$R(u) = \int_{-\infty}^{\infty} \cos ux \, p(x) \, dx, \tag{0.4.2}$$

p heißt dann *Spektraldichte*.

Wir betrachten einen stationären Prozeß $X(t)$, in dem $X(t)$ und $X(s)$ nichtnegativ korreliert sind. Dann ist also die Kovarianzfunktion R

nichtnegativ. Ist R darüber hinaus integrierbar, so erweist sich die Spektraldichte p als pos. def. Die zu ihr adjungierte Dichte sei $\hat{p}$. Man kann die zu $\hat{p}$ gehörige c. F. als Kovarianzfunktion eines stetigen und im weiteren Sinn stationären Prozesses $\hat{X}(t)$ auffassen und diesen Prozeß als *adjungiert* zu $X(t)$ interpretieren. Zwischen beiden Prozessen $X(t)$ und $\hat{X}(t)$ lassen sich interessante Zusammenhänge herstellen. Durchschreitet z. B. der Prozeß $X(t)$ das Niveau u sehr oft, so gibt es nur wenige u-Durchgänge des Prozesses $\hat{X}(t)$ (vgl. § 10.3).

Wir geben schließlich eine breite Klasse stetiger stochastischer Prozesse mit pos. def. Spektraldichte an: Es sei $Y(t)$ ein stochastischer Prozeß mit unabhängigen Zuwächsen, und es gelte für alle reellen t und alle $h \geq 0$: $EY(t) = 0$ und $E|Y(t+h) - Y(t)|^2 = h$. Für eine beliebige reelle quadratisch integrierbare Funktion $q : \mathcal{R} \to \mathcal{R}$ existiert dann das *stochastische Integral*

$$X(t) := \int_0^\infty q(u)dY(t-u) \tag{0.4.3}$$

als Grenzwert (im Quadratmittel) entsprechender Riemann-Stieltjes-Summen (vgl. Anhang C). Der dadurch gegebene stochastische Prozeß $X(t)$ erweist sich als stetiger und im weiteren Sinn stationärer stochastischer Prozeß mit einer pos. def. Spektraldichte p.

Prozesse der Bauart (0.4.3) haben eine einfache Charakterisierung innerhalb der Klasse der stetigen und im weiteren Sinn stationären stochastischen Prozesse:

$X(t)$ besitzt genau dann die Darstellung (0.4.3), in der $Y(t)$ ein stochastischer Prozeß mit orthogonalen Zuwächsen und q eine pos. def. Dichte ist, wenn $\sqrt{p}$ pos. def. ist.

Kapitel 1

Unimodale Verteilungen

1.1 Konvexe Funktionen

Wir stellen in diesem Abschnitt die wichtigsten Eigenschaften von konvexen und konkaven Funktionen zusammen. Dazu führen wir zunächst den Begriff einer konvexen Menge ein.

Definition 1.1.1 *Eine Menge $A \subseteq \mathcal{R}^n$ heißt konvex, falls für beliebige $x_1, x_2 \in A$ gilt*

$$\alpha x_1 + (1-\alpha)x_2 \in A, \quad 0 \leq \alpha \leq 1,$$

d. h. mit zwei Punkten von A gehört auch die Verbindungsstrecke zwischen diesen beiden Punkten zu A.

In analoger Weise läßt sich eine konvexe Teilmenge A eines linearen Raumes definieren.

Da wir im weiteren konvexe Funktionen auf $\mathcal{R} := \mathcal{R}^1$ betrachten werden, weisen wir darauf hin, daß konvexe Mengen A aus $\mathcal{R}$ stets Intervalle sind.

Definition 1.1.2 *Eine reelle Funktion $\varphi : A \subseteq \mathcal{R} \to \mathcal{R}$ mit konvexem Definitionsgebiet A heißt konvex, falls für alle $x_1, x_2 \in A$ und alle α, $0 \leq \alpha \leq 1$, die Ungleichung*

$$\varphi(\alpha x_1 + (1-\alpha)x_2) \leq \alpha\varphi(x_1) + (1-\alpha)\varphi(x_2) \tag{1.1.1}$$

erfüllt ist.

Bezeichnen wir die Strecke zwischen den Punkten $P_1 = (x_1, \varphi(x_1))$ und $P_2 = (x_2, \varphi(x_2))$ als Sehne, so können wir (1.1.1) wie folgt geometrisch interpretieren: Die Sehne $\overline{P_1 P_2}$ liegt nicht unterhalb des Graphen von φ (*Sehneneigenschaft*).

Für stetige Funktionen φ kann man die Bedingung (1.1.1) abschwächen. Das ist der Inhalt von

Satz 1.1.3 *Es sei $\varphi : [a, b] \to \mathcal{R}$ eine stetige Funktion, und es gelte für alle $a \le x_1 < x_2 \le b$*

$$\varphi\left(\frac{x_1 + x_2}{2}\right) \le \frac{\varphi(x_1) + \varphi(x_2)}{2}. \tag{1.1.2}$$

Dann ist φ konvex.

Beweis: Mit Hilfe vollständiger Induktion erhalten wir aus (1.1.2), daß für alle k und l mit $0 \le l \le 2^k$

$$\varphi\left(\frac{l}{2^k} x_1 + (1 - \frac{l}{2^k}) x_2\right) \le \frac{l}{2^k}\varphi(x_1) + (1 - \frac{l}{2^k})\varphi(x_2) \tag{1.1.3}$$

gilt. Für $0 \le \alpha \le 1$ definieren wir nun die Folge

$$a_k = \frac{[\alpha 2^k]}{2^k}, \quad k = 1, 2, ...,$$

wobei $[x]$ die größte ganze Zahl $\le x$ bezeichnet. Dann gilt $a_k \to \alpha$ bei $k \to \infty$. Wählen wir nun $l = [\alpha 2^k]$ in (1.1.3), so erhalten wir nach dem Grenzübergang $k \to \infty$ die Beziehung (1.1.1), d. h. φ ist konvex. □

Das Gegenstück zu konvexen sind konkave Funktionen.

Definition 1.1.4 *Die reelle Funktion $\varphi : A \subseteq \mathcal{R} \to \mathcal{R}$ mit konvexem Definitionsgebiet A heißt konkav, falls für alle $x_1, x_2 \in A$ und alle α, $0 \le \alpha \le 1$, die Ungleichung*

$$\varphi(\alpha x_1 + (1 - \alpha) x_2) \ge \alpha\varphi(x_1) + (1 - \alpha)\varphi(x_2)$$

gilt.

Ist φ eine konkave Funktion, so ist $\eta := -\varphi$ eine konvexe Funktion und umgekehrt. Somit übertragen sich Eigenschaften konvexer Funktionen auf konkave. Es genügt daher, z. B. konvexe Funktionen zu betrachten.

Elementare Eigenschaften konvexer Funktionen lassen sich aus folgendem Hilfsresultat erschließen.

Lemma 1.1.5 *Es sei $\varphi : [a,b] \to \mathcal{R}$ eine konvexe Funktion. Dann gelten für $a \le x_1 < x_2 < x_3 \le b$ die Ungleichungen*

$$\frac{\varphi(x_2)-\varphi(x_1)}{x_2-x_1} \le \frac{\varphi(x_3)-\varphi(x_1)}{x_3-x_1} \le \frac{\varphi(x_3)-\varphi(x_2)}{x_3-x_2}. \tag{1.1.4}$$

Beweis: Wegen $x_2 \in (x_1, x_3)$ existiert ein α, $0 < \alpha < 1$, so daß

$$x_2 = \alpha x_1 + (1-\alpha)x_3 \quad \text{und damit} \quad \alpha = \frac{x_2 - x_3}{x_1 - x_3}$$

gilt. Substituieren wir nun α in (1.1.1), so ergibt sich nach elementaren Umformungen die erste Ungleichung von (1.1.4); analog folgt die zweite. □

Auch dieses Resultat läßt sich geometrisch deuten. Bezeichnen wir die Gerade durch die Punkte $(x_i, \varphi(x_i))$ und $(x_j, \varphi(x_j)), i \neq j$, mit g_{ij}, so sagen die obigen Ungleichungen nämlich aus, daß einerseits der Anstieg der Geraden g_{12} nicht größer als der Anstieg von g_{13} ist, und andererseits ist der Anstieg von g_{13} nicht größer als der Anstieg von g_{23}.

Wir wenden uns nun der Existenz der links- und rechtsseitigen Ableitungen einer konvexen Funktion $\varphi : [a,b] \to \mathcal{R}$ zu. Zu diesem Zweck definieren wir für ein festes $v \in (a,b)$ die Funktion

$$h_v(x) := \frac{\varphi(x)-\varphi(v)}{x-v}, \quad x \in (v,b].$$

Nach Lemma 1.1.5 ist h_v monoton wachsend und nach unten beschränkt, denn für beliebige t, u mit $a \le t < u < v < x < b$ gilt

$$\frac{\varphi(u)-\varphi(t)}{u-t} \le h_v(x). \tag{1.1.5}$$

Folglich existiert die rechtsseitige Ableitung

$$\lim_{x \downarrow v} h_v(x) =: \varphi_r'(v).$$

Daher ergibt sich aus (1.1.5) die Ungleichung

$$\frac{\varphi(u)-\varphi(t)}{u-t} \leq \varphi'_r(x), \quad t < u < x, \tag{1.1.6}$$

woraus wir für $u \downarrow t$

$$\varphi'_r(t) \leq \varphi'_r(x)$$

erhalten. Die rechtsseitige Ableitung ist also monoton wachsend, so daß φ'_r höchstens abzählbar viele Unstetigkeitsstellen besitzt.

Analog zeigt man, daß die linksseitige Ableitung φ'_l existiert und ebenfalls monoton wachsend ist. Das Gegenstück zu (1.1.6) lautet

$$\varphi'_l(y) \leq \frac{\varphi(u)-\varphi(t)}{u-t}, \quad y < t < u. \tag{1.1.7}$$

Darüber hinaus folgern wir (nach entsprechenden Grenzübergängen, vgl. Aufgabe 1.1.2) aus (1.1.5) und (1.1.6)

$$\varphi'_r(t) \leq \varphi'_l(u) \leq \varphi'_r(v) \leq \varphi'_l(x), \quad a < t < u < v < x < b. \tag{1.1.8}$$

Daraus schließen wir, daß φ'_l und φ'_r mit Ausnahme einer höchstens abzählbaren Menge übereinstimmen. Somit existiert die Ableitung φ' von φ auf (a,b) mit Ausnahme einer höchstens abzählbaren Menge.

Wir fassen diese Resultate in folgendem Satz zusammen.

Satz 1.1.6 *Ist $\varphi : [a,b] \to \mathcal{R}$ konvex, so gilt:*

(1) In jedem Punkt von (a,b) ist φ stetig.

(2) In jedem Punkt von (a,b) besitzt φ rechts- und linksseitige Ableitungen, und diese unterscheiden sich in höchstens abzählbar vielen Punkten.

(3) Die rechts- und linksseitigen Ableitungen φ'_r und φ'_l sind wachsende Funktionen, und in jedem Punkt x von (a,b) gelten die Ungleichungen

$$\varphi'_r(x-0) \leq \varphi'_l(x) \leq \varphi'_r(x+0) \text{ bzw. } \varphi'_l(x-0) \leq \varphi'_r(x) \leq \varphi'_l(x+0).$$

Bemerkung. Zwischen den Grenzwerten und den Funktionswerten in den Endpunkten des Intervalls $[a,b]$ gelten auf Grund der Definition folgende Ungleichungen

$$\overline{\lim}_{x\downarrow a}\varphi(x) \leq \varphi(a) \quad \text{und} \quad \overline{\lim}_{x\uparrow b}\varphi(x) \leq \varphi(b).$$

Um die absolute Stetigkeit konvexer Funktionen herzuleiten, benötigen wir eine Charakterisierung, die manchmal auch als Definition benutzt wird.

Satz 1.1.7 *Die Funktion* $\varphi : [a,b] \to \mathcal{R}$ *ist genau dann konvex, falls für alle* $x \in (a,b)$ *eine Konstante* $C = C(x)$ *existiert, so daß gilt*

$$\varphi(t) \geq \varphi(x) + C(t-x), \quad t \in [a,b]. \tag{1.1.9}$$

Beweis: a) Es sei $\varphi : [a,b] \to \mathcal{R}$ konvex. Wir brauchen (1.1.9) nur für $x \neq t$ nachzuweisen. Aus (1.1.6) ergibt sich

$$\varphi(t) \geq \varphi_r'(x)(t-u) + \varphi(u), \quad t < u < x.$$

Aufgrund der Stetigkeit von φ erhalten wir bei $u \uparrow x$

$$\varphi(t) \geq \varphi_r'(x)(t-x) + \varphi(x), \quad t < x. \tag{1.1.10}$$

Analog schließen wir aus (1.1.7)

$$\varphi(t) \geq \varphi_l'(x)(t-x) + \varphi(x), \quad t > x. \tag{1.1.11}$$

Aus beiden Ungleichungen (1.1.10) und (1.1.11) folgt nun unmittelbar die Behauptung (1.1.9) mit $C := \max(\varphi_l'(x), \varphi_r'(x))$.

b) Es gelte (1.1.9). Da die Sehneneigenschaft für $\alpha = 0$ und $\alpha = 1$ trivial erfüllt ist, beschränken wir uns auf den Fall $\alpha \in (0,1)$. Wird in (1.1.9) zum einen $t = t_1$ und zum anderen $t = t_2$ gesetzt, so folgt

$$\alpha\varphi(t_1) + (1-\alpha)\varphi(t_2) \geq \varphi(x) + C\left(\alpha t_1 + (1-\alpha)t_2 - x\right).$$

Wählen wir nun $x := \alpha t_1 + (1-\alpha)t_2$, so verschwindet der Faktor bei C, und es ergibt sich (1.1.1). □

Bemerkung. Die Eigenschaft (1.1.9) besagt, daß der Graph der Funktion φ nicht unterhalb der Geraden $\varphi(x) + C(t-x)$ liegt. Falls φ' existiert, ist dies die Tangente in dem Punkt $(x, \varphi(x))$. Deshalb nennt man (1.1.9) *Tangenteneigenschaft.*

Satz 1.1.8 *Die Funktion $\varphi : [a,b] \to \mathcal{R}$ sei konvex. Dann gilt für alle $x \in [c,d]$ mit $a < c < d < b$*

$$\varphi(x) = \int_c^x \varphi_r'(u)\,du + \varphi(c) = \int_c^x \varphi_l'(u)\,du + \varphi(c), \tag{1.1.12}$$

d. h. φ ist in jedem abgeschlossenen Teilintervall von $[a,b]$ absolutstetig.

Beweis: Da φ konvex ist, gelten die Abschätzungen (1.1.10) und (1.1.11). Somit erhalten wir für u, v mit $a < u < v < b$ die folgenden Ungleichungen

$$\varphi_l'(u)(v-u) \le \varphi(v) - \varphi(u) \le \varphi_r'(v)\,(v-u). \tag{1.1.13}$$

Weiter besitzen die Funktion φ_l' und φ_r' wegen der Monotonie höchstens abzählbar viele Unstetigkeitsstellen. Wir betrachten die Zerlegung $x_1^{(n)} = c < x_2^{(n)} < x_3^{(n)} < \ldots < x_n^{(n)} = x$ von $[c,x]$ mit dem Durchmesser $d_n = \max(x_{i+1}^{(n)} - x_i^{(n)} : i = 1,2,\ldots,n)$. Dabei seien $x_i^{(n)}$ Stetigkeitspunkte sowohl von φ_l' als auch von φ_r'. Wenden wir die Ungleichungen (1.1.13) auf die Teilintervalle an, so erhalten wir nach Summation unter Verwendung von (1.1.8)

$$\begin{aligned}\sum_{i=1}^{n-1} \varphi_r'(x_i^{(n)})(x_{i+1}^{(n)} - x_i^{(n)}) &\le \varphi(x) - \varphi(c)\\ \le \sum_{i=1}^{n-1} \varphi_r'(x_{i+1}^{(n)})(x_{i+1}^{(n)} - x_i^{(n)}).\end{aligned} \tag{1.1.14}$$

Es sei I_A die Indikatorfunktion der Menge A, d. h.

$$I_A(t) := \begin{cases} 1 & \text{für } t \in A \\ 0 & \text{für } t \notin A \end{cases}.$$

Weiter seien die Hilfsfunktionen h_n und k_n gegeben durch

$$h_n(t) = \sum_{i=1}^{n-1} \varphi_r'(x_i^{(n)})\, I_{[x_i^{(n)}, x_{i+1}^{(n)})}(t),\ k_n(t) = \sum_{i=1}^{n-1} \varphi_r'(x_{i+1}^{(n)}) I_{[x_i^{(n}, x_{i+1}^{(n)})}(t).$$

Offenbar sind h_n und k_n beschränkt. Wir erhalten für jede Folge von Zerlegungen mit $d_n \to 0$ bei $n \to \infty$

$$\lim_{n\to\infty} h_n(t) = \lim_{n\to\infty} k_n(t) = \varphi_r'(t)$$

für alle t aus (c, x) mit höchstens einer abzählbaren Ausnahmemenge. Mit Hilfe der Funktionen h_n und k_n lassen sich die Summen in (1.1.14) als Integrale schreiben, und zwar gilt

$$\int_c^x h_n(t)\,dt \leq \varphi(x) - \varphi(c) \leq \int_c^x k_n(t)\,dt. \tag{1.1.15}$$

Die Eigenschaften der Hilfsfunktionen h_n und k_n gestatten es, den Satz von der majorisierten Konvergenz (vgl. Anhang A) auf (1.1.15) anzuwenden, woraus sich die Behauptung (1.1.12) für φ'_r ergibt. Nach Satz 1.1.6 folgt dann (1.1.12) auch für die linksseitige Ableitung. □

Aus diesem Resultat ergeben sich einfache Kriterien für die Konvexität einer differenzierbaren Funktion φ.

Satz 1.1.9 *Es sei* $\varphi : (a, b) \to \mathcal{R}$.

(1) Existiert φ' und ist φ' monoton wachsend, so ist φ konvex.

(2) Existiert φ'' und ist φ'' nichtnegativ, so ist φ konvex.

Beweis: (1) Es sei φ' monoton wachsend. Wir zeigen: Für alle Intervalle $[c, d] \subset (a, b)$ ist (1.1.9) erfüllt. Beide Fälle $x \geq t$ und $x < t$ werden ähnlich behandelt. Deswegen beschränken wir uns auf den Fall $x < t$. Aus der Darstellung

$$\varphi(t) = \int_c^t \varphi'(u)\,du + \varphi(c), \quad c \leq t < d,$$

erhalten wir

$$\varphi(t) = \int_c^x \varphi'(u)\,du + \varphi(c) + \int_x^t \varphi'(u)\,du = \varphi(x) + \int_x^t \varphi'(u)\,du.$$

Daraus folgt die Abschätzung

$$\varphi(t) \geq \varphi(x) + \varphi'(x)\,(t - x),$$

d. h. (1.1.9) ist mit $C = \varphi'(x)$ erfüllt.

(2) Ist $\varphi'' \geq 0$, so ist φ' monoton wachsend, und aus (1) ergibt sich die Behauptung. □

1.2 Eigenschaften unimodaler Verteilungen

Es gibt Klassen von Verteilungsfunktionen (Vf.), die häufig vorkommen und mit denen man gut arbeiten kann. Eine solche Klasse bilden die unimodalen Verteilungen. Anschaulich ist ein Modalwert einer Vf. F (oder einer Zufallsgröße X) ein solcher Wert, für den

- die Einzelwahrscheinlichkeiten (falls X diskret ist) bzw.
- die Dichte (falls X stetig ist)

ein lokales Maximum erreichen. Existiert nur ein einziges Maximum, so heißt die Vf. (oder die Zufallsgröße) unimodal. Eine solche Zufallsgröße hat also eine eingipflige Wahrscheinlichkeitsverteilung bzw. Verteilungsdichte. Beispiele unimodaler Verteilungen sind

- die ausgeartete und die geometrische Verteilung (im diskreten Fall),
- die Normal-, die Cauchy-, die Beta- sowie die Gamma-Verteilung (im stetigen Fall).

Darüber hinaus ist die empirische Verteilung einer Stichprobe bzw. ihr Histogramm häufig eine diskrete unimodale Verteilung.

Im folgenden bezeichnen wir die Vf. einer Zufallsgröße X mit

$$F_X(x) := F(x) = P\{X < x\}$$

und schreiben dafür kürzer $X \sim F$. Eine Vf. ist also linksstetig. Die zu F gehörige charakteristische Funktion (c. F.) bezeichnen wir mit f. Existiert eine Dichte, so schreiben wir dafür p_F oder einfach p.

In diesem Buch werden hauptsächlich Vf. stetiger Zufallsgrößen untersucht. Aus diesem Grund beschränken wir uns bei der mathematischen Definition der Unimodalität „praktisch" auf absolutstetige Vf.; sie trifft sonst nur noch auf die ausgearteten Verteilungen zu.

Definition 1.2.1 *Eine reelle Zufallsgröße X und ihre Vf. F heißen unimodal mit Modalwert ν (oder ν-unimodal), wenn F auf $(-\infty, \nu)$ konvex und auf (ν, ∞) konkav ist.*

Bei den oben angegebenen Beispielen ist der Modalwert ν eindeutig bestimmt. Im Sinne von Definition 1.2.1 muß das aber nicht sein, z. B. ist eine im Intervall $[a, b]$ gleichmäßig verteilte Zufallsgröße unimodal, und zwar bezüglich jedem ν mit $a \leq \nu \leq b$.

Da Unimodalität auf den Begriffen konvex und konkav basiert, erhalten wir die einfachsten Eigenschaften unimodaler Vf. aus den entsprechenden Eigenschaften konvexer (konkaver) Funktionen.

Eigenschaft 1 *Ist F ν-unimodal und setzen wir $\alpha := F(\nu+0) - F(\nu)$, so gilt:*

- *Falls $\alpha = 1$, so ist $F = \epsilon_\nu$; dies ist die einzige diskrete ν-unimodale Verteilung.*
- *Falls $\alpha = 0$, so ist F absolutstetig.*
- *Im Fall $0 < \alpha < 1$ hat F die Darstellung*

$$F = \alpha\epsilon_\nu + (1 - \alpha)F_1, \tag{1.2.1}$$

wobei F_1 eine ν-unimodale Vf. mit Dichte p_1 ist.

Eigenschaft 2 *Besitzt F die Darstellung (1.2.1) mit $0 \leq \alpha < 1$, so ist F genau dann unimodal, wenn F_1 unimodal ist.*

Eigenschaft 3 *Ist F ν-unimodal, dann besitzt F — außer eventuell im Punkt ν — überall rechts- und linksseitige Ableitungen.*

Eigenschaft 4 *Eine absolutstetige Vf. F ist genau dann unimodal mit Modalwert ν, wenn ihre Dichte p in $(-\infty, \nu)$ wachsend und in (ν, ∞) fallend ist.*

Vereinbarung: Wir nennen p in diesem Fall auch *ν-unimodal.*

Die nächsten Eigenschaften erfordern zusätzliche Überlegungen, die wir teilweise beweisen.

Eigenschaft 5 *Ist F unimodal, so bilden die zugehörigen Modalwerte ein abgeschlossenes Intervall.*

Beweis: a) Es seien ν_1 und ν_2 zwei Modalwerte von F mit $\nu_1 < \nu_2$. Wir zeigen: Dann ist jedes $\nu(\alpha) := \alpha\nu_1 + (1-\alpha)\nu_2$, $\alpha \in [0,1]$, ein Modalwert von F. Da nämlich ν_2 Modalwert ist, ist F in $(-\infty, \nu_2)$ konvex, so daß F auch in $(-\infty, \nu(\alpha))$ konvex ist.

Analog ist F in $(\nu(\alpha), \infty)$ konkav, deshalb ist auch $\nu(\alpha)$ ein Modalwert von F. Mithin ist $[\nu_1, \nu_2]$ ein Intervall von Modalwerten.

b) Wir betrachten das Infimum ν_1^* aller Modalwerte der Vf. F und zeigen, daß ν_1^* ebenfalls Modalwert ist. Falls ν_1^* selbst Modalwert von F ist, so ist die Aussage trivial. Andernfalls existiert eine streng fallende Folge $\{\nu^{(n)} : n = 1, 2, ...\}$ von Modalwerten, die den Grenzwert ν_1^* besitzt. Wäre $\nu_1^* = -\infty$, so wäre F auf der ganzen reellen Achse konkav, d. h. F wäre dann entweder eine Konstante oder unbeschränkt. Beides ist unmöglich. Also ist $\nu_1^* > -\infty$. Deshalb ist F konvex in $(-\infty, \nu_1^*)$.

Für alle n sind $\nu^{(n)}$ Modalwerte von F, und somit ist F in den Intervallen $(\nu^{(n)}, \infty)$ konkav. Folglich ist für x_1, x_2 mit $\nu^{(n)} \leq x_1 \leq x_2$ und $u \in [0,1]$ die Ungleichung

$$F((1-u)x_1 + ux_2) \geq (1-u)F(x_1) + uF(x_2)$$

erfüllt. Beim Grenzübergang $n \to \infty$ ergibt sich daraus unmittelbar, daß F in (ν_1^*, ∞) konkav ist. Mithin ist ν_1^* ein Modalwert.

Analog zeigt man, daß das Supremum ν_2^* aller Modalwerte ebenfalls ein Modalwert ist. Damit ist $[\nu_1^*, \nu_2^*]$ die Menge aller Modalwerte von F. □

Mit derselben Beweismethodik erhalten wir das nächste Resultat. Dabei verwenden wir den Begriff der vollständigen Konvergenz (vgl. Definition 2.2.6).

Eigenschaft 6 *Konvergiert eine Folge von unimodalen Vf. vollständig gegen eine Grenzverteilung, dann ist die Menge aller Modalwerte der Folge beschränkt.*

Beispiel 1.2.2 Es sei F eine 0-unimodale Vf. mit Dichte p. Wir „kuppen" p im Niveau $p(a)$, d. h. wir betrachten

$$p_a(x) := min(p(x), p(a)), \quad a < 0$$

und setzen $b := inf\{u \geq 0 : p(u) < p(a)\}$. Ist a ein Wachstumspunkt von p und $p(a) > 0$, so ist p_a bis auf einen Faktor die Dichte einer 0-unimodalen Vf., und $[a, b]$ ist die Menge der Modalwerte zu dieser Dichte. Es gilt nämlich

$$p_a(x) = \begin{cases} p(x) & \text{für} \quad x \notin [a,b] \\ p(a) & \text{für} \quad x \in [a,b] \end{cases}. \qquad \square$$

Aus der Definition 1.2.1 ergeben sich auch die folgenden Resultate.

Eigenschaft 7 *Die Menge der unimodalen Vf. ist abgeschlossen bezüglich der vollständigen Konvergenz.*

Eigenschaft 8 *Sind F_1 und F_2 unimodal mit gleichem Modalwert ν, so ist die Mischung $\alpha F_1 + (1-\alpha)F_2$, $\alpha \in [0,1]$, ebenfalls ν-unimodal, d. h. die Menge der ν-unimodalen Vf. ist konvex. Für eine Folge nichtnegativer Zahlen $\alpha_1, \alpha_2, \ldots$ mit $\sum_j \alpha_j = 1$ und eine Folge ν-unimodaler Vf. $F_1, F_2, \ldots$ gilt entsprechend: $\sum_j \alpha_j F_j$ ist ν-unimodal.*

Beispiel 1.2.3 Es seien $Y_1, Y_2, \ldots$ unabhängige und identisch verteilte Zufallsgrößen mit der gemeinsamen Vf. Q. Wir betrachten die Summe

$$S_N := \sum_{n=1}^{N} Y_n.$$

Ist der Index N eine von den Summanden unabhängige Zufallsgröße, die die Werte $1, 2, 3 \ldots$ annehmen kann, so hat S_N die Vf.

$$F = \sum_{n=1}^{\infty} Q^{n*}\, P\{N = n\};$$

dabei bedeutet Q^{n*} die n-fache Faltung von Q mit sich selbst. Nach Eigenschaft 8 ist also F 0-unimodal, falls für alle $n = 1, 2, \ldots$ die Faltungen Q^{n*} 0-unimodal sind. Dies gilt z. B. im Fall $Y_j \sim N(0,1)$, weil $Q^{n*}(x) = \Phi(x/\sqrt{n})$ ist. $\square$

Bemerkung. Auch eine Mischung unimodaler Vf. mit verschiedenen Modalwerten kann unimodal sein (vgl. Aufgabe 1.1.2).

Die Eigenschaft 8 läßt sich auf beliebige Mischungen unimodaler Verteilungen übertragen (vgl. Anhang A). Es gilt

Eigenschaft 9 *Es sei G eine Vf. und $\{ F_s;\ s \in S \subseteq \mathcal{R}\}$ eine Familie ν-unimodaler Vf. Für jedes feste $t \in \mathcal{R}$ sei $F_s(t)$ bezüglich G integrierbar. Dann ist die Mischung*

$$F(x) := \int_S F_s(x)\, G(ds) \tag{1.2.2}$$

eine ν-unimodale Vf.

Beweis: Nach Satz A.8 ist F eine Vf. Da F_s auf $(-\infty, \nu)$ konvex ist, gilt für alle x_1, $x_2 \leq \nu$ und $u \in [0,1]$

$$F_s((1-u)x_1 + ux_2) \leq (1-u)F_s(x_1) + uF_s(x_2), \quad s \in S.$$

Integration bezüglich G liefert

$$\begin{aligned} &\int_S F_s((1-u)x_1 + ux_2)\, G(ds) \\ \leq (1-u) &\int_S F_s(x_1)\, G(ds) + u \int_S F_s(x_2)\, G(ds). \end{aligned}$$

Somit ist F konvex auf $(-\infty, \nu)$. Analog beweist man, daß F auf (ν, ∞) konkav ist. □

Bemerkung. Mit Hilfe von Zufallsgrößen läßt sich die Mischung (1.2.2) folgendermaßen deuten: $Y \sim G$ sei eine Zufallsgröße mit Werten aus S. Weiter seien $X_s \sim F_s$, $s \in S$. Für alle s seien X_s und Y unabhängig. Dann erhalten wir mit dem Satz der totalen Wahrscheinlichkeit (vgl. Anhang A), daß X_Y nach F verteilt ist.

Einen Spezialfall solcher Mischungen wollen wir gesondert behandeln. Wir setzen $F_s(x) := F_X(sx)$, $s \in S = [0, \infty)$. Ist Y eine nichtnegative Zufallsgröße mit Vf. F_Y und $F_Y(0+) = 0$, so läßt sich das Integral (1.2.2) als Vf. des Quotienten X/Y der unabhängigen Zufallsgrößen $X \sim F_X$ und $Y \sim F_Y$ deuten. In diesem Zusammenhang nennen wir

$$F(x) := \int_0^\infty F_X(sx)\, dF_Y(s)$$

auch *Skalierungsmischung* oder *Mischung von X bezüglich Y* oder *Mischung von F_X bezüglich F_Y*. Die Vf. F_Y heißt dabei *mischende* Vf.

Beispiel 1.2.4 Die Zufallsgrößen $X \sim Exp(1)$ (vgl. Anhang D) und $Y \sim G$ seien unabhängig, und G sei auf $(0, \infty)$ konzentriert. Dann ist die Vf. von X/Y, die Skalierungsmischung von X bzüglich Y, 0-unimodal, denn dann haben wir

$$F_s(x) = 1 - e^{-sx}, \quad x \geq 0,$$

und $Exp(s)$ ist für alle positiven s 0-unimodal. Ist beispielsweise $Y \sim U_{[0,1]}$, so folgt aus Eigenschaft 9, daß die Funktion

$$F(x) = \frac{x - 1 + e^{-x}}{x}, \qquad x > 0$$

eine 0-unimodale Vf. ist. □

1.3 Kriterien für unimodale Verteilungen

Die Aussage von Eigenschaft 9 läßt sich umkehren: Jede unimodale Vf. läßt sich als Mischung, ja sogar als Skalierungsmischung schreiben. Ist X ν-unimodal, so hat $X - \nu$ den Modalwert 0. Deshalb betrachten wir 0-unimodale Vf. Wir beginnen mit einem Hilfsresultat über die Darstellung beschränkter konvexer Funktionen (vgl. z. B. Lévy (1962)).

Lemma 1.3.1 *Die Funktion $g : [0, \infty) \to \mathcal{R}$ habe folgende Eigenschaften:*

(i) g sei konvex.

(ii) Es existiere eine Folge $x_n \to \infty$ mit $\lim_{n\to\infty} g(x_n) = 0$.

Dann gilt:

(1) g ist monoton fallend, und es existiert

$$\lim_{x\to\infty} g(x) = 0. \tag{1.3.1}$$

(2) Es gibt eine Vf. K mit $K(0+) = 0$, so daß

$$g(x) = g(0+) \int_0^\infty max(1 - \frac{x}{u}, 0)\, dK(u), \quad x > 0. \tag{1.3.2}$$

(3) Ist $g(0+) \neq 0$, so ist K eindeutig durch g festgelegt, und es gilt

$$g(0+)(1 - K(x)) = g(x) + g_r'(x)\,x, \tag{1.3.3}$$

dabei bezeichnet g_r' die rechtsseitige Ableitung von g.

Beweis: (1) Wir zeigen zunächst, daß g nach oben beschränkt ist. Wegen (ii) gibt es eine monoton wachsende Folge $\{x_n : n = 1, 2...\}$, $x_n \to \infty$, mit $g(x_n) \to 0$. Für alle $x \geq 0$ und jedes hinreichend große n läßt sich ein a_n, $0 \leq a_n \leq 1$, finden, so daß $x = a_n x_n$ gilt. Wegen (i) ergibt sich somit

$$g(x) = g((1 - a_n)0 + a_n\, x_n) \leq (1 - a_n)\, g(0) + a_n\, g(x_n).$$

Beim Grenzübergang $n \to \infty$ folgt, daß $g(0)$ eine Majorante von g ist. Wenden wir die gleiche Überlegung auf die Funktion $g_x(y) := g(x + y)$ mit $x \geq 0$ an, die ebenfalls auf $[0, \infty)$ konvex ist, so folgt

$$g(x + y) = g_x(y) \leq g_x(0) = g(x), \quad x, y \geq 0.$$

Daher ist g monoton fallend, und folglich existiert der Grenzwert (1.3.1).

(2), (3) Die konvexe Funktion g ist nach Satz 1.1.8 in jedem Intervall $[a, b]$ mit $0 < a < b$ absolutstetig, und es gilt für alle $x \in [a, b]$

$$g(x) = \int_x^b (-g_r'(u))\, du + g(b).$$

Dabei ist $-g_r'$ fallend und sogar nichtnegativ, da g fallend ist. Partielle Integration liefert

$$g(x) = \int_x^b (u - x)\, dg_r'(u) - g_r'(b)(b - x) + g(b). \tag{1.3.4}$$

Hieraus folgt für $x = b - b/2$ die Ungleichung

$$g(b - \frac{b}{2}) - g(b) \geq (-g_r'(b))\frac{b}{2} \geq 0,$$

insbesondere erhalten wir wegen (1.3.1)

$$\lim_{b \to \infty} b g_r'(b) = 0.$$

Zusammen mit (1.3.4) ergibt sich bei $b \to \infty$ die Darstellung

$$g(x) = \int_x^\infty (u - x)\, dg_r'(u) = \int_{0+}^\infty max(1 - \frac{x}{u}, 0)\, u\, dg_r'(u). \qquad (1.3.5)$$

Wir wenden nun den Satz von der monotonen Konvergenz (vgl. Anhang A) an und erhalten bei $x \downarrow 0$ aus (1.3.5)

$$\int_{0+}^\infty u\, dg_r'(u) = g(0+).$$

Ist $g(0+) = 0$, so folgt $g \equiv 0$, und (1.3.2) ist trivial. Im Fall $g(0+) > 0$ führen wir die Vf.

$$K(x) := \frac{\int_{0+}^x u\, dg_r'(u)}{g(0+)}, \quad x > 0, \qquad (1.3.6)$$

ein. Offenbar gilt $K(0+) = 0$. Wegen $u\, dg_r'(u) = g(0+)\, dK(u)$ und (1.3.5) erhalten wir die Darstellung (1.3.2). Außerdem ergibt sich nach partieller Integration

$$g(0+)(1 - K(x)) = \int_x^\infty u\, dg_r'(u) = g(x) + xg_r'(x),$$

d. h. (1.3.3) ist erfüllt. □

Mit Hilfe von Lemma 1.3.1 leiten wir jetzt das grundlegende Kriterium für 0-unimodale Vf. her. Wir benutzen die Bezeichnung

$$W_t(x) := \begin{cases} U_{[0,t]}(x) & \text{für} \quad t > 0 \\ \epsilon_0(x) & \text{für} \quad t = 0 \\ U_{[t,0]}(x) & \text{für} \quad t < 0 \end{cases}. \qquad (1.3.7)$$

Satz 1.3.2 *Die Vf. F ist genau dann 0-unimodal, wenn eine der folgenden Bedingungen erfüllt ist.*

(1) Es existiert eine Vf. K, so daß F für alle $x \neq 0$ die Darstellung

$$F(x) = \int_{-\infty}^\infty W_t(x)\, dK(t) \qquad (1.3.8)$$

besitzt.

(2) F ist in der abgeschlossenen konvexen Hülle $\mathcal{H}$ aller Vf. W_t mit $t \in \mathcal{R}$ enthalten.

Bemerkung. Formel (1.3.8) gilt nicht allgemein für $x = 0$, weil die Vf. K in 0 einen Sprung haben kann. Interpretiert man aber das Integral auf der rechten Seite von (1.3.8) als Maßintegral, so gilt die Darstellung (1.3.8) sogar für alle reellen x (vgl. Anhang A).

Beweis: (1) a) Wir zeigen, daß aus der 0-Unimodalität von F (1.3.8) folgt. Zunächst sei $x < 0$. Für solche x ist F konvex, und die Funktion $g_1(y) := F(-y)$, $y \geq 0$, erfüllt die Voraussetzungen von Lemma 1.3.1, d. h. es existiert eine Vf. K_0, so daß

$$F(-y) = F(0)\int_0^\infty max(1 - \frac{y}{v}, 0)\, dK_0(v).$$

Weiterhin führen wir die Vf. $K_1(t) := 1 - K_0(-t+0)$ ein und verwenden (1.3.7). Dann ergibt sich

$$\begin{aligned} F(x) &= F(0)\int_{-\infty}^0 max(1 - \frac{x}{t}, 0)\, dK_1(t) \\ &= F(0)\int_{-\infty}^0 W_t(x)\, dK_1(t), \quad x < 0. \end{aligned} \tag{1.3.9}$$

Im Fall $x > 0$ ist nach Voraussetzung $g_2 := 1 - F$ auf $(0, \infty)$ konvex. Wir setzen g_2 auf $[0, \infty)$ stetig fort. Dann ist g_2 auf $[0, \infty)$ auch konvex, und nach Lemma 1.3.1 existiert eine Vf. K_2, so daß gilt

$$1 - F(x) = (1 - F(0+))\int_0^\infty max(1 - \frac{x}{t}, 0)\, dK_2(t), \quad x > 0.$$

Zerlegt man auf der linken Seite $1 = (1 - F(0+)) + F(0+)$, so folgt für alle $x > 0$

$$\begin{aligned} F(x) &= (1 - F(0+))\int_0^\infty min(\frac{x}{t}, 1)\, dK_2(t) + F(0+) \\ &= (1 - F(0+))\int_0^\infty W_t(x) dK_2(t) + F(0+). \end{aligned} \tag{1.3.10}$$

Wählen wir schließlich

$$K := F(0)K_1 + (F(0+) - F(0))\epsilon_0 + (1 - F(0+)K_2,$$

so ist K eine Vf., und (1.3.9) und (1.3.10) ergeben zusammen die Darstellung (1.3.8).

b) Besitzt umgekehrt die Vf. F die Darstellung (1.3.8), so ist sie nach Eigenschaft 9 auch 0-unimodal.

(2) Wir zeigen, daß die Aussagen (1) und (2) äquivalent sind.

a) Zunächst besitze F die Darstellung (1.3.8). Wir betrachten eine Folge $\{K_n\}$ von in endlich vielen Punkten konzentrierten Vf., die vollständig gegen K konvergiert. Bezeichnen wir den Träger von K_n mit T_n, so ist

$$F_n(x) := \sum_{t \in T_n} W_t(x)(K_n(t+) - K_n(t)) = \int_{-\infty}^{\infty} W_t(x) dK_n(t)$$

eine Vf. Nach Eigenschaft 8 ist F_n 0-unimodal. Da für $x \neq 0$ die Vf. $W_t(x)$ in t stetig ist, konvergiert $\{F_n\}$ vollständig gegen F (vgl. Satz 2.2.7). Dies bedeutet nach Eigenschaft 7, daß $F \in \mathcal{H}$.

b) Nun sei $F \in \mathcal{H}$. Dann existiert eine Folge $\{F_n\}$ von Vf., die vollständig gegen F konvergiert, dabei ist F_n eine konvexe Linearkombination gewisser W_t. Nach Eigenschaft 8 ist F_n 0-unimodal, und wegen Eigenschaft 7 trifft dies auch für F zu. □

Korollar 1.3.3 *Ist F 0-unimodal, so gilt:*

(1) F besitzt eine Dichte p mit

$$p(x) = \begin{cases} \int_{-\infty}^{x} \frac{dK(u)}{|u|} & \text{für} \quad -\infty < x < 0 \\ \int_{x}^{\infty} \frac{dK(u)}{u} & \text{für} \quad 0 < x < \infty \end{cases} . \tag{1.3.11}$$

(2) Die mischende Funktion K ist durch F eindeutig bestimmt, und zwar gilt für $x \neq 0$

$$K(x) = F(x) - xp(x). \tag{1.3.12}$$

Beweis: (1) ergibt sich unmittelbar aus (1.3.8).

(2) Aus (1.3.11) erhalten wir für $x < 0$ mit partieller Integration

$$F(x) = x\,p(x) - \int_{-\infty}^{x} u\,dp(u) = x\,p(x) + K(x).$$

Für $x > 0$ schließt man analog. □

Beispiel 1.3.4 Es sei $F = Exp(1)$. Im Sinne der Definition 1.2.1 ist F 0-unimodal. Folglich hat F die Darstellung (1.3.8), dabei ist K wegen (1.3.12) die Gamma-Verteilung mit den Parametern $a = 1$ und $b = 2$ (vgl. Aufgabe 1.3.2). □

Die Darstellung (1.3.8) besitzt eine gleichermaßen interessante wie brauchbare wahrscheinlichkeitstheoretische Interpretation. Wir geben sie in dem folgenden Kriterium an.

Satz 1.3.5 (Shepp) *Eine Vf. F ist genau dann 0-unimodal, wenn unabhängige Zufallsgrößen $U \sim U_{[0,1]}$ und Z existieren, so daß gilt: $UZ \sim F$.*

Beweis: a) F sei 0-unimodal. Wir betrachten unabhängige Zufallsgrößen $U \sim U_{[0,1]}$ und $Z \sim K$ aus (1.3.8). Wie man leicht nachprüft, gilt

$$P\{Uz < x\} = W_z(x).$$

Nun benutzen wir die Darstellung (1.3.8) und erhalten mit dem Satz von der totalen Wahrscheinlichkeit (vgl. Anhang A)

$$\begin{aligned} F(x) &= \int_{-\infty}^{\infty} W_z(x)\, dK(z) = \int_{-\infty}^{\infty} P\{Uz < x\}\, dK(z) \\ &= \int_{-\infty}^{\infty} P\{UZ < x | Z = z\}\, dK(z) = P\{UZ < x\},\ x \neq 0. \quad (1.3.13) \end{aligned}$$

Also besitzt UZ die Vf. F.

b) U und Z seien Zufallsgrößen mit den im Satz angegebenen Eigenschaften. Die Vf. von Z sei K. Dann folgt die Behauptung, falls man (1.3.13) von rechts nach links liest und schließlich Eigenschaft 9 anwendet. □

Beispiel 1.3.6 Es seien $U \sim U_{[0,1]}$ und $Z \sim U_{[0,1]}$ unabhängige Zufallsgrößen. Nach Satz 1.3.5 besitzt dann die Zufallsgröße UZ eine 0-unimodale Vf., und zwar ist

$$F(x) = \begin{cases} 0 & \text{für} \quad x \leq 0 \\ x(1 - \ln x) & \text{für} \quad 0 < x < 1 \\ 1 & \text{für} \quad x \geq 1 \end{cases}. \qquad \square$$

Wir benutzen den Satz 1.3.5, um ein weiteres wichtiges Kriterium für 0-unimodale Vf. herzuleiten. Es wird durch die c. F. f von F und k von K ausgedrückt.

Satz 1.3.7 (Chintschin) *Eine Vf. F mit c. F. f ist genau dann 0-unimodal, wenn eine c. F. k existiert, so daß f die Gestalt*

$$f(t) = \frac{1}{t}\int_0^t k(u)\,du, \quad t \neq 0, \tag{1.3.14}$$

besitzt. In beiden Fällen ist f für $t \neq 0$ differenzierbar, und es gilt

$$(tf(t))' = k(t), \quad t \neq 0. \tag{1.3.15}$$

Beweis: a) F sei 0-unimodal. Wir betrachten die unabhängigen Zufallsgrößen $U \sim U_{[0,1]}$ und Z mit c. F. k aus Satz 1.3.5. Da UZ nach F verteilt ist, besitzt UZ die c. F. f. Es gilt also

$$f(t) = E(e^{itUZ}) = \int_{-\infty}^{\infty} E(e^{itUZ}|U = u)\,dU_{[0,1]}(u).$$

Aufgrund der Unabhängigkeit von U und Z folgt

$$f(t) = \int_0^1 E(e^{ituZ})\,1\,du = \int_0^1 k(tu)\,du.$$

Hieraus ergibt sich nach Substitution $v := tu$ die Darstellung (1.3.14).

b) Hat die c. F. f die Gestalt (1.3.14), so kann die Schlußweise umgekehrt werden. Die Behauptung folgt dann, wenn Satz 1.3.5 in der anderen Richtung benutzt wird.

c) Für $t \neq 0$ erhalten wir $[tf(t)]' = k(t)$, d. h. f ist für $t \neq 0$ differenzierbar. □

Bemerkung. Ist F 0-unimodal, so besteht die Darstellung (1.3.8), und die Zufallsgröße Z aus Satz 1.3.5 besitzt die Vf. K.

Wir zeigen nun, daß Zufallsgrößen mit 0-unimodaler Vf. im Sinne von Satz 1.3.5 eindeutig zerlegt werden können.

Satz 1.3.8 *Für jede 0-unimodale Zufallsgröße X gibt es endlich viele unabhängige Zufallsgrößen $U_j \sim U_{[0,1]}$, $j = 1, 2, ..., n$ und eine Zufallsgröße Z, so daß Z nicht 0-unimodal ist und*

$$X = U_1\,U_2 \ldots U_n\,Z \tag{1.3.16}$$

gilt. Insbesondere sind n und die Vf. von Z eindeutig bestimmt.

Beweis: Aufgrund von Satz 1.3.5 besitzt X eine Faktorisierung der Form

$$X = U_1 U_2 \dots U_m Z_m, \quad m \geq 1; \tag{1.3.17}$$

dabei sind Zufallsgrößen Z_m, $U_j \sim U_{[0,1]}$, $j = 1, 2, \dots, m$ unabhängig. Hieraus folgt mit $\tilde{X} := -\log|X|$, $\tilde{U}_j := -\log U_j$ und $\tilde{Z}_m := -\log|Z_m|$

$$\tilde{X} = \sum_{j=1}^{m} \tilde{U}_j + \tilde{Z}_m. \tag{1.3.18}$$

Wir zeigen indirekt, daß es eine größte natürliche Zahl m gibt, die (1.3.17) erfüllt. Wir bezeichnen mit $\tilde{f}$ und $\tilde{g}_m$ die c. F. von $\tilde{X}$ bzw. $\tilde{Z}_m$. Da $\tilde{U}_j \sim Exp(1)$, erhalten wir wegen der Unabhängigkeit der Summanden von (1.3.18)

$$\tilde{f}(t) = \frac{\tilde{g}_m(t)}{(1-it)^m}.$$

Wäre m beliebig groß, so würde für $t \neq 0$ folgen:

$$lim_{m\to\infty}\tilde{f}(t) = 0.$$

Da $\tilde{f}$ c. F. ist, kann dies nicht sein. Deshalb gibt es ein größtes $m =: n$ mit der Darstellung (1.3.17), dabei ist Z_n nicht 0-unimodal. Folglich ist n eindeutig bestimmt. Wir führen nun die Zufallsgrößen

$$X_1 := X,\ X_k := U_k U_{k+1} \dots U_n Z_n,\ k = 2, 3, \dots, n-1,\ X_n := U_n Z_n,$$

ein. Nach Satz 1.3.5 und Korollar 1.3.3 lesen wir sukzessive ab, daß die Vf. von X_k, $k = 2, 3, \dots, n$, unimodal und außerdem eindeutig durch die Vf. von X bestimmt sind. Mithin ist auch die Vf. von $Z := Z_n$ eindeutig bestimmt. □

Bemerkung. Ist X symmetrisch und unimodal, so ist Z ebenfalls symmetrisch und für kein ν unimodal (vgl. Aufgabe 1.3.3).

Beispiele 1.3.9 (1) Es sei $X \sim N(0,1)$. Da X 0-unimodal ist, gilt $X = U_1 Z$, wobei $Z \sim K$ mit c. F. k. Nach Satz 1.3.7 ist

$$k(t) = \frac{d}{dt}\left(te^{-t^2/2}\right) = e^{-t^2/2}(1-t^2), \quad t \neq 0.$$

Es ist leicht nachzuprüfen, daß dies die c. F. zur Dichte $x^2\,\varphi(x)$ ist. Diese Dichte besitzt in $\pm\sqrt{2}$ lokale Maxima. Folglich ist Z nicht unimodal, so daß (1.3.16) mit n=1 gilt.

(2) Ist $X \sim Exp(1)$, so ergibt sich in der Darstellung (1.3.16) ebenfalls $n = 1$ (vgl. Beispiel 1.3.4). □

1.4 Symmetrisch unimodale Verteilungen

Es seien X_1 und X_2 unabhängige unimodale Zufallsgrößen. Die Summe $X_1 + X_2$ und Differenz $X_2 - X_1$ sind im allgemeinen nicht wieder unimodal. Unter zusätzlichen Voraussetzungen kann man jedoch die Unimodalität erzwingen. Wir zeigen, daß (i) $X_2 - X_1$ 0-unimodal ist, wenn X_1 und X_2 identisch verteilt sind, und daß (ii) $X_1 + X_2$ unimodal ist, falls X_1 und X_2 symmetrisch sind.

Beispiel 1.4.1 Wir betrachten die Mischung

$$F_a := \frac{1}{2}(U_{[0,1]} + \epsilon_a), \quad 0 \le a \le 1.$$

Wir zeigen: F_a ist unimodal bezüglich a, aber $F_a^{2*} = F_a * F_a$ ist genau dann unimodal, wenn $a = 1/2$ gilt.

Die erste Behauptung ist offensichtlich. Für die Faltung F_a^{2*} erhalten wir

$$F_a^{2*}(x) = \frac{1}{4}(U_{[0,1]}^{2*}(x) + 2U_{[a,1+a]}(x) + \epsilon_{2a}(x)).$$

Alle drei rechts stehenden Summanden sind unimodal. Offenbar ist 1 der Modalwert von $U_{[0,1]}^{2*}$. Für $a = 1/2$ haben die drei Summanden ein und denselben Modalwert $\nu = 1$. Deshalb ist die Mischung F_a^{2*} ebenfalls 1-unimodal (vgl. Eigenschaft 8). Ist $a \neq 1/2$, so besitzt F_a^{2*} aufgrund des Summanden ϵ_{2a} in $2a$ einen Sprung und darüber hinaus in 1 einen Wendepunkt, der von $U_{[0,1]}^{2*}$ herrührt. Also ist F_a^{2*} nicht unimodal (vgl. Eigenschaften 1 und 3). □

Wir wenden uns nun dem Problem (i) zu. Es wurde von Hodges und Lehmann (1954) gelöst. Wir verwenden die Beweisidee von Vogt (1983).

Satz 1.4.2 *Es seien X_1 und X_2 unabhängige und identisch verteilte Zufallsgrößen mit einer ν-unimodalen Vf. F. Dann ist die Zufallsgröße $D := X_2 - X_1$ 0-unimodal.*

Beweis a) Die Zufallsgrößen $Y_j := X_j - \nu$, j=1,2, sind offensichtlich 0-unimodal. Wegen $D = Y_2 - Y_1$ können wir $\nu = 0$ annehmen. Aufgrund von Eigenschaft 1 unimodaler Vf. hat die Vf. F die Gestalt

$$F = \alpha\epsilon_0 + (1-\alpha)F_1, \quad 0 \le \alpha \le 1,$$

wobei für $\alpha \neq 1$ die Vf. F_1 0-unimodal mit Dichte p ist. Daraus ergibt sich (vgl. Aufgabe 1.4.1)

$$P(Y_2 - Y_1 < x) = \alpha^2\epsilon_0 + 2\alpha(1-\alpha)\frac{1 - F_1(-x) + F_1(x)}{2} + (1-\alpha)^2 \int_{-\infty}^{x} \left(\int_{-\infty}^{\infty} p(u+v)p(v)\,dv \right) du.$$

Ist $\alpha = 1$, so ist D 0-unimodal. Für $\alpha \neq 1$ genügt es zu zeigen, daß

$$\int_{-\infty}^{x} \int_{-\infty}^{\infty} p(u+v)p(v)\,dv\,du$$

0-unimodal ist, denn das zweite Glied ist eine Mischung, die nach Eigenschaft 8 0-unimodal ist.

Wir brauchen also nur den Fall zu untersuchen, in dem F eine Dichte besitzt. Für die Dichte p_D von D folgt dann

$$p_D(x) = \int_{-\infty}^{\infty} p(u)\,p(x+u)\,du.$$

Offenbar ist p_D symmetrisch, d. h. es gilt $p_D(x) = p_D(-x)$. Zu zeigen bleibt also,

$$p_D(x_1) \ge p_D(x_2), \quad 0 \le x_1 < x_2. \tag{1.4.1}$$

b) Für $x_1 = 0$ ist (1.4.1) erfüllt, denn aufgrund der Ungleichung von Schwarz ist

$$\begin{aligned} p_D(x_2) &= \int_{-\infty}^{\infty} p(u)\,p(x_2+u)\,du \\ &\le \sqrt{\int_{-\infty}^{\infty} p^2(u)\,du}\sqrt{\int_{-\infty}^{\infty} p^2(x_2+u)\,du} = p_D(0). \end{aligned}$$

Wir setzen

$$I := p_D(x_1) - p_D(x_2) = \int_{-\infty}^{\infty} p(u)\ [p(x_1 + u) - p(x_2 + u)]\ du$$

und zeigen:

$$I \geq 0, \quad 0 < x_1 < x_2.$$

Wegen der Unimodalität von p hat $p(x_1 + \cdot) - p(x_2 + \cdot)$ genau einen Vorzeichenwechsel. Deshalb bilden wir

$$a := inf\{u : p(x_1 + u) - p(x_2 + u) \geq 0\}.$$

Offenbar gilt $-x_2 \leq a \leq -x_1$. Wir kuppen nun p im Niveau $p(a)$ (vgl. Beispiel 1.2.2). Dann gilt mit $b := inf\{u \geq 0 : p(u) < p(a)\}$

$$p_a(x) = \begin{cases} p(x) & x \notin [a, b] \\ p(a) & x \in [a, b] \end{cases}.$$

Wir zerlegen nun p gemäß

$$p(x) = p_a(x) + w(x)$$

und haben dann

$$w(x) = 0, \quad x \notin [a, b].$$

Mit dieser Darstellung von p setzen wir $I = I_1 + I_2 + I_3$, wobei

$$I_1 := \int_{-\infty}^{\infty} p_a(u)\ [p_a(x_1 + u) - p_a(x_2 + u)]\ du,$$

$$\begin{aligned} I_2 &:= \int_{-\infty}^{\infty} w(u))\ [p(x_1 + u) - p(x_2 + u)]\ du \\ &= \int_a^b w(u))\ [p(x_1 + u) - p(x_2 + u)]\ du \end{aligned}$$

und

$$\begin{aligned} I_3 &:= \int_{-\infty}^{\infty} p_a(u))\ [w(x_1 + u) - w(x_2 + u)]\ du \\ &= \int_{a-x_1}^{b-x_2} p_a(u))\ [w(x_1 + u) - w(x_2 + u)]\ du. \end{aligned}$$

Aufgrund der Definition von a ist $I_2 \geq 0$. Folglich genügt es, $I_1 \geq 0$ und $I_3 \geq 0$ nachzuweisen.
c) Wir zerlegen I_1 gemäß

$$\begin{aligned} I_1 = & \int_{-\infty}^{a} p_a(u)\,[p_a(x_1+u) - p_a(x_2+u)]\,du \\ & + \int_{a}^{\infty} p_a(u)\,[p_a(x_1+u) - p_a(x_2+u)]\,du =: I_{11} + I_{12}. \end{aligned}$$

Im Integral I_{11} ist die Klammer nichtpositiv, da

$$\begin{aligned} & p_a(x_1+u) - p_a(x_2+u) \\ = & \begin{cases} p(x_1+u) - p(a) & , \ x_1 + u \leq a \,\text{und}\, a \leq x_2 + u \leq b \\ 0 & , \ a \leq x_1 + u \leq b \,\text{und}\, a \leq x_2 + u \leq b \\ p(a) - p(x_2+u) & , \ a \leq x_1 + u \leq b \,\text{und}\, b \leq x_2 + u \\ p(x_1+u) - p(x_2+u) & , \ \text{sonst} \end{cases}. \end{aligned}$$

Da p_a in $(-\infty, b]$ monoton wächst und $a + x_1 \leq 0$ ist, gilt weiter

$$p_a(u) \leq p_a(u + x_1), \quad u \leq a.$$

Folglich erhalten wir die Abschätzung

$$I_{11} \geq \int_{-\infty}^{a} p_a(x_1+u)\,[p_a(x_1+u) - p_a(x_2+u)]\,du. \tag{1.4.2}$$

Man zeigt analog, daß im Integral I_{12} die Klammer nichtnegativ ist. Da p_a in $[a, \infty)$ monoton fällt, gilt weiter

$$p_a(u) \geq p_a(u + x_1), \quad u \geq 0.$$

Außerdem bemerken wir, daß $p_a(u) = p(a)$ für $a \leq u \leq 0$ erfüllt ist, und somit gilt dort auch $p_a(u) \geq p_a(u + x_1)$. Fassen wir die letzten beiden Überlegungen zusammen, so folgt

$$p_a(u) \geq p_a(u + x_1), \quad u \geq a.$$

Damit erhalten wir

$$I_{12} \geq \int_{a}^{\infty} p_a(x_1+u)\,[p_a(x_1+u) - p_a(x_2+u)]\,du. \tag{1.4.3}$$

Aus den Ungleichungen (1.4.2) und (1.4.3) entnehmen wir

$$I_1 \geq \int_{-\infty}^{\infty} p_a(x_1+u)\,[p_a(x_1+u) - p_a(x_2+u)]\,du.$$

Nach der Schwarzschen Ungleichung folgt jetzt

$$I_1 \geq \int_{-\infty}^{\infty} p_a^2(x_1+u)\,du - \int_{-\infty}^{\infty} p_a(x_1+u)p_a(x_2+u)\,du \geq 0.$$

d) Wir schreiben I_3 in der Form

$$I_3 = \int_{a-x_2}^{a} p_a(u)\,[w(x_1+u) - w(x_2+u)]\,du$$

$$+\int_{a}^{b-x_1} p_a(u)\,[w(x_1+u) - w(x_2+u)]\,du = I_{31} + I_{32}$$

und unterscheiden drei Fälle:
Für $u \leq a$ gilt $p(x_1+u) - p(x_2+u) \leq 0$, und dies ist gleichbedeutend mit

$$w(x_1+u) - w(x_2+u) \leq p_a(x_2+u) - p_a(x_1+u). \tag{1.4.4}$$

Für $a - x_1 \leq u \leq a$ haben wir $a \leq x_1 + u \leq x_1 + a \leq 0$, und somit ist dort $p(x_1+u) = p(a)$. Da $p_a \leq p(a)$, folgt schließlich aus (1.4.4)

$$w(x_1+u) - w(x_2+u) \leq 0, \quad a - x_1 \leq u \leq a.$$

Für $a-x_2 \leq u \leq a-x_1$ gilt $w(x_1+u) = 0$ und natürlich $w(x_2+u) \geq 0$, so daß wir auch

$$w(x_1+u) - w(x_2+u) \leq 0, \quad a - x_2 \leq u \leq a - x_1$$

haben. Beide Ungleichungen ergeben

$$w(x_1+u) - w(x_2+u) \leq 0, \quad a - x_2 \leq u \leq a.$$

Hieraus folgt

$$I_{31} \geq p(a) \int_{a-x_2}^{a} [w(x_1+u) - w(x_2+u)]\,du. \tag{1.4.5}$$

Außerdem ist $p_a(u) = p(a)$ für $a \le u \le b - x_1$. Somit erhalten wir

$$I_{32} = p(a) \int_a^{b-x_1} [w(x_1+u) - w(x_2+u)]\, du \tag{1.4.6}$$

Aus (1.4.5) und (1.4.6) ergibt sich nun die Abschätzung

$$\begin{aligned} I_3 &\ge p(a) \int_{a-x_2}^{b-x_1} [w(x_1+u) - w(x_2+u)]\, du \\ &= p(a) \left[\int_{a-x_2}^{b-x_1} w(x_1+u)\, du - \int_{a-x_2}^{b-x_1} w(x_2+u)\, du \right] \\ &= p(a) \left[\int_{a-x_1}^{b-x_1} w(x_1+u)\, du - \int_{a-x_2}^{b-x_2} w(x_2+u)\, du \right] = 0. \end{aligned}$$

All dies beinhaltet $I \ge 0$, und das ist die Behauptung. □

Der obige Satz enthält ein sehr bekanntes älteres Resultat von Wintner (1938) als Spezialfall.

Folgerung 1.4.3 *Die Zufallsgrößen X und Y seien unabhängig und identisch verteilt nach einer 0-unimodalen und symmetrischen Vf. Dann ist auch die Summe $X + Y$ 0-unimodal.*

Wir werden jetzt zeigen, daß diese Aussage auch dann richtig ist, wenn X und Y nicht identisch verteilt sind. Wir benutzen für den Beweis die Darstellung (1.3.8). Purkayastha (1998) verwendet eine andere Idee (vgl. Aufgabe 1.4.6).

Satz 1.4.4 *Die Faltung zweier symmetrisch unimodaler Vf. ist unimodal.*

Beweis: Offenbar hat eine symmetrisch unimodale Vf. F einen Modalwert $\nu = 0$. Wir benutzen für F die Darstellung (1.3.8) und erhalten

$$\begin{aligned} F(x) &= \int_{-\infty}^{0} W_t(x)\, dK(t) + \int_0^\infty W_t(x)\, dK(t) \\ &= \int_0^\infty W_{-t}(x)\, d(1 - K(-t+0)) + \int_0^\infty W_t(x)\, dK(t). \end{aligned}$$

Wegen (1.3.15) ist mit F auch K symmetrisch. Folglich gilt

$$F(x) = \int_0^\infty \frac{1}{2} (W_{-t}(x) + W_t(x))\, d(2\,K(t)) = \int_0^\infty U_{[-t,t]}(x)\, dK_s(t)$$

mit $K_s = 2K$. Wir können deshalb F als Grenzwert einer Folge von endlichen Mischungen von symmetrisch gleichmäßigen Vf. darstellen.

Die Faltung zweier symmetrisch unimodaler Vf. läßt sich dann als Grenzwert einer Folge von endlichen Mischungen darstellen, die sich aus Faltungen zweier symmetrisch gleichmäßiger Vf. ergibt. Wir haben also nur zu zeigen: Die Faltung zweier symmetrisch gleichmäßiger Vf. ist 0-unimodal. Dies ist trivial, da die Dichte $p_{a,b}$ der Faltung $U_{[-a,a]} * U_{[-b,b]}$ mit $0 < a < b$ auf folgende Art dargestellt werden kann:

$$p_{a,b}(x) = \begin{cases} \int_{-b}^{x-a} \frac{1}{4ab}\, du = \frac{1}{4ab}x + \frac{a+b}{4ab} & , \ -(a+b) < x \leq -(b-a) \\ \int_{x-a}^{x+a} \frac{1}{4ab}\, du = \frac{1}{2b} & , \ -(b-a) < x \leq (b-a) \\ \int_{x+a}^{b} \frac{1}{4ab}\, du = -\frac{1}{4ab}x - \frac{a+b}{4ab} & , \ b-a < x \leq a+b \end{cases} .$$

Dies illustriert die folgende Abbildung.

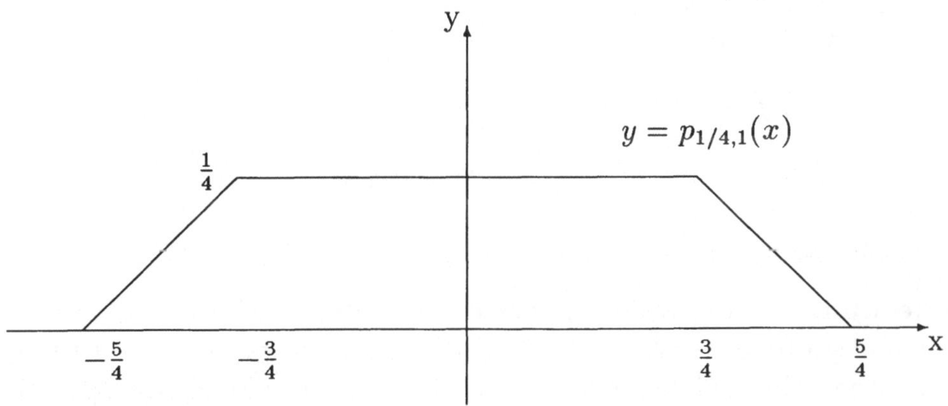

Abbildung: Graph der Dichte von $U_{[-1/4,1/4]} * U_{[-1,1]}$

□

Wir wollen im nächsten Satz Kriterien für symmetrisch unimodale Verteilungen angeben. Die Grundidee für den Beweis der Aussagen (1) und (2) haben wir schon im letzten Beweis dargelegt. Das dritte Kriterium erfordert einige Umrechnungen, die wir nicht ausführen, da dieselben Schlüsse wie beim Beweis von Satz 1.3.2 verwendet werden.

Satz 1.4.5 *Die Vf. F ist genau dann symmetrisch und unimodal, wenn eine der folgenden Bedingungen erfüllt ist.*

(1) F ist in der abgeschlossenen konvexen Hülle aller Vf. $U_{[-z,z]}$ *mit* $z \geq 0$ *enthalten. Insbesondere gilt die Darstellung*

$$F(x) = \int_0^\infty U_{[-z,z]}(x)\,dK_s(z), \quad x \neq 0, \tag{1.4.7}$$

dabei ist K_s *eine auf* $[0, \infty)$ *konzentrierte Vf.*

(2) Es existieren unabhängige Zufallsgrößen U *und* Z*, so daß gilt*

- $U \sim U_{[0,1]}$,
- Z *ist symmetrisch,*
- $UZ \sim F$.

(3) Es existieren unabhängige Zufallsgrößen V *und* Z_s*, so daß gilt*

- $V \sim U_{[-1,1]}$,
- $Z_s \geq 0$,
- $V Z_s \sim F$.

(4) Die c. F. f besitzt die Darstellung

$$f(t) = \frac{1}{t}\int_0^t Re\, k_s(u)\,du;$$

dabei ist k_s *eine c. F. einer nichtnegativen Zufallsgröße.*

Bemerkung. Ist die Dichte p von F stetig differenzierbar, so besitzt die Zufallsgröße $Z \sim K$ (vgl. (1.3.8)) die Dichte $p_K(x) = -x\,p'(x)$; die nichtnegative Zufallsgröße Z_s aus (3) hat dann die Dichte $2\,p_K(x)$, $x > 0$. Existiert umgekehrt p_K und ist p_K stetig, so gelten dieselben Beziehungen.

Ein letztes Kriterium für symmetrisch unimodale Vf. geben wir im folgenden Satz an.

Satz 1.4.6 *Eine Vf. F ist genau dann symmetrisch und unimodal, wenn für jedes* $a > 0$ *die Dichte*

$$q_a(x) := \frac{1}{2a}\left[F(x+a) - F(x-a)\right],\; x \neq 0,$$

symmetrisch und unimodal ist.

Beweis: Wir stellen zunächst fest, daß q_a die Dichte der Faltung $F * U_{[-a,a]}$ darstellt.

a) F sei symmetrisch und unimodal. Gemäß Satz 1.4.4 ist daher q_a symmetrisch unimodal.

b) Ist umgekehrt q_a für jedes $a > 0$ symmetrisch und unimodal, so betrachten wir die Folge der Dichten q_{a_n}, wobei $\{a_n\}_{n=1}^{\infty}$ eine Nullfolge darstellt. Die zugehörigen c. F. sind dann $f(t)\ \sin(a_n t)/(a_n t)$, dabei ist f die c. F. von F. Nach dem Stetigkeitssatz konvergieren die entsprechenden Vf. für $n \to \infty$ gegen F. Bei diesem Grenzübergang bleiben sowohl die Symmetrie als auch nach Eigenschaft 7 die Unimodalität erhalten. Deshalb ist auch F 0-unimodal und symmetrisch. □

Aufgaben

Aufgabe 1.1.1 *Zeigen Sie, daß die Funktion*

$$\varphi(x) = \begin{cases} \frac{1}{3\sqrt{x}} & \text{für } 0 \leq x \leq 1 \\ \frac{1}{2} - \frac{1}{6}x & \text{für } 1 < x \leq 3 \\ 0 & \text{für } x > 3 \end{cases}$$

auf $(0, \infty)$ *konvex ist.*

Aufgabe 1.1.2 *Es sei* $\varphi : [a, b] \to \mathcal{R}$ *eine konvexe Funktion. Leiten Sie die Ungleichungskette (1.1.8) her.*

Aufgabe 1.1.3 *Es sei* X *eine Zufallsgröße mit endlichem Erwartungswert,* $g : \mathcal{R} \to \mathcal{R}$ *eine Borel-meßbare Funktion, und es existiere* $Eg(X)$*. Beweisen Sie die Jensensche Ungleichung:* $Eg(X) \geq g(EX)$.

Aufgabe 1.1.4 *Die Funktionen* φ_n *(n=1,2...) seien auf* $\mathcal{R}$ *konvex. Zeigen Sie: Konvergiert* φ_n *punktweise gegen eine Funktion* φ *bei* $n \to \infty$*, so ist* φ *auch konvex.*

Aufgabe 1.1.5 *Zeigen Sie: Sind die Funktionen* φ_1 *und* φ_2 *auf* $\mathcal{R}$ *konvex, so auch* $max(\varphi_1, \varphi_2)$.

Aufgabe 1.1.6 *Es sei* $\varphi : [0,\infty) \to \mathcal{R}$ *eine konvexe und integrierbare Funktion über* $[0,\infty)$. *Zeigen Sie: Es existiert eine Teilfolge* $t_n \to \infty$ *mit* $\varphi(t_n) \to 0$.

Aufgabe 1.2.1 *Zeigen Sie mit Hilfe der Definition 1.2.1, daß die standardisierte Normalverteilung* $N(0,1)$ *0-unimodal ist.*

Aufgabe 1.2.2 *Es seien* $X_1, X_2, \ldots$ *unabhängige und identisch verteilte Zufallsgrößen mit der Exponentialverteilung* $Exp(1)$. *Außerdem sei* N *geometrisch verteilt mit dem Parameter* p, $0 < p < 1$, *d. h. es sei*

$$P\{N = n\} = p\,(1-p)^{n-1},\, n = 1, 2, \ldots,$$

N *und* $X_1, X_2, \ldots$ *seien unabhängig. Zeigen Sie:*

a) die Summe $S_n := \sum_{j=1}^{n} X_j$ *ist* $(n-1)$*-unimodal.*

b) die Summe S_N *hat die 0-unimodale Vf.* $Exp(p)$.

Aufgabe 1.2.3 *Zeigen Sie mit Eigenschaft 9, daß* $U_{[-a,a]} * U_{[-b,b]}$, $0 < a < b$, *unimodal ist.*

Aufgabe 1.2.4 *Beweisen Sie Eigenschaft 6.*

Aufgabe 1.2.5 *Zeigen Sie: Wenn* X *0-unimodal ist, so ist* $|X|$ *ebenfalls 0-unimodal.*

Aufgabe 1.2.6 *Es sei* F *eine 0-unimodale Vf. Beweisen Sie die Ungleichung*

$$\int_{-x}^{x} u^2 p(u)\,du \geq \frac{x^3}{3}\,(p(x) + p(-x))\,, \quad x \geq 0.$$

Aufgabe 1.3.1 *Beweisen Sie die Darstellung (1.3.3).*

Aufgabe 1.3.2 *Untersuchen Sie, für welche Parameter* a *und* b *die Gamma-Verteilung* $\Gamma(a,b)$ *unimodal ist, und bestimmen Sie in der Darstellung (1.3.8) die Vf.* K.

Aufgabe 1.3.3 *Zeigen Sie: Ist* X *symmetrisch unimodal, so ist* Z *aus Satz 1.3.8 ebenfalls symmetrisch und für kein* ν *unimodal.*

Aufgabe 1.4.1 *Die Vf. F sei Mischung der Vf. ϵ_0 und der absolut stetigen Vf. F_1 (Dichte p), sie habe also die Gestalt*

$$F = a\epsilon_0 + (1-a)F_1, \quad 0 \le a \le 1.$$

Es seien Y_1 und Y_2 unabhängige Zufallsgrößen mit der Vf. F. Zeigen Sie die Darstellung

$$P(Y_2 - Y_1 < x) = a^2\epsilon_0 + 2a(1-a)\frac{1 - F_1(-x) + F_1(x)}{2} + \int_{-\infty}^{x} \left(\int_{-\infty}^{\infty} p(u+v)p(v)\,dv \right) du.$$

Aufgabe 1.4.2 *Beweisen Sie Satz 1.4.5.*

Aufgabe 1.4.3 *Berechnen Sie für die Laplace-Verteilung $L(0,1)$*
a) die Vf. K aus der Darstellung (1.3.8) und
b) die Vf. K_s aus der Darstellung (1.4.7).

Aufgabe 1.4.4 *Beweisen Sie folgende Aussage: Die Vf. F ist genau dann 0-unimodal, falls $F * W_t$ für alle t unimodal ist.*

Aufgabe 1.4.5 *Geben Sie eine symmetrisch unimodale Vf. F an, so daß die Faltung $F * ((\epsilon_1 + \epsilon_{-1})/2)$ nicht unimodal ist.*

Aufgabe 1.4.6 *Es seien p und q symmetrisch unimodale Dichten, und X sei eine Zufallsgröße mit Dichte p.*
a) Für die Faltung $p * q$ gilt

$$p * q = \int_{-\infty}^{\infty} q(x-u)p(u)\,du = \int_0^{\infty} P\{q(X-x) > u\}\,du.$$

b) Beweisen Sie mit dieser Formel, daß $p * q$ 0-unimodal ist.

Kapitel 2

Charakteristische Funktionen

2.1 Positiv definite Funktionen

Wir wenden uns nun dem zweiten Grundbegriff dieses Buches zu und führen dazu zunächst positiv definite Funktionen ein.

Definition 2.1.1 *Eine Funktion $\lambda : \mathcal{R} \to \mathcal{C}$ heißt positiv definit (pos. def.), wenn sie die folgende Eigenschaft besitzt: Für jede natürliche Zahl n und alle n-Tupel $t_1, t_2, \ldots, t_n$ reeller Zahlen gilt*

$$\sum_{j=1}^{n} \sum_{k=1}^{n} \lambda(t_j - t_k)\, z_j \bar{z}_k \geq 0, \tag{2.1.1}$$

und zwar für beliebige komplexe Zahlen $z_1, z_2, \ldots, z_n$.

Aus der Definition erkennt man sofort die

Folgerung 2.1.2 *(1) Sind λ_1, λ_2 pos. def. und $c_1, c_2 \geq 0$, dann ist auch $c_1\lambda_1 + c_2\lambda_2$ pos. def.*

(2) Wenn eine Folge $\{\lambda_n : n = 1, 2, ..\}$ von pos. def. Funktionen punktweise gegen λ konvergiert, dann ist λ pos. def.

(3) Es sei Q eine Vf. und $\{\lambda_s : s \in \mathcal{S} \subseteq \mathcal{R}\}$ eine Familie pos. def. Funktionen. Für jedes $t \in \mathcal{R}$ sei $\lambda_s(t)$ integrierbar bezüglich Q. Dann ist die folgende Mischung pos. def.:

$$\lambda(t) := \int_{\mathcal{S}} \lambda_s(t)\, Q(ds). \tag{2.1.2}$$

Bemerkung: (3) folgt aus (2.1.1), wenn dort λ durch λ_s ersetzt und bezüglich Q integriert wird.

Weiter ergibt sich

Folgerung 2.1.3 *Für eine pos. def. Funktion λ gilt*

$$\lambda(0) \geq 0, \quad \lambda(-t) = \overline{\lambda(t)}, \quad |\lambda(t)| \leq \lambda(0).$$

Beweis: Wir setzen in (2.1.1) $n = 2$, $t_1 = t$, $t_2 = 0$, $z_1 = z$, $z_2 = 1$. Dann folgt

$$\lambda(0)\left(1 + |z|^2\right) + \lambda(t)\, z + \lambda(-t)\bar{z} \geq 0. \tag{2.1.3}$$

Die drei Behauptungen erhalten wir, indem wir in (2.1.3) spezielle Werte für z einsetzen.

a) $z = 0$ liefert die erste Behauptung.

b) Mit $z = |z| > 0$ bzw. $z = i|z|$ ergeben sich die Beziehungen

$$\lambda(0)\left(1 + |z|^2\right) + (\lambda(t) + \lambda(-t))\,|z| \geq 0,$$
$$\lambda(0)\left(1 + |z|^2\right) + i\,(\lambda(t) - \lambda(-t))\,|z| \geq 0.$$

Hiernach folgt

$$Im\,\lambda(t) = -Im\,\lambda(-t),\ Re\,\lambda(t) = Re\,\lambda(-t),$$

d. h. die zweite Behauptung.

c) Um die letzte Aussage zu gewinnen, unterscheiden wir die Fälle $\lambda(0) = 0$ und $\lambda(0) > 0$. Ist $\lambda(0) = 0$, so setzen wir in (2.1.3) $z = -\overline{\lambda(t)}$ und erhalten $\lambda = 0$, so daß die dritte Behauptung zutrifft.
Ist aber $\lambda(0) > 0$, so liefert $z = -\overline{\lambda(t)}/\lambda(0)$ die letzte Ungleichung. □

Lemma 2.1.4 (Artomenko-Krejn) *Eine pos. def. Funktion genügt der Ungleichung*

$$|\lambda(t+h) - \lambda(t)|^2 \leq 2\lambda(0)\,(\lambda(0) - Re\,\lambda(h))),\ t,\, h \in \mathcal{R}. \tag{2.1.4}$$

Beweis: Nichttrivial ist nur der Fall $\lambda(0) > 0$. Wir benutzen (2.1.1) für $n = 3$ und wählen $t_1 = t$, $t_2 = t + h$, $t_3 = 0$, $z_1 = -z_2 = 1$ und $z_3 = (\lambda(t+h) - \lambda(t))/\lambda(0)$. Hieraus ergibt sich ähnlich wie im letzten Beweis nach elementaren Umrechnungen die Behauptung. □

Aus Lemma 2.1.4 liest man sofort das nächste Resultat ab.

Satz 2.1.5 *Eine pos. def. Funktion λ ist genau dann gleichmäßig stetig, wenn $Re\,\lambda$ stetig in 0 ist.*

2.2 Grundlegende Eigenschaften

Der folgende Begriff spielt in der analytischen Wahrscheinlichkeitstheorie eine große Rolle.

Definition 2.2.1 *Ist F eine beliebige Vf., so heißt ihre Fourier-Stieltjes-Transformierte*

$$f(t) = \int_{-\infty}^{\infty} e^{itu}\, dF(u) = \int_{-\infty}^{\infty} \cos tu\, dF(u) + i \int_{-\infty}^{\infty} \sin tu\, dF(u)$$

charakteristische Funktion (c. F.) von F.

Für eine Zufallsgröße X mit Vf. F gilt also

$$f(t) = E\, e^{itX} = E \cos tX + i\, E \sin tX.$$

Wir nennen f auch c. F. von X.

Einführende Abschnitte über charakteristische Funktionen sind in vielen Lehrbüchern, z. B. Gnedenko (1997), Širjajev (1988) zu finden. Wir weisen aber auch auf die Monographien von Lukacs (1970) und Rossberg/Jesiak/Siegel (1985) hin.

Wir stellen hier einige grundlegende Eigenschaften c. F. zusammen, die wir ohne Beweis anführen. Auf wichtige Umkehrformeln für c. F. gehen wir später ausführlich ein.

Satz 2.2.2 (Eindeutigkeitssatz) *Zwei Vf. F und G stimmen genau dann überein, wenn ihre c. F. f und g zusammenfallen.*

Satz 2.2.3 (Produktsatz) *Es seien X_1 und X_2 unabhängige Zufallsgrößen mit den c. F. f_1 bzw. f_2. Dann ist die c. F. f der Summe X_1+X_2 gegeben durch*

$$f = f_1 f_2.$$

Satz 2.2.4 (Parseval) *Es seien F_1 und F_2 zwei Vf. mit den c. F. f_1 bzw. f_2. Dann gilt*

$$\int_{-\infty}^{\infty} f_1(u)\, dF_2(u) = \int_{-\infty}^{\infty} f_2(u)\, dF_1(u).$$

Wir geben noch an, wie die Konvergenz von Vf. mit dem Verhalten ihrer c. F. zusammenhängt. Wir beginnen mit

Satz 2.2.5 (Helly) *Jede Folge $\{F_n : n \geq 1\}$ von Vf. enthält eine Teilfolge $\{F_{n'} : n' \geq 1\}$ mit folgenden Eigenschaften: Es existiert eine monoton wachsende Funktion F_0, so daß in allen Stetigkeitspunkten x von F_0 gilt*

$$\lim_{n' \to \infty} F_{n'}(x) =: F_0(x).$$

Die Funktion F_0 aus Satz 2.2.5 kann eine *defekte* Vf. sein, d. h. es kann $F_0(\infty) - F_0(-\infty) < 1$ gelten. Für den Fall der Konvergenz gegen eine Vf. wurde der folgende Begriff geprägt.

Definition 2.2.6 *Die Folge $\{F_n : n \geq 1\}$ heißt vollständig konvergent gegen die Vf. F, wenn*

$$\lim_{n \to \infty} F_n(x) = F(x)$$

in allen Stetigkeitspunkten x von F gilt.
Bezeichnung: $F_n \xrightarrow{c} F$ (c steht für complete).

Satz 2.2.7 (Helly-Bray) *Die Funktion $h : \mathcal{R} \to \mathcal{C}$ sei stetig und beschränkt. Aus $F_n \xrightarrow{c} F$ folgt*

$$\lim_{n \to \infty} \int_{-\infty}^{\infty} h(u)\, dF_n(u) = \int_{-\infty}^{\infty} h(u)\, dF(u).$$

Satz 2.2.8 (Stetigkeitssatz) *Es seien F_n Vf. mit den c. F. f_n.*

(1) Existiert eine in 0 stetige Funktion $f : \mathcal{R} \to \mathcal{C}$ mit

$$\lim_{n \to \infty} f_n(t) = f(t),$$

so ist f c. F. einer Vf. F, und es gilt $F_n \xrightarrow{c} F$.

(2) Es gelte $F_n \xrightarrow{c} F$. Ist f die c. F. von F, so folgt

$$\lim_{n \to \infty} f_n(t) = f(t).$$

Für das weitere ist der folgende leicht zu beweisende Sachverhalt von Nutzen (vgl. Aufgabe 2.2.2).

Satz 2.2.9 *Die c. F. f der Vf. F ist genau dann reell, wenn F symmetrisch ist, d. h. wenn gilt:*

$$F(x) = 1 - F(-x+0).$$

Es sei X eine Zufallsgröße mit Vf. F, und es existiere für ein $a \in \mathcal{R}$

$$M_{F,a} := \int_{-\infty}^{\infty} |x|^a \, dF(x) < \infty.$$

Dann nennt man $M_{F,a}$ das *a-te absolute Moment.* Mit diesem Moment existieren auch alle absoluten Momente der Ordnung b, falls $|b| \leq |a|$ und $ab > 0$.
Ist a eine natürliche Zahl oder ist X eine nichtnegative Zufallsgröße, so heißt

$$m_{F,a} := \int_{-\infty}^{\infty} x^a \, dF(x)$$

das *a-te (gewöhnliche) Moment*, falls das rechtsstehende Integral absolut konvergiert.

Wir geben nun wichtige Zusammenhänge zwischen den Momenten der Vf. F und den Ableitungen der entsprechenden c. F. f an. In § 9.1 werden darüber hinaus Moment-Ungleichungen behandelt.

Satz 2.2.10 *Es sei n eine natürliche Zahl. Existiert das Moment $m_{F,n}$, so ist f n-fach differenzierbar. Dabei gilt*

$$f^{(n)}(t) = i^n \int_{-\infty}^{\infty} x^n e^{itu} \, dF(u), \quad f^{(n)}(0) = i^n m_{F,n}.$$

Ferner haben wir die Taylorentwicklung

$$f(t) = 1 + \sum_{j=1}^{n} \frac{m_{F,j}}{j!} (it)^j + o(t^n), \quad t \to 0.$$

2.3 Satz von Bochner

Wir diskutieren nun den Zusammenhang zwischen c. F. und pos. def. Funktionen.

Satz 2.3.1 *Charakteristische Funktionen sind pos. def.*

Beweis: Eine c. F. f erfüllt (2.1.1), denn es ist

$$\sum_{j=1}^{n}\sum_{k=1}^{n} f(t_j - t_k)\, z_j\bar{z}_k = \sum_{j=1}^{n}\sum_{k=1}^{n} \int_{-\infty}^{\infty} e^{iu(t_j-t_k)}\, dF(u) z_j\bar{z}_k$$

$$= \int_{-\infty}^{\infty} \sum_{j=1}^{n}\sum_{k=1}^{n} e^{iu(t_j-t_k)}\, z_j\bar{z}_k\, dF(u) = \int_{-\infty}^{\infty} \left|\sum_{j=1}^{n} e^{it_j u}\, z_j\right|^2 dF(u) \geq 0. \quad \square$$

Umgekehrt unterscheidet sich eine meßbare pos. def. Funktion λ mit $\lambda(0) = 1$ höchstens durch eine Nullfunktion von einer c. F. (vgl. Crum (1956)). Deshalb werden wir uns im weiteren auf *stetige pos. def. Funktionen* beschränken.

Unser nächstes Ziel ist es zu zeigen, daß stetige pos. def. Funktionen bis auf einen Faktor c. F. sind. Wir führen dazu die folgende Bezeichnung ein. Es seien X_1 und X_2 unabhängige Zufallsgrößen mit Vf. F und $X \sim F$. Wir setzen:

- $F^-(x) := 1 - F(-x + 0)$ (Vf. von $-X$),
- $F_D(x) := F * F^-(x)$ (Vf. von $D := X_1 - X_2$).

F_D heißt die *Symmetrisierung* von F.

Lemma 2.3.2 *Es sei $\lambda : \mathcal{R} \to \mathcal{C}$ eine stetige pos. def. Funktion. Dann gilt für alle Vf. F*

$$\int_{-\infty}^{\infty} \lambda(t) e^{itx}\, dF * F^-(t) \geq 0. \tag{2.3.1}$$

Beweis: Für eine beliebige Vf. F existiert bekanntlich eine Folge diskreter Vf. F_n, die vollständig gegen F konvergiert. Es möge

F_n die Sprunghöhe $w_j^{(n)}$ im Punkt $t_j^{(n)}$ haben. Setzen wir in (2.1.1) $z_j = e^{it_j^{(n)}x}\, w_j^{(n)}$, so entsteht die Ungleichung

$$\sum_{j,k=1}^{n} \lambda(t_j^{(n)} - t_k^{(n)})\, e^{i(t_j^{(n)}-t_k^{(n)})x}\, w_j^{(n)} \overline{w_k^{(n)}} = \int_{-\infty}^{\infty} \lambda(t) e^{itx}\, dF_n * F_n^-(t) \geq 0.$$

Die stetige Funktion λ ist nach Folgerung 2.1.3 beschränkt. Darüber hinaus konvergiert nach dem Stetigkeitssatz die Folge $F_n * F_n^-$ gegen $F * F^-$. Somit folgt aus dem Satz von Helly-Bray bei $n \to \infty$ die Ungleichung (2.3.1). □

Lemma 2.3.3 *Für die stetige, beschränkte und absolut integrierbare Funktion* $\lambda : \mathcal{R} \to \mathcal{C}$ *gelte*

$$u(x) := \frac{1}{2\pi} \int_{-\infty}^{\infty} \lambda(t) e^{-itx}\, dt \geq 0.$$

Dann ist u *integrierbar, und* λ *besitzt die Darstellung*

$$\lambda(t) = \int_{-\infty}^{\infty} u(x) e^{itx}\, dx. \tag{2.3.2}$$

Beweis: Es sei φ die Dichte und Φ die Vf. der standardisierten Normalverteilung. Wir betrachten für $\tau > 0$ und reelles t das Integral

$$I_\tau(t) := \sqrt{2\pi} \int_{-\infty}^{\infty} u(x) \varphi(\tau x)\, e^{itx}\, dx \tag{2.3.3}$$

und zeigen zunächst

$$\lim_{\tau \downarrow 0} I_\tau(t) = \lambda(t). \tag{2.3.4}$$

Einsetzen von $u(x)$ in (2.3.3) liefert

$$I_\tau(t) = \frac{1}{\sqrt{2\pi}} \int_{-\infty}^{\infty} \left(\int_{-\infty}^{\infty} \lambda(z)\, e^{-izx}\, dz \right) \varphi(\tau x) e^{itx}\, dx.$$

Da $\lambda(z)\, \varphi(\tau\, x)$ absolut integrierbar ist, dürfen wir die Reihenfolge der Integrationen vertauschen. Wir erhalten

$$I_\tau(t) = \frac{1}{\sqrt{2\pi}\,\tau} \int_{-\infty}^{\infty} \left(\int_{-\infty}^{\infty} \varphi(\tau\, x)\, e^{i(t-z)x}\, d(\tau x) \right) \lambda(z)\, dz$$

$$= \frac{1}{\sqrt{2\pi}\,\tau} \int_{-\infty}^{\infty} \lambda(z)\, \varphi(\frac{t-z}{\tau})\, \sqrt{2\pi}\, dz = \int_{-\infty}^{\infty} \lambda(t-v)\, d\Phi(\frac{v}{\tau}).$$

Wir führen nun den Grenzübergang $\tau \downarrow 0$ durch. Auf der rechten Seite läßt sich der Satz von Helly-Bray anwenden und wegen $\Phi(v/\tau) \xrightarrow{c} \epsilon_0(v)$ ergibt sich (2.3.4).
Nun setzen wir in (2.3.3) $t = 0$. Bei $\tau \downarrow 0$ folgt nach dem Satz von der monotonen Konvergenz $u \in L_1$. Jetzt wählen wir t beliebig und beachten, daß $u \geq 0$ eine Majorante für den Integranden ist. So erhalten wir mit dem Satz von der majorisierten Konvergenz und (2.3.4)

$$\lim_{\tau \downarrow 0} I_\tau(t) = \int_{-\infty}^{\infty} u(x)\, e^{itx}\, dx = \lambda(t). \qquad \square$$

Satz 2.3.4 (Bochner) *Eine stetige Funktion $\lambda : \mathcal{R} \to \mathcal{C}$ ist genau dann pos. def., wenn sie die Darstellung*

$$\lambda(t) = \lambda(0)\, f(t) \tag{2.3.5}$$

besitzt, wobei f eine c. F. ist.

Beweis: Wegen Satz 2.3.1 brauchen wir nur die Notwendigkeit zu beweisen. Es sei also $\lambda \neq 0$ pos. def. Nach Lemma 2.3.2 erhalten wir mit einer beliebigen Vf. F

$$\int_{-\infty}^{\infty} \lambda(t) e^{itx}\, dF * F^-(t) \geq 0. \tag{2.3.6}$$

Für F wählen wir die Normalverteilung $N(0, \tau^2/2)$ mit $\tau > 0$. Dann ist die Faltung $F * F^- = F^{2*}$ die Normalverteilung $N(0, \tau^2)$ mit der Dichte $\varphi(t/\tau)/\tau$. Wir betrachten nun die Funktion

$$\lambda_\tau(t) := \sqrt{2\pi}\, \lambda(t)\, \varphi(\frac{t}{\tau}) \in L_1.$$

Wegen (2.3.6) folgt

$$\int_{-\infty}^{\infty} e^{itx}\, \lambda_\tau(t)\, dt \geq 0. \tag{2.3.7}$$

Offensichtlich ist Lemma 2.3.3 auf λ_τ anwendbar. λ_τ ist also Fourier-Transformierte einer nichtnegativen integrierbaren Funktion u, d. h. bis auf einen Faktor eine c. F. Wir erhalten somit die Darstellung $\lambda_\tau(t) = \lambda(0)\, f_\tau(t)$ mit einer gewissen c. F. f_τ. Beim Grenzübergang $\tau \to \infty$ konvergieren die λ_τ punktweise gegen λ. Damit konvergieren aber die c. F. f_τ gegen die Funktion $f := \lambda/\lambda(0)$, die nach Voraussetzung stetig ist. Nach dem Stetigkeitssatz ist dies eine c. F. Somit folgt die Behauptung (2.3.5). □

Ist λ eine pos. def. Funktion, die absolut integrierbar ist, so können wir den Grenzübergang $\tau \to \infty$ unter dem Integral in (2.3.7) ausführen. Dies führt zu folgendem nützlichen Kriterium.

Kriterium 2.3.5 *Es sei $\lambda : \mathcal{R} \to \mathcal{C}$ eine stetige, beschränkte und absolut integrierbare Funktion. Unter diesen Voraussetzungen ist λ genau dann pos. def., wenn für alle x gilt:*

$$u(x) := \frac{1}{2\pi} \int_{-\infty}^{\infty} e^{-itx}\, \lambda(t)dt \geq 0. \tag{2.3.8}$$

Beweis: a) Es sei λ pos. def. Um (2.3.8) zu gewinnen, benutzen wir den obigen Beweis bis zu Formel (2.3.7). Wegen unserer Voraussetzung ist bei $\tau \to \infty$ der Satz von der majorisierten Konvergenz anwendbar und liefert (2.3.8).

b) Gilt umgekehrt (2.3.8), so können wir Lemma 2.3.3 anwenden und erhalten (2.3.2) mit $u \in L_1$. Nach Satz 2.3.1 ist λ pos. def. □

Wählen wir nun in Kriterium 2.3.5 für λ eine c. F. f, so ergibt sich in Verbindung mit Lemma 2.3.3 die folgende bekannte Aussage (vgl. Aufgabe 2.3.2).

Satz 2.3.6 (Fouriersches Umkehrtheorem) *Es sei f eine absolut integrierbare c. F. Dann existiert zu f eine stetige Dichte mit der Darstellung*

$$p(x) = \frac{1}{2\pi} \int_{-\infty}^{\infty} e^{-itx}\, f(t)dt.$$

2.4 Charakteristische Funktionen nichtnegativer Zufallsgrößen

Für das weitere benötigen wir einige spezielle Resultate, die nur für nichtnegative Zufallsgrößen gültig sind. Unser Ausgangspunkt ist eine Variante des allgemeinen Umkehrtheorems für Vf.

Satz 2.4.1 (Gil-Pelaez) *Es sei X eine beliebige Zufallsgröße mit Vf. F und c. F. f. Dann gilt für alle Stetigkeitspunkte x von F*

$$F(x) = \frac{1}{2} - \frac{1}{\pi}\int_0^\infty \frac{Im\ [f(u)\, e^{-iux}]}{u}\, du. \tag{2.4.1}$$

Bemerkungen. 1. Das Integral in (2.4.1) ist auch an der unteren Grenze als uneigentlich zu verstehen.

2. Ist 0 ein Stetigkeitspunkt von F, so gilt

$$\int_0^\infty \frac{Im\ f(u)}{u}\, du = \frac{\pi}{2}\left[1 - 2F(0)\right].$$

3. Für eine Vf. F mit $F(0) = 0$ ist stets

$$\int_0^\infty \frac{Im\ f(u)}{u}\, du = \frac{\pi}{2}\left[1 - F(0+)\right]. \tag{2.4.2}$$

Beweis: a) Es sei $X \sim F$. Ist x ein Stetigkeitspunkt von F, so führen wir die Zufallsgröße $Y := X - x$ ein. Für die Vf. G und die c. F. g von Y erhalten wir $G(y) = F(y+x)$ bzw. $g(t) = f(t)e^{-itx}$. Wir betrachten für $0 < a < b$ das Integral

$$I(a,b) := \frac{2}{\pi}\int_{-\infty}^\infty \left[\int_a^b \frac{\sin uv}{u}\, du\right] dG(v). \tag{2.4.3}$$

Da $(\sin uv)/u$ im gesamten Integrationsgebiet nach unten beschränkt ist, können wir aufgrund des Satzes von Fubini die Reihenfolge der Integrationen vertauschen und erhalten

$$\begin{aligned} I(a,b) &= \frac{2}{\pi}\int_a^b \int_{-\infty}^\infty \sin uv\, dG(v) \frac{du}{u} \\ &= \frac{2}{\pi}\int_a^b Im\ g(u)\frac{du}{u} = \frac{2}{\pi}\int_a^b Im\ (f(u)e^{-iux})\frac{du}{u}. \end{aligned}$$

Bei $a \to 0$, $b \to \infty$ konvergiert das innere Integral in (2.4.3) gegen $\pm\pi/2$ je nachdem, ob $v > 0$ oder $v < 0$ ist. Deshalb folgt mit dem Satz von der majorisierten Konvergenz, da 0 ein Stetigkeitspunkt von G ist,

$$\begin{aligned} \lim_{a\to 0,\, b\to\infty} I(a,b) &= -\int_{-\infty}^0 dG(v) + \int_0^\infty dG(v) \\ &= 1 - 2G(0) = 1 - 2F(x). \end{aligned}$$

Hieraus ergibt sich (2.4.1). □

Für Vf. nichtnegativer Zufallsgrößen erhält man aus Satz 2.4.1 zwei Umkehrformeln. Desweiteren ergibt sich eine Verschärfung des Fourierschen Umkehrtheorems.

Satz 2.4.2 *Es sei X eine nichtnegative Zufallsgröße mit Vf. F und c. F. f.*

(1) Für jeden Stetigkeitspunkt $x \geq 0$ von F gelten die Umkehrformeln

$$F(x) = \frac{2}{\pi} \int_0^\infty \frac{\sin xu}{u} Re\ f(u)\, du \tag{2.4.4}$$

$$F(x) - F(0+) = \frac{2}{\pi} \int_0^\infty \frac{1 - \cos xu}{u} Im\ f(u)\, du \tag{2.4.5}$$

(2) Es sei $F(0+) = 0$. Ist $Re\ f$ oder $Im\ f$ absolut integrierbar, so besitzt F eine stetige Dichte p, und diese hat für $x > 0$ die folgenden beiden Darstellungen:

$$p(x) = \frac{2}{\pi} \int_0^\infty \cos xu\ Re\ f(u)\, du \tag{2.4.6}$$

$$p(x) = \frac{2}{\pi} \int_0^\infty \sin xu\ Im\ f(u)\, du. \tag{2.4.7}$$

Bemerkungen. 1. Satz 2.4.2 lehrt, daß Dichten und Vf. nichtnegativer Zufallsgrößen sowohl allein durch den Realteil als auch allein durch den Imaginärteil der zugehörigen c. F. bestimmt sind.

2. Die Vorausetzung „$Re\ f$ oder $Im\ f$ absolut integrierbar" kann abgeschwächt werden (vgl. Laue (1983)).

Beweis: (1) Ist $x \geq 0$ ein Stetigkeitspunkt von F, so auch -x. Die Gleichung (2.4.1) gilt daher für $F(x)$ und $F(-x)$. Addition bzw. Subtraktion dieser beiden Formeln führt unter Berücksichtigung von (2.4.2) entsprechend zu (2.4.4) und (2.4.5).

(2) a) Wir setzen zunächst $Re\ f \in L_1$ voraus und betrachten die symmetrische Vf. $G(x) = [1 - F(-x+0) + F(x)]/2$ mit der c. F. $g = Re\ f$ (vgl. Aufgabe 2.2.1). Für sie gilt

$$G(x) = \frac{1}{2}[1 + F(x)], \quad x > 0.$$

Wegen $g \in L_1$ besitzt G (und damit auch F) aufgrund des Fourierschen Umkehrtheorems eine stetige Dichte p_G (bzw. p_1). Hieraus ergibt sich mit $p_G(x) = p_1(x)/2$ sofort die behauptete Darstellung (2.4.6) für p_1.

b) Nun sei $Im\ f \in L_1$. Wir definieren für $x \geq 0$ die Funktion

$$p_2(x) := \frac{2}{\pi} \int_0^\infty \sin\, xu\, Im\ f(u)\, du.$$

Es ist leicht nachzuprüfen, daß p_2 stetig ist (vgl. Aufgabe 2.4.1). Wir zeigen, daß p_2 Dichte zu F ist. Dazu betrachten wir das Integral

$$R(x) := \int_0^x p_2(v)\, dv = \int_0^x \frac{2}{\pi} \left(\int_0^\infty \sin\, vu\, Im\ f(u)\, du \right) dv.$$

Wegen $Im\ f \in L_1$ können wir die Reihenfolge der Integrationen vertauschen und erhalten mit (2.4.5) und mit $F(0+) = 0$

$$R(x) = \frac{2}{\pi} \int_0^\infty \frac{1 - \cos\, xu}{u}\, Im\ f(u)\, du = F(x).$$

Das bedeutet, daß p_2 eine Dichte zu F ist und daß für sie (2.4.7) gilt.

c) Ist $Re\ f \in L_1$ oder $Im\ f \in L_1$, so existiert gemäß a) und b) eine Dichte p_1 bzw. p_2 von F. Wir zeigen jetzt, daß die Integrale in (2.4.6) und (2.4.7) immer gleichzeitig existieren und daß sie gleich sind. Dazu betrachten wir für $T > 0$ und $x > 0$ das Integral

$$\begin{aligned}
&\int_0^T [\cos\, xu\, Re\ f(u) - \sin\, xu\, Im\ f(u)]\, du \\
&= \int_0^\infty \left(\int_0^T \cos\,(x+v)u\, du \right) p_i(v)\, dv = \int_0^\infty \sin\,(x+v)T\, \frac{p_i(v)}{x+v}\, dv \\
&= \cos\, xT \int_0^\infty \sin\, vT\, \frac{p_i(v)}{x+v}\, dv + \sin\, xT \int_0^\infty \cos\, vT\, \frac{p_i(v)}{x+v}\, dv,
\end{aligned}$$

wobei $i = 1$ im Fall $Re\ f \in L_1$ und $i = 2$ im Fall $Im\ f \in L_1$ zu setzen ist. Bei $T \to \infty$ konvergieren die letzten Integrale nach dem Lemma von Riemann-Lebesgue gegen 0, so daß folgt:

$$\exists \int_0^\infty \cos\, xu\, Re\ f(u)\, du = \int_0^\infty \sin\, xu\, Im\ f(u)\, du, \quad x > 0.$$

Damit sind die Dichten p_i für $x > 0$ sowohl in der Form (2.4.6) als auch in der Form (2.4.7) darstellbar. □

Wir leiten im folgenden weitere Eigenschaften c. F. nichtnegativer Zufallsgrößen her, die für spätere Betrachtungen wichtig sind.

Lemma 2.4.3 *Es sei X eine nichtnegative Zufallsgröße mit Vf. F, Dichte p und c. F. f. Existiert das Moment $m_{F,-1}$, so folgt*

$$\int_0^\infty Re\ f(u)\,du = 0.$$

Beweis: Wir betrachten für $R > 0$ das Integral

$$\int_0^R Re\ f(u)\,du = \int_0^\infty \sin Ru\,\frac{p(u)}{u}\,du.$$

Aufgrund des Lemmas von Riemann-Lebesgue konvergiert die rechte Seite bei $R \to \infty$ gegen 0, falls $m_{F,-1}$ existiert. □

Satz 2.4.4 *(1) Ist $Re\ f$ absolut integrierbar, so gilt*

$$\int_0^\infty [Re\ f(u)]^2 du = \frac{\pi}{2}\int_0^\infty [p(u)]^2\,du. \tag{2.4.8}$$

(2) Ist $Im\ f$ absolut integrierbar, so gilt

$$\int_0^\infty [Im\ f(u)]^2 du = \frac{\pi}{2}\int_0^\infty [p(u)]^2\,du.$$

(3) Ist $Re\ f$ oder $Im\ f$ absolut integrierbar und existiert darüber hinaus $m_{F^{2*},-1}$, so haben wir die Identität

$$\int_0^\infty [Re\ f(u)]^2 du = \int_0^\infty [Im\ f(u)]^2\,du = \frac{\pi}{2}\int_0^\infty [p(u)]^2\,du. \tag{2.4.9}$$

Bemerkung. (2.4.9) ist eine Verschärfung der *Parsevalschen Gleichung*, wonach die Fourier-Transformierte f^* einer quadratisch integrierbaren Funktion f,

$$f^*(t) = l.i.m._{A\to\infty}\frac{1}{\sqrt{2\pi}}\int_{-A}^{A} e^{itu} f(u)\,du,$$

(vgl. Sätze 3.5.1 und 3.5.2) ebenfalls quadratisch integrierbar ist und die Beziehung gilt

$$\int_{-\infty}^{\infty} |f^*(u)|^2\, du = \int_{-\infty}^{\infty} |f(u)|^2\, du.$$

Beweis: (1) Mit dem Satz von Fubini erhalten wir

$$\begin{aligned}\int_0^\infty [Re\ f(u)]^2 du &= \int_0^\infty Re\ f(u) \left(\int_{-\infty}^{\infty} \cos uv\, p(v)\, dv\right) du \\ &= \int_0^\infty p(v) \left(\int_{-\infty}^{\infty} \cos uv\, Re\ f(u)\, du\right) dv,\end{aligned}$$

und wegen (2.4.6) folgt die Identität (2.4.8).

Völlig analog läßt sich (2) nachweisen.

(3) Wir betrachten unabhängige identisch nach F verteilte Zufallsgrößen X und Y. Die c. F. ihrer Summe $X + Y$ ist f^2. Falls $Im\ f$ oder $Re\ f$ absolut integrierbar ist, ist auch $Im\ [f^2] = 2\, Re\ f \cdot Im\ f$ absolut integrierbar. Deshalb besitzt F^{2*} wegen Satz 2.4.2 eine Dichte $p_{F^{2*}}$, und nach Lemma 2.4.3 gilt wegen $m_{F^{2*},-1} < \infty$

$$\int_0^\infty Re\ [f(u)]^2\, du = \int_0^\infty \left([Re\ f(u)]^2 - [Im\ f(u)]^2\right) du = 0.$$

Also folgt

$$\int_0^\infty [Re\ f(u)]^2 du = \int_0^\infty [Im\ f(u)]^2\, du < \infty.$$

Die letzte Gleichheit in (2.4.9) erschließen wir aus (1) bzw. (2). □

Da Vf. nichtnegativer Zufallsgrößen sowohl durch $Re\ f$ als auch durch $Im\ f$ charakterisiert werden können, muß zwischen diesen beiden Funktionen ein Zusammenhang bestehen. Wir haben

Satz 2.4.5 *Es sei F eine Vf. mit $F(0) = 0$, f sei die zugehörige c. F. Dann gilt*

$$Im\ f(t) = -\frac{1}{\pi} \int_0^\infty \frac{Re\ f(t+u) - Re\ f(t-u)}{u}\, du \tag{2.4.10}$$

und

$$Re\ f(t) - F(0+) = \frac{1}{\pi} \int_0^\infty \frac{Im\ f(t+u) - Im\ f(t-u)}{u}\, du. \tag{2.4.11}$$

Beweis: Wir beschränken uns auf den Nachweis von (2.4.11); der Beweis von (2.4.10) ist analog. Wir wählen a und b, $0 < a < b$, und betrachten das Integral

$$I_{a,b} := \frac{1}{\pi}\int_a^b \frac{Im\ f(t+u) - Im\ f(t-u)}{u}\,du$$

$$= \frac{1}{\pi}\int_a^b \frac{1}{u}\left(\int_{(0,\infty)} [\sin(t+u)x - \sin(t-u)x]\,dF(x)\right) du$$

$$= \frac{2}{\pi}\int_a^b \frac{1}{u}\int_{(0,\infty)} \cos tx \sin ux\, dF(x)\, du.$$

Mit dem Satz von Fubini erhalten wir

$$I_{a,b} = \frac{2}{\pi}\int_{(0,\infty)} \cos tx \left(\int_a^b \frac{\sin xu}{u}\,du\right) dF(x).$$

Das innere Integral strebt für $x > 0$ bei $a \downarrow 0$ und $b \to \infty$ gegen $\pi/2$. Deshalb folgt aus dem Satz von der majorisierten Konvergenz

$$\lim_{a\downarrow 0, b\to\infty} I_{a,b} = \int_{(0,\infty)} \cos tx\, dF(x) = Re\ f(x) - F(0+). \qquad \square$$

Wir benötigen schließlich noch eine Existenzbedingung für das Moment $m_{F,1}$ einer Vf. einer nichtnegativen Zufallsgröße. Sie läßt sich mühelos auf Momente höherer Ordnung übertragen (vgl. Aufgabe 2.4.5).

Satz 2.4.6 *Es sei F eine Vf. mit $F(0) = 0$, f sei die zugehörige c. F. Das Moment $m_{F,1}$ existiert genau dann, wenn $|Im\ f(t)/t|$ für $t \neq 0$ beschränkt ist. In diesem Fall haben wir*

$$\lim_{t\to 0} \frac{Im\ f(t)}{t} = m_{F,1}. \qquad (2.4.12)$$

Beweis: a) Nach partieller Integration von $Im\ f$ ergibt sich die Darstellung

$$\frac{Im\ f(t)}{t} = \int_0^\infty \cos tu\,[1 - F(x)]\,du. \qquad (2.4.13)$$

Existiert das Moment $m_{F,1}$, so folgt die Behauptung aus (2.4.13) mit dem Satz von der majorisierten Konvergenz.

b) Nun sei $|Im\ f(t)/t| < C$ für $t \neq 0$, $C > 0$. Für jede Vf. G einer nichtnegativen Zufallsgröße mit c. F. g gilt nach Satz 2.2.4

$$\int_0^\infty Im\ g(u)\,dF(u) = \int_0^\infty Im\ f(u)\,dG(u).$$

Besitzt G das erste Moment $m_{G,1}$, so erhalten wir weiter

$$\int_0^\infty Im\ g(u)\,dF(u) \leq \int_0^\infty \frac{|Im\ f(u)|}{u}\,u\,dG(u) \leq C\,m_{G,1}. \quad (2.4.14)$$

Wir wählen

$$G(x) := 1 - e^{-(x/a)^2/2}, \quad x \geq 0, \quad a > 0.$$

Dann haben wir

$$m_{G,1} = a\sqrt{\frac{\pi}{2}} \quad \text{und} \quad Im\ g(x) = a\sqrt{\frac{\pi}{2}}\,x\,e^{-(ax)^2/2}.$$

Aus der Ungleichung (2.4.14) ergibt sich damit

$$\int_0^\infty ue^{-(au)^2/2}\,dF(u) \leq C.$$

Wir benutzen nun das Lemma von Fatou und erhalten nach Grenzübergang $a \downarrow 0$ die Existenz von $m_{F,1}$. □

2.5 Konvexe und positiv definite Funktionen

Wir zeigen in diesem Abschnitt, daß viele pos. def. Funktionen eng mit konvexen Funktionen verknüpft sind. Damit kommt pos. def. Funktionen eine große Bedeutung in Theorie und Praxis zu.

Der erste diesbezügliche Satz betrifft *c. F. vom Pólya-Typ*. Dabei heißt die Funktion f c. F. vom Pólya-Typ, wenn sie die unten angegebenen Eigenschaften (i)-(iv) besitzt. Die Darstellungen (2.5.1) hängt eng mit den Formeln (1.3.2) und (1.3.8) zusammen.

Satz 2.5.1 *Gegeben sei eine Funktion $f : \mathcal{R} \to \mathcal{R}$ mit den Eigenschaften* *(i)* *f sei stetig in 0 mit $f(0) = 1$.*

(ii) $f(-t) = f(t)$.

(iii) *$f(t)$ sei konvex für $t > 0$.*

(iv) *Es existiere eine Folge $t_n \to \infty$ mit $\lim_{n\to\infty} f(t_n) = 0$.*

Dann sind die folgenden beiden Aussagen richtig.

(1) *f hat für alle t die Darstellung*

$$\begin{aligned} f(t) &= 1 - \int_0^\infty W_u(|t|)\, dK^+(u) \\ &= \int_0^\infty max(1 - \frac{|t|}{u}, 0)\, dK^+(u), \end{aligned} \tag{2.5.1}$$

dabei ist K^+ eine Vf. mit $K^+(0) = 0$.

(2) *f ist c. F. und gehört zur Dichte*

$$p(x) = \frac{1}{2\pi} \int_0^\infty u \left(\frac{\sin xu/2}{xu/2} \right)^2 dK^+(u). \tag{2.5.2}$$

Beweis. (1) Wegen der Bedingungen (i), (iii) und (iv) können wir Lemma 1.3.1 auf $g(t) = f(t)$ für $t \geq 0$ anwenden. Folglich ist f für $t \geq 0$ monoton fallend, und es gilt $f \geq 0$, $f(\infty) = 0$. Deshalb ist durch $F^+ := 1 - f$ eine 0-unimodale Vf. auf $[0, \infty)$ definiert. Für sie gilt die Darstellung (1.3.8) mit einer Vf. K^+ einer nichtnegativen Zufallsgröße. Damit ist (2.5.1) bewiesen.

(2) Wie man leicht nachprüft, ist die Funktion $h(t) := max(1 - |t|, 0)$ c. F. zur Dichte

$$p_h(x) = \frac{1}{\pi} \left(\frac{\sin x}{x} \right)^2, \quad x \neq 0.$$

Wegen (2.5.1) ist also f eine Mischung von c. F. und somit selbst eine c. F. Die entsprechende Dichte ist die Mischung (2.5.2) (vgl. Anhang A). □

Beispiel 2.5.2 Die Funktionen

$$g_{\alpha,\beta}(t) = \frac{1}{(1+|t|^\alpha)^\beta}, \; 0 < \alpha \leq 1, \; \beta > 0$$

erfüllen alle Voraussetzungen von Satz 2.5.1, und deshalb sind alle $g_{\alpha,\beta}$ nichtnegative c. F. mit Dichten $p_{\alpha,\beta}$. Die Dichte $p_{\alpha,1}$ ist bereits von Linnik untersucht worden. Für sie sind asymptotische Darstellungen gefunden worden (vgl. Hayfavi/Klotz/Ostrovskii (1994)). □

Aus Satz 2.5.1 ergibt sich das folgende Kriterium für c. F. vom Pólya-Typ.

Kriterium 2.5.3 *f ist genau dann eine c. F. vom Pólya-Typ, wenn sie die Darstellung (2.5.1) besitzt.*

Beweis: Zu zeigen ist nur die Rückrichtung. Sie folgt sofort aus der Tatsache, daß mit dem h aus dem letzten Beweis auch die Mischung

$$\int_0^\infty h(\frac{t}{u})\, dK^+(u) = \int_0^\infty max(0, 1 - \frac{|t|}{u})\, dK^+(u) = f(t)$$

eine c. F. vom Pólya-Typ ist. □

Für die zugehörigen Vf. erhalten wir eine ähnliche Charakterisierung wie für unimodale Vf. (vgl. Satz 1.3.5). Auch sie lassen sich als Skalierungsmischungen deuten.

Kriterium 2.5.4 *Eine Vf. F gehört genau dann zu einer c. F. vom Pólya-Typ, wenn unabhängige Zufallsgrößen X und Y existieren, so daß $Y/X \sim F$ ist, wobei*

- *$X \sim K^+$ mit $K^+(0+) = 0$ und*
- *Y die Dichte $\frac{1}{2\pi}\left(\frac{\sin x/2}{x/2}\right)^2$, $x \neq 0$, besitzt.*

Beweis: a) X und Y seien Zufallsgrößen mit den oben genannten Eigenschaften. Dann erhalten wir mit dem Satz von der totalen Wahrscheinlichkeit

$$\begin{aligned} P\{\frac{Y}{X} < z\} &= \int_0^\infty P\{\frac{Y}{X} < z | X = u\}\, dK^+(u) \\ &= \int_0^\infty P\{Y < zu\}\, dK^+(u). \end{aligned}$$

Die Dichte p ist daher gegeben durch die Mischung (2.5.2), deren c. F. die Darstellung (2.5.1) besitzt. Somit ergibt sich aus Kriterium 2.5.3 die Behauptung.

b) F sei eine Vf. mit c. F. vom Pólya-Typ. Ihre Dichte hat die Gestalt (2.5.2), die wir schon als Dichte des Quotienten Y/X unabhängiger Zufallsgrößen gedeutet haben. □

Benutzen wir die Chintschinsche Formel (1.3.14), so erhalten wir schließlich ein Kriterium für Dichten, die zu einer c. F. vom Pólya-Typ gehören.

Kriterium 2.5.5 *Die Dichte p gehört genau dann zu einer c. F. vom Pólya-Typ, wenn eine 0-unimodale Vf. G existiert, so daß p die Darstellung besitzt*

$$p(x) = \frac{1}{\pi} \frac{Im\ g(x)}{x}, \quad x \neq 0. \tag{2.5.3}$$

Beweis: a) Ist p die Dichte zu einer c. F. vom Pólya-Typ, so folgt aus (2.5.2) wegen $(\sin xu/2)^2 = [1 - \cos xu]/2$ die Darstellung

$$p(x) = \frac{1}{\pi} \frac{1}{x} \int_0^\infty \frac{1 - \cos\ xu}{xu}\, dK^+(u).$$

Das Produkt der unabhängigen Zufallsgrößen $X \sim K^+$ und $U \sim U_{[0,1]}$ besitzt eine 0-unimodale Vf. G mit c. F.

$$g(x) := \frac{1}{x} \int_0^x k^+(u)\, du.$$

Deshalb folgt

$$\begin{aligned} Im\ g(x) = \frac{1}{x} \int_0^x Im\ k^+(u)\, du &= \frac{1}{x} \int_0^x \int_0^\infty \sin\ uv\, dK^+(v)\, du \\ &= \frac{1}{x} \int_0^\infty \frac{1 - \cos\ xu}{u}\, dK^+(u). \end{aligned}$$

Vergleichen wir dies mit der Darstellung von p, so ergibt sich die Behauptung.

b) Hat dagegen p die Gestalt (2.5.3), wobei g c. F. einer 0-unimodalen Vf. G ist, so kann man obige Überlegungen umkehren und erhält für p die Darstellung (2.5.2). Deshalb ist f gegeben durch (2.5.1), ist also

c. F. vom Pólya-Typ (vgl. Anhang A). □

Die Dichte p in (2.5.2) ist nicht notwendig 0-unimodal. Dies ist sofort zu sehen, wenn z. B. $K^+ = \epsilon_1$ ist.

Wir geben jetzt ein Kriterium dafür an, daß eine reelle c. F. zu einer 0-unimodalen Dichte gehört.

Satz 2.5.6 (Askey) *Gegeben sei eine Funktion $f : \mathcal{R} \to \mathcal{R}$ mit den Eigenschaften*

(i) f sei stetig in 0 mit $f(0) = 1$.

(ii) $f(-t) = f(t)$.

(iii) Für $t \neq 0$ existiere f', und $-f'$ sei auf $(0, \infty)$ konvex.

(iv) Es existiere eine Folge $t_n \to \infty$ mit $\lim_{n\to\infty} f(t_n) = 0$.

Dann gilt:

(1) f ist eine c. F. und besitzt die Darstellung

$$f(t) = \int_0^\infty \left[max(1 - \frac{t}{v}, 0)\right]^2 dK(v). \tag{2.5.4}$$

Dabei ist K eine Vf. mit $K(0+) = 0$.

(2) Zu f gehört eine 0-unimodale Dichte p mit der Darstellung

$$p(x) = \int_0^\infty q(xu)\, u\, dK(u).$$

Dabei ist q die Dichte

$$q(x) = \begin{cases} \frac{2}{\pi x^2}\left(1 - \frac{\sin x}{x}\right) & \text{für } x \neq 0 \\ \frac{1}{3\pi} & \text{für } x = 0 \end{cases}. \tag{2.5.5}$$

Bemerkung. Wir nennen c. F., die die Eigenschaften (i)...(iv) des Satzes 2.5.6 erfüllen, c. F. *vom Askey-Typ.*

Beweis. Offensichtlich gilt

$$f(t) = \int_t^z [-f'(u)]\, du + f(z), \quad 0 < t < z,$$

und wegen (iv) erhalten wir daraus für $z = t_n \to \infty$

$$f(t) = \int_t^\infty [-f'(u)]\,du, \quad t > 0. \tag{2.5.6}$$

Insbesondere ist also die auf $(0,\infty)$ konvexe Funktion $-f'$ integrierbar über $(0,\infty)$. Es gibt also eine Folge $u_n \to \infty$ mit $f'(u_n) \to 0$. (vgl. Aufgabe 1.1.6). Deshalb können wir Lemma 1.3.1 auf $g(x) = -f'(x+\epsilon)$ mit $\epsilon > 0$ anwenden. Es liefert die Aussage, daß $-f'$ monoton fallend und $f' \leq 0$ auf $(0,\infty)$ ist.

Außerdem erhalten wir mit einer auf $(0,\infty)$ konzentrierten Vf. K_ϵ

$$-f'(u) = [-f'(\epsilon)] \int_0^\infty max(1 - \frac{u-\epsilon}{v}, 0)\,dK_\epsilon(v), \quad u \geq \epsilon.$$

Setzen wir dies in (2.5.6) ein, so folgt

$$f(t) = [-f'(\epsilon)] \int_t^\infty \int_0^\infty max(1 - \frac{u-\epsilon}{v}, 0)\,dK_\epsilon(v)\,du, \quad t \geq \epsilon.$$

Nach dem Satz von Fubini können wir die Reihenfolge der Integrationen vertauschen. Durch elementare Rechnungen ergibt sich

$$\begin{aligned} f(t) &= [-f'(\epsilon)] \int_{t-\epsilon}^\infty \int_{t-\epsilon}^v (1 - \frac{u}{v})\,du\,dK_\epsilon(v) \\ &= \frac{-f'(\epsilon)}{2} \int_{t-\epsilon}^\infty (1 - \frac{t-\epsilon}{v})^2\, v\,dK_\epsilon(v). \end{aligned}$$

Mit $s(x) := (max(1-x,0))^2$ erhalten wir weiter

$$f(t) = \frac{-f'(\epsilon)}{2} \int_0^\infty s(\frac{t-\epsilon}{v})\, v\,dK_\epsilon(v), \quad t \geq \epsilon. \tag{2.5.7}$$

Wegen (1.3.6) haben wir $[-f'(\epsilon)]\,dK_\epsilon(v) = v\,d(-f_r''(v+\epsilon))$; dabei bezeichnet $-f_r''$ die rechtsseitige Ableitung der konvexen Funktion $-f'$. Folglich können wir (2.5.7) in der Gestalt

$$f(t) = \frac{1}{2} \int_0^\infty s(\frac{t-\epsilon}{v})\, v^2\,d(-f_r''(v)), \quad t \geq \epsilon,$$

schreiben. Bei $\epsilon \to 0$ erhalten wir mit dem Satz von der monotonen Konvergenz

$$f(t) = \frac{1}{2} \int_0^\infty s(\frac{t}{v})\, v^2\,d(-f_r''(v)), \quad t > 0. \tag{2.5.8}$$

Der Grenzübergang $t \downarrow 0$ führt mit demselben Satz auf

$$f(0) = 1 = \frac{1}{2}\int_0^\infty v^2\, d(-f_r''(v)).$$

Folglich definiert

$$K(x) := \frac{1}{2}\int_0^x v^2\, d(-f_r''(v)), \quad x \geq 0,$$

eine Vf., die in 0 stetig ist. Aus (2.5.8) erhalten wir

$$f(t) = \int_0^\infty s(\frac{t}{v})\, dK(v). \tag{2.5.9}$$

Die Funktion s ist eine c. F. (vgl. Aufgabe 2.3.1). Sie gehört zur Dichte q aus (2.5.5), denn nach dem Fourierschen Umkehrsatz haben wir

$$\frac{1}{2\pi}\int_{-\infty}^\infty e^{-ixu} s(u)\, du = \frac{1}{\pi}\int_0^1 \cos xu\, (1-u)^2 du = q(x).$$

Die Dichte q ist sogar 0-unimodal (vgl. Aufgabe 2.5.4). Damit ist (1) bewiesen.

Wegen (2.5.9) ist f als Mischung von c. F. selbst eine c. F. Sie ist nämlich die c. F. des Quotienten X/Y der unabhängigen Zufallsgrößen X mit Dichte q und $Y \sim K$. Nach Eigenschaft 9 unimodaler Verteilungen ist die Vf. F, die zu f gehört, 0-unimodal. Mit Korollar A.9 erhalten wir (2). □

In Analogie zu Kriterium 2.5.4 ergibt sich

Kriterium 2.5.7 *Eine Vf. F gehört genau dann zu einer c. F. vom Askey-Typ, wenn unabhängige Zufallsgrößen X und Y existieren, so daß $Y/X \sim F$ ist, wobei*

- *$X \sim K$ mit $K(0+) = 0$ und*
- *Y die Dichte $\frac{2}{\pi x^2}\left(1 - \frac{\sin x}{x}\right)$, $x \neq 0$, besitzt.*

Beispiel 2.5.8 Die Funktion

$$f(t) = max(1 - |t|^a, 0), \quad 0 < a \leq 1,$$

erfüllt die Bedingungen (i)...(iv) von Satz 2.5.1. Sie ist also eine c. F. vom Pólya-Typ, und es gilt $K^+ = (1-a)H + a\epsilon_1$. Dabei ist

$$H(x) = \begin{cases} 0 & \text{für} \quad x < 0 \\ x^a & \text{für} \quad 0 \le x \le 1 \\ 1 & \text{für} \quad x > 1 \end{cases} .$$

Für die zugehörige Dichte p erhalten wir die Darstellung

$$p(x) = \frac{a(1-a)}{2\pi} \int_0^1 \left(\frac{\sin xu/2}{xu/2} \right)^2 u^a \, du + \frac{a}{2\pi} \left(\frac{\sin x/2}{x/2} \right)^2 . \qquad \square$$

Wir kommen nun zu einem Zusammenhang, der zwischen konvexen Dichten und pos. def. Funktionen besteht.

Satz 2.5.9 *Die symmetrische Dichte p sei auf $(0, \infty)$ konvex und in 0 stetig. Dann ist sie pos. def.*

Beweis. Für jede Dichte p existiert eine Folge $x_n \to \infty$ mit $p(x_n) \to 0$. Aufgrund unserer Vorausetzungen können wir Lemma 1.3.1 auf $g = p$ anwenden. Deshalb folgt $p(x) \to 0$ bei $x \to \infty$, und p ist auf $[0, \infty)$ monoton fallend. Daraus ergibt sich insbesondere $p(0) > 0$, da p eine Dichte ist. Nun läßt sich Satz 2.5.1 auf $f = p/p(0)$ anwenden. Hiernach ist f eine c. F., und wir erhalten die Behauptung. $\square$

Beispiel 2.5.10 Die Funktionen

$$p(t) = Ce^{-a|t|-|t|^3}, \; a > 0$$

sind für gewisse Konstanten $C = C(a) > 0$ symmetrische Dichten. Für $a \geq 1,1$ ist p sogar auf $(0, \infty)$ konvex. Somit ist p nach Satz 2.5.9 pos. def. $\square$

Aufgaben

Aufgabe 2.1.1 *Zeigen Sie: Für eine pos. def. Funktion* $\lambda : \mathcal{R} \to \mathcal{C}$ *mit* $\lambda(0) = 1$ *besteht die Ungleichung*

$$|\lambda(x+y) - \lambda(x)\lambda(y)| \leq (1 - |\lambda(x)|^2)(1 - |\lambda(y)|^2).$$

Hinweis: *Wählen Sie in Definition 2.1.1* $n = 3$ *und setzen Sie* $t_2 - t_1 = x$, $t_1 - t_3 = y$, *also* $t_2 - t_3 = x + y$. *Benutzen Sie den Satz von Sylvester über die Determinanten von pos. def. Formen (vgl. Sasvári (1994)).*

Aufgabe 2.1.2 *Es sei* $g \neq 0$ *eine reelle stetige Funktion mit*

$$\lim_{t \downarrow 0} \frac{g(t)}{t^2} = 0.$$

Zeigen Sie: Dann ist e^g *nicht pos. def.*
Hinweis: *Betrachten Sie die Funktion* $(1 - e^{g(t)})/t^2$, *und zeigen Sie die Behauptung indirekt.*

Aufgabe 2.2.1 *Die Zufallsgrößen* X *und* Z *seien unabhängig.* X *habe die Vf.* F *mit der c. F.* f, *und* Z *besitze die symmetrischen Zweipunktverteilung in* -1 *und* 1. *Zeigen Sie, daß die Zufallsgröße* XZ *die Vf.* $(1 - F(-x+0) + F(x))/2$ *und die c. F.* $\operatorname{Re} f$ *besitzt. Außerdem hat* XZ *eine Dichte, falls zu* X *eine Dichte existiert.*

Aufgabe 2.2.2 *Beweisen Sie Satz 2.2.9.*

Aufgabe 2.2.3 *Es sei* F *eine 0-unimodale Vf. mit Dichte* p, *und die Vf.* K *aus (1.3.8) besitze das Moment* $M_{K,n}$, $n \geq 1$. *Zeigen Sie, daß dann folgende Ungleichungen gelten:*

$$x^{n+1}p(x) \leq x^n(1 - K(x)) \leq \int_x^\infty u^n \, dK(u) \leq M_{K,n}, \quad x > 0.$$

Wie lautet die entsprechende Beziehung für $x < 0$ *?*

Aufgabe 2.2.4 *Ist f eine c. F. und $a > 0$, dann ist auch $e^{-a(1-f)}$ eine c. F.*

Aufgabe 2.3.1 *Zeigen Sie mit Kriterium 2.3.5, daß $max(1 - |t|, 0)$ eine c. F. ist.*

Aufgabe 2.3.2 *Es sei f eine absolut integrierbare c. F. Zeigen Sie, daß dann die Dichte*

$$p(x) = \frac{1}{2\pi} \int_{-\infty}^{\infty} e^{-ixt} f(t)\, dt.$$

auf $\mathcal{R}$ gleichmäßig stetig ist (vgl. Satz 2.3.6).

Aufgabe 2.4.1 *Es sei X eine positive Zufallsgröße mit c. F. f. Zeigen Sie, daß im Falle $Im\ f \in L_1$ die Funktion p aus (2.4.7) stetig ist und $p(0+) = 0$ gilt.*

Aufgabe 2.4.2 *Es sei X eine positive Zufallsgröße mit c. F. f. Existiert das uneigentliche Riemann-Integral*

$$r(x) = \frac{2}{\pi} \int_{0}^{\infty} \sin xu\ Im\ f(u)\, du$$

und ist r in jedem Intervall $(0, x)$ mit $x > 0$ beschränkt, so ist r eine Dichte von X.

Aufgabe 2.4.3 *Es sei X eine nichtnegative Zufallsgröße mit Vf. F und c. F. f. Die Zufallsgrößen $U_a \sim U_{[0,a]}$, $a > 0$, und X seien unabhängig. Zeigen Sie, daß die c. F. g von $X + U_a$ der folgenden Beziehung genügt*

$$\int_{0}^{\infty} Re\ g(u)\, du = \frac{1}{a} \frac{\pi}{2} F(0+).$$

Aufgabe 2.4.4 *Wir definieren für eine Vf. G einer nichtnegativen Zufallsgröße mit Moment der Ordnung r rekursiv die Vf.*

$$G^{(k)}(x) = \begin{cases} G(x) & \text{für } \ k = 0 \\ \frac{1}{m_{G^{(k-1)},1}} \int_0^x \left[1 - G^{(k-1)}(u)\right] du & \text{für } \ k = 1, 2, \ldots, r \end{cases}$$

Zeigen Sie: $\exists\ m_{G,n}$ genau dann, wenn $\exists\ m_{G^{(k)},n-k}$, $k \le n \le r$.

Aufgabe 2.4.5 *Es sei G die Vf. einer nichtnegativen Zufallsgröße mit endlichem Moment der Ordnung r. Geben Sie mit Hilfe von Satz 2.4.6 und Aufgabe 2.4.4 eine notwendige und hinreichende Bedingung für die Existenz von $m_{G,n}$, $n \leq r$, an.*

Aufgabe 2.5.1 *Es sei F eine Vf., deren c. F. f vom Pólya-Typ ist. Dann gilt für die Vf. K^+ aus (2.5.1)*

$$K^+(x) = 1 - f(x) + xf_r'(x), \quad x > 0.$$

Aufgabe 2.5.2 *Es sei F eine Vf., deren c. F. f vom Askey-Typ ist. Dann läßt sich die Vf. K aus (2.5.4) wie folgt darstellen:*

$$K(x) = 1 - f(x) + f'(x)\,x - \frac{1}{2}f_r''(x)\,x^2, \quad x > 0.$$

Aufgabe 2.5.3 *Überprüfen Sie mit Hilfe des Satzes 2.5.6, daß die gerade Funktion*

$$f(t) = \begin{cases} 1 - \frac{2}{3}\sqrt{t} & \text{für } 0 \leq t \leq 1 \\ \frac{3}{4} - \frac{1}{2}t + \frac{1}{12}t^2 & \text{für } 1 < t \leq 3 \\ 0 & \text{für } t > 3 \end{cases}$$

eine c. F. mit 0-unimodaler Dichte ist, und bestimmen Sie die Vf. K aus (2.5.4).

Aufgabe 2.5.4 *Zeigen Sie, daß die Dichte q aus (2.5.5) 0-unimodal ist.*

Aufgabe 2.5.5 *Beweisen Sie Kriterium 2.5.7.*

Aufgabe 2.5.6 *Gegeben sei eine Funktion $f : \mathcal{R} \to \mathcal{R}$ mit den Eigenschaften (i), (ii),(iii) aus Satz 2.5.1 und (iv') „$f \geq 0$ ist beschränkt". Zeigen Sie, daß f eine c. F. ist und daß die zugehörige Vf. F die Gestalt $F = c\epsilon_0 + (1-c)F_1$, $0 \leq c \leq 1$, hat, wobei F_1 eine Vf. mit c. F. vom Pólya-Typ ist.*

Kapitel 3

Positiv definite Dichten

3.1 Paarbildung

Wir betrachten eine Dichte p, die bis auf einen Faktor mit dem Realteil einer gewissen c. F. h übereinstimmt:

$$p(x) = C\,Re\ h(x), \quad -\infty < x < \infty, \quad C > 0. \tag{3.1.1}$$

Da $Re\ h$ stets pos. def. ist, sind solche Dichten ebenfalls pos. def. Jede stetige Dichte, die pos. def. ist, besitzt nach dem Satz von Bochner die Darstellung (3.1.1).

Beispiel 3.1.1 Wenn wir Vf. symmetrisieren, gewinnen wir auf einfache Weise eine Klasse von pos. def. Dichten. Die Zufallsgrößen X_1 und X_2 seien unabhängig und identisch verteilt mit der c. F. f. Dann hat $D := X_2 - X_1$ die c. F. $Ee^{it(X_1 - X_2)} = |f(t)|^2 \geq 0$. Ist $|f|^2$ darüber hinaus integrierbar, so stellt $|f|^2$ — richtig normiert — eine pos. def. Dichte p dar:

$$p(t) := \frac{|f(t)|^2}{\int_{-\infty}^{\infty} |f(u)|^2\,du}.$$

Wählen wir etwa für f die c. F einer Normalverteilung $N(\mu, \sigma^2)$ (vgl. Anhang D), so ist p die Dichte der Normalverteilung $N(0, 1/(2\sigma^2))$. Somit haben alle symmetrischen Normalverteilungen pos. def. Dichten. □

Wir zeigen, daß man zu jeder pos. def. Dichte p ein pos. def. Gegenstück $\hat{p}$ konstruieren kann und daß umgekehrt dasselbe Verfahren der Dichte $\hat{p}$ die Dichte p zuordnet. Auf diese Weise hat man es stets mit *Paaren* $(p, \hat{p})$ von pos. def. Dichten zu tun.

Beispiel 3.1.2 Wählen wir in Beispiel 3.1.1 für f die c. F. der Verteilung $Exp(1)$ (vgl. Anhang D), so erhalten wir die pos. def. Dichte

$$p(x) = \frac{1}{\pi\,(1+x^2)}$$

(Cauchy-Dichte). Ihre c. F. $f(t) = e^{-|t|}$ ist nichtnegativ und integrierbar. Somit ist die Funktion

$$\hat{p}(t) := \frac{1}{2} e^{-|t|}$$

ebenfalls eine pos. def. Dichte (Laplace-Dichte). □

Diese Paarbildung läßt sich ganz allgemein durchführen; das kommt in den folgenden Gleichungen (3.1.2) zum Ausdruck. Wegen ihrer besonderen Wichtigkeit nennen wir sie *Fundamentalrelationen.* Sie finden sich in anderer Form erstmals bei Lewis (1976).

Satz 3.1.3 *Gegeben sei eine pos. def. Dichte p mit der c. F. f. Dann gibt es stets eine pos. def. Dichte $\hat{p}$ mit der c. F. $\hat{f}$, so daß die Beziehungen*

$$\hat{p} = \hat{p}_0\, f, \quad p = p_0\, \hat{f}, \quad 2\pi\, p_0\, \hat{p}_0 = 1 \tag{3.1.2}$$

gelten. Dabei ist $p_0 := p(0)$ und $\hat{p}_0 := \hat{p}(0)$. Ferner ist $\hat{\hat{p}} = p$.

Bemerkung. Aufgrund der Beziehung $\hat{\hat{p}} = p$ nennen wir die Dichten p und $\hat{p}$ zueinander *adjungiert.*

Beweis: a) Nach dem Satz von Bochner ist die Funktion $\hat{f} := p/p_0$ eine integrierbare c. F. Wir können auf sie das Fouriersche Umkehrtheorem anwenden und erhalten die Dichte

$$\hat{p}(t) = \frac{1}{2\pi} \int_{-\infty}^{\infty} e^{-itu}\, \hat{f}(u)\, du = \frac{1}{2\pi\, p_0} \int_{-\infty}^{\infty} e^{-itu}\, p(u)\, du = \frac{1}{2\pi\, p_0} f(-t).$$

Wegen der Symmetrie von p ist $f(t) = f(-t)$, also ist $\hat{p}$ pos. def. Weiter folgt auch $\hat{p}_0 = 1/(2\pi\, p_0)$.

b) Um die letzte Behauptung zu gewinnen, gehen wir von $\hat{p}$ aus und führen die c. F. $\hat{\hat{f}} = \hat{p}/\hat{p}_0$ ein. Mit (3.1.2) folgt $\hat{\hat{f}} = f$ und nach dem Eindeutigkeitssatz $\hat{\hat{p}} = p$. □

Im weiteren benötigen wir die beiden ersten Fundamentalrelationen in der ausführlichen Form

$$\hat{p}(t) = \hat{p}_0 \int_{-\infty}^{\infty} e^{itu}\, p(u)\, du, \quad p(t) = p_0 \int_{-\infty}^{\infty} e^{itu}\, \hat{p}(u)\, du. \tag{3.1.3}$$

Pos. def. Dichten besitzen folgende einfache Eigenschaften.

Korollar 3.1.4 *(1) Eine pos. def. Dichte p ist symmetrisch, und es gilt*

$$0 \leq p(x) < p_0, \quad x \neq 0.$$

(2) Die Dichten p und $\hat{p}$ genügen den Beziehungen

$$\lim_{t \to \pm\infty} p(t) = \lim_{t \to \pm\infty} \hat{p}(t) = 0. \tag{3.1.4}$$

(3) Für beliebiges $a > 0$ sind die Dichten

$$p_a(\tau) := a\, p(a\,\tau),\ \hat{p}_a(\tau) := \frac{1}{a}\hat{p}_a\,(\frac{\tau}{a}) \tag{3.1.5}$$

zueinander adjungiert.

(4) Zwischen der Vf. F einer pos. def. Dichte p und der Vf. $\hat{F}$ der Adjungierten $\hat{p}$ besteht der folgende Zusammenhang:

$$\hat{F}(x) - \frac{1}{2} = \hat{p}_0 \int_{-\infty}^{\infty} \frac{\sin xu}{u}\, dF(u). \tag{3.1.6}$$

Beweis: (1) Die erste Behauptung erkennt man sofort aus der Folgerung 2.1.3. Zu zeigen ist mithin nur die zweite Ungleichung. Dazu benutzen wir (2.1.4) für $\lambda = p$:

$$|p(t+h) - p(t)|^2 \leq 2p_0\,(p_0 - p(h))$$

und folgern: Wäre $p(h) = p_0$ für ein $h \neq 0$, so wäre die Dichte p periodisch. Da dies unmöglich ist, erhalten wir einen Widerspruch.

(2) Die Behauptung (3.1.4) ist der Inhalt des Lemmas von Riemann-Lebesgue, das auf die Darstellungen (3.1.3) angewendet werden kann (vgl. Anhang A).

(3) Mit den Fundamentalrelationen (3.1.2) rechnet man leicht nach, daß p_a und $\hat{p}_a$ zueinander adjungiert sind.

(4) Integrieren wir die erste Fundamentalrelation, so erhalten wir (3.1.6). □

Wir geben jetzt einige Beispiele solcher Dichtepaare an. Sie müssen durch Ausrechnen der Transformationen (3.1.3) verifiziert werden. Das erste ist besonders leicht als Paar von adjungierten Dichten zu erkennen, da gilt

$$p(x) = \varphi(x) := \frac{1}{\sqrt{2\pi}}\, e^{-x^2/2} = \hat{p}(x).$$

Die Formeln (3.1.5) gestatten die Verallgemeinerung auf beliebige Varianzen.

Beispiele 3.1.5 (1) Die Dichten der Normalverteilungen $N(0,\sigma^2)$ und $N(0,\sigma^{-2})$.

(2) $$p(x) = \frac{2x}{\pi^2\, sinh(x)}, \quad \hat{p}(x) = \frac{\pi}{4\cosh^2(\pi\, x/2)} \text{ (Bass/Lévy (1950)).}$$

(3) $$p(x) = \frac{x(e^a - \cos ax - \sin ax)}{\pi(e^a-1)x(1+x^2)},$$

$$\hat{p}(x) = max\left(\frac{e^{a-|x|}-1}{2(e^a-1-a)}, 0\right), \quad a > 0, \quad \text{(Lewis (1976)).}$$

(4) $$p(x) = \frac{1}{\pi}\left(\frac{\sin x}{x}\right)^2, \quad \hat{p}(x) = \frac{1}{2}max(1-\frac{|x|}{2}, 0).$$ □

In den ersten drei Beispielen sind sowohl p als auch $\hat{p}$ unimodal. Wie das Beispiel 4 zeigt, gilt dies nicht allgemein. Es gibt jedoch Bedingungen, die sichern, daß mit p auch $\hat{p}$ unimodal ist.

Satz 3.1.6 *Die symmetrische Dichte p sei stetig in 0, weiter möge $-p'$ auf $(0,\infty)$ existieren und konvex sein. Dann ist p pos. def., und beide Dichten p, $\hat{p}$ sind 0-unimodal.*

Beweis: Wie im Beweis von Satz 2.5.9 sehen wir, daß $p(0) > 0$ gilt. Die Funktion $\hat{f} := p/p_0$ erfüllt die Voraussetzungen von Satz 2.5.6. Somit ist $\hat{f}$ eine c. F., d. h. p ist pos. def., und p, $\hat{p}$ sind 0-unimodal. □

Bemerkung. Die Dichte $\hat{p}$ in Satz 3.1.6 braucht keine konkave Ableitung in $(0, \infty)$ zu besitzen. Um dies zu sehen, wählen wir die Laplace-Dichte $p(x) = e^{-|x|}/2$ (vgl. Anhang D). Sie erfüllt die Voraussetzungen des Satzes 3.1.6. Jedoch hat ihre adjungierte Dichte $\hat{p}(x) = 1/(\pi(1+x^2))$ keine konkave Ableitung in $(0, \infty)$.

Weitere Klassen von Beispielen konstruieren wir später, insbesondere im Kapitel 7.

Wir wenden uns nun dem Spezialfall zu, in dem eine pos. def. Dichte mit ihrer Adjungierten zusammenfällt (vgl. z. B. die Dichte φ der Standard-Normalverteilung). Solche Dichten p nennen wir *selbstadjungiert.* Die Fundamentalrelationen (3.1.2) führen sofort auf $p_0 = \hat{p}_0 = 1/\sqrt{2\pi}$ und auf die Integralgleichung

$$f = \sqrt{2\pi}\, p. \tag{3.1.7}$$

Sie ist in der Analysis wohlbekannt; vom Standpunkt der Wahrscheinlichkeitstheorie wurde sie erstmals von Teugels (1971) studiert.

Beispiele 3.1.7

(1) $$p(x) = \frac{1}{\sqrt{2\pi}\,\cosh(\sqrt{\pi/2}\,x)}, \quad \text{(Feller (1971)).}$$

(2) $$p(x) = \frac{1}{\sqrt{2\pi}}\frac{\cosh(\frac{\sqrt{\pi}\,x}{2})}{\cosh(\sqrt{\pi}\,x)}, \quad \text{(Teugels (1971)).}$$

(3) Wir konstruieren weitere selbstadjungierte pos. def. Dichten mit Hilfe von Hermite-Funktionen (vgl. Schladitz/Engelbert (1995)). Dazu führen wir das Hermite-Polynom H_n durch die n-te Ableitungen von φ ein:

$$\varphi^{(n)}(x) = \frac{(-1)^n}{\sqrt{2\pi}} e^{-x^2/2} H_n(x), \quad n \geq 0.$$

Insbesondere erhalten wir

$$H_0(x) = 1, \quad H_1(x) = x, \quad H_2(x) = x^2 - 1,$$

$$H_3(x) = x^3 - 3x, \quad H_4(x) = x^4 - 6x^2 + 3.$$

Die Funktion $h_n(x) := H_n(\sqrt{2}x)e^{-x^2/2}$ heißt *n-te Hermite-Funktion.* Es sei $m_{4n} = \min\{H_{4n}(x) : x \geq 0\}$. Dann existiert offensichtlich eine Konstante $C_n > 0$, so daß

$$p_n(x) := C_n(H_{4n}(\sqrt{2}x) - m_{4n})e^{-x^2/2}$$

eine Dichte ist, ihre c. F. sei f_n. Die Fourier-Transformierte der geraden Funktion h_{4n} ist h_{4n} (vgl. Kolmogorov/Fomin (1975)). Deshalb bekommen wir $f_n = \sqrt{2\pi}\, p_n$. Somit sind die Dichten p_n pos. def. und selbstadjungiert. Für $n = 1$ folgt z. B. nach elementaren Rechnungen

$$p_1(x) = \frac{4x^4 - 12x^2 + 9}{9} \frac{1}{\sqrt{2\pi}} e^{-x^2/2}. \qquad \square$$

3.2 Kriterien

Wir beschäftigen uns nun mit der naheliegenden Frage: Welche Eigenschaften muß eine gegebene c. F. besitzen, damit sie zu einer pos. def. Dichte p gehört? Das folgende Kriterium findet sich in etwas anderer Form bei Mathias (1923).

Kriterium 3.2.1 *Eine Vf. F besitzt genau dann eine pos. def. Dichte p, wenn ihre c. F. f nichtnegativ und integrierbar ist.*

Beweis: Wegen der Fundamentalrelationen brauchen wir nur zu zeigen, daß die angegebenen Eigenschaften von f hinreichend sind. Es gelte also $f \geq 0$, $f \in L_1$. Nach dem Fourierschen Umkehrtheorem gehört dann zu f eine Dichte der Gestalt

$$p(x) = \frac{1}{2\pi} \int_{-\infty}^{\infty} e^{-ixu} f(u)\, du.$$

Nach Voraussetzung ist $f = cq$, wo $c > 0$ und q eine Dichte ist. Ist g die c. F. von q, so folgt $p = (c/2\pi)g$. Die Dichte p ist also pos. def. $\square$

Beispiel 3.2.2 Es sei $f \in L_1$ eine reelle unbeschränkt teilbare c. F. Da ein solches f keine Nullstellen hat, kann es keine Vorzeichenwechsel geben (vgl. z. B. Gnedenko (1997)). Wegen $f(0) = 1$ ist also $f > 0$,

und das obige Kriterium impliziert, daß die dazugehörige Dichte p pos. def. ist.
Das betrifft insbesondere alle symmetrisch stabilen Dichten, denn ihre c. F. haben die Form

$$f(t) = e^{-c\,|t|^\alpha}, \quad c > 0, \quad 0 < \alpha \leq 2;$$

somit ist $f > 0$ und $f \in L_1$. □

Wir interessieren uns für ein bequemes Kriterium für die Integrierbarkeit einer nichtnegativen c. F. (vgl. Rossberg/Jesiak/Siegel (1985), § 6.2.).

Lemma 3.2.3 *Die Vf. F besitze eine nichtnegative c. F. f. Dann gilt $f \in L_1$ genau dann, wenn für ein gewisses $C > 0$*

$$F(x) \leq \frac{1}{2} + C\,x, \quad x \geq 0. \tag{3.2.1}$$

Beweis: a) Ist $f \geq 0$ und $f \in L_1$, so besitzt F nach Kriterium 3.2.1 eine beschränkte Dichte, so daß (3.2.1) sofort folgt.
b) Um $f \in L_1$ zu zeigen, betrachten wir die Folge von Dichten

$$p_n(x) = \frac{1}{\pi\, n}\left(\frac{sin(x/n)}{x/n}\right)^2, \quad x \neq 0,$$

mit den entsprechenden c. F.

$$q_n(x) = max(0, 1 - \frac{1}{2} n\,|x|)$$

(vgl. Beispiel 3.1.5 (4)). Nach Satz 2.2.4 erhalten wir mit (3.2.1)

$$\begin{aligned}\int_0^\infty f(x)\,p_n(x)\,dx &= \int_0^\infty q_n(u)\,dF(u)\\ &\leq F(\frac{2}{n}) - \frac{1}{2} \leq \frac{2C}{n}.\end{aligned} \tag{3.2.2}$$

Nun multiplizieren wir die Ungleichung (3.2.2) mit n. Da auf der linken Seite der Integrand nichtnegativ ist, können wir das Lemma von Fatou (vgl. Anhang A) anwenden und erhalten bei $n \to \infty$

$$2C \geq \underline{\lim}_{n\to\infty} n \left(F(\frac{2}{n}) - \frac{1}{2}\right) \geq \int_0^\infty f(x)\, \underline{\lim}_{n\to\infty} n\, p_n(x)\, dx$$
$$= \frac{1}{\pi} \int_0^\infty f(x)\, dx \geq 0,$$

d. h. $f \in L_1$, da f symmetrisch ist. □

Lemma 3.2.3 liefert sofort das

Kriterium 3.2.4 *Die Vf. F besitze eine nichtnegative c. F. f und genüge der Ungleichung (3.2.1). Dann hat F eine pos. def. Dichte.*

Ist z. B. F die Standard-Normalverteilung, so ist

$$F(x) \leq \frac{1}{2} + \frac{1}{\sqrt{2\pi}} x, \quad x \geq 0.$$

Allein aus dieser Bedingung folgt die Integrierbarkeit der c. F. von F.

Setzt man von vornherein voraus, daß F absolutstetig ist, so ergibt sich nun eine einfache Alternative.

Kriterium 3.2.5 *Zur Dichte p gehöre die c. F. $f \geq 0$. Dann ist p entweder unbeschränkt in einer Nullpunktumgebung oder pos. def.*

Beispiel 3.2.6 Wir betrachten die Dichte p einer c. F. vom Pólya-Typ. Sie hat gemäß (2.5.2) die Darstellung

$$p(x) = \frac{1}{2\pi} \int_0^\infty u \left(\frac{\sin xu/2}{xu/2}\right)^2 dK^+(u). \tag{3.2.3}$$

Die Vf. K^+ habe die Dichte

$$p_{K^+}(x) := C_b \frac{1}{(1+x^2)^b}, \quad x > 0, \quad b > \frac{1}{2}, \; C_b > 0.$$

Wir erhalten dann

$$p(x) = \frac{C_b}{2\pi} \frac{1}{x^{2(1-b)}} \int_0^\infty \left(\frac{\sin v/2}{v/2}\right)^2 \frac{v}{(x^2+v^2)^b}\, dv.$$

Für $1/2 < b \leq 1$ ist p in einer Nullpunktumgebung unbeschränkt.

Ist aber $b > 1$, so existiert das erste Moment $m_{K^+,1}$, und aufgrund des Satzes von der majorisierten Konvergenz erhalten wir

$$p(0+) = \lim_{x \to 0} \frac{1}{2\pi} \int_0^\infty u \left(\frac{\sin xu/2}{xu/2} \right)^2 dK^+(u) = m_{K^+,1}.$$

Die oben eingeführten Vf. K^+ haben damit folgende Eigenschaft:
Falls $1/2 < b \leq 1$, so ist p unbeschränkt. Falls $b > 1$, so ist p beschränkt, und wegen $f \geq 0$ ist p nach Kriterium 3.2.5 pos. def.

Dieses Beispiel läßt sich wie folgt verallgemeinern.

Kriterium 3.2.7 *Zur Dichte p gehöre eine c. F. vom Pólya-Typ. In diesem Fall ist p genau dann pos. def., wenn* K^+ *in der Darstellung (3.2.3) ein erstes Moment besitzt. Dabei ist* $p_0 = m_{K^+,1}$.

3.3 Ungleichungen für charakteristische Funktionen

In fast allen Lehrbüchern zur Wahrscheinlichkeitstheorie werden nicht nur grundlegende Eigenschaften c. F. behandelt, sondern auch Ungleichungen für c. F. f. Gut bekannt ist z. B. (vgl. (2.1.4))

$$|f(t+h) - f(t)|^2 \leq 2(1 - Re\ f(h)).$$

Solche Ungleichungen gewinnen im Zusammenhang mit unseren Betrachtungen eine inhaltliche Bedeutung. Werden sie nämlich für c. F. pos. def. Dichten formuliert, so geben sie aufgrund der Fundamentalrelationen eine anschauliche Vorstellung vom Verhalten solcher Dichten.

Wir behandeln in diesem Abschnitt einige Ungleichungen, die insbesondere auch für Unschärferelationen wichtig sind, die wir in Kapitel 9 untersuchen werden. Weitere Ungleichungen haben wir in den Aufgaben zusammengestellt.

Satz 3.3.1 *Es sei f eine reelle c. F. Besitzt F eine Varianz σ^2, so haben wir die Ungleichung*

$$f(t) \geq \cos\, \sigma t, \quad \sigma|t| \leq \pi. \tag{3.3.1}$$

Gleichheit in (3.3.1) besteht für ein $t \neq 0$ genau dann, wenn F eine symmetrische Zweipunktverteilung ist.

Zum Beweis benötigen wir eine Darstellung für c. F.; sie geht auf Pfannschmidt (1995) zurück.

Lemma 3.3.2 *Die reelle c. F. f gehöre zu einer Vf. mit Varianz σ^2. Dann gilt*

$$f(t) = \cos \sigma t + 2J(\frac{t}{2}) + \frac{1}{2}\sum_{k=2}^{\infty} 4^k\, J(\frac{t}{2^k}) \prod_{j=1}^{k-1} \cos \frac{\sigma t}{2^j},$$

wobei

$$J(t) := \int_{-\infty}^{\infty} (\cos tx - \cos \sigma t)^2\, dF(x).$$

Beweis: Für $2J$ erhalten wir die Darstellung

$$2J(t) = \int_{-\infty}^{\infty} (2\cos^2 t\, x)\, dF(x) - 4f(t)\cos \sigma t + 2\cos^2 \sigma\, t.$$

Wegen $2\cos^2 t = 1 + \cos 2t$ ergibt sich somit

$$2J(t) = 1 + f(2t) - 4f(t)\cos \sigma t + 2\cos^2 \sigma\, t. \tag{3.3.2}$$

Wir zerlegen nun die c. F. f gemäß

$$f(t) := \cos \sigma t + w(t). \tag{3.3.3}$$

Setzen wir dies in (3.3.2) ein, so ergibt sich

$$2J(t) = w(2t) - 4w(t)\cos \sigma t,$$

d. h. wir haben die rekursive Beziehung

$$w(t) = 2J(\frac{t}{2}) + 4w(\frac{t}{2}) \cos \frac{\sigma t}{2}.$$

Iteriert man diese Formel n-mal, so folgt

$$w(t) = 2J(\frac{t}{2}) + \frac{1}{2}\sum_{k=2}^{n} 4^k J(\frac{t}{2^k}) \prod_{j=1}^{k-1} \cos\frac{\sigma t}{2^j} + 4^n w(\frac{t}{2^n}) \prod_{j=1}^{n} \cos\frac{\sigma t}{2^j}.$$

Da das zweite Moment σ^2 existiert, besitzt f die zweite Ableitung (vgl. Satz 2.2.10). Nach der Regel von L'Hospital folgt deshalb aus (3.3.3) $w(t) = o(t^2)$ bei $t \to 0$. Hieraus ergibt sich die Behauptung bei $n \to \infty$. □

Beweis von Satz 3.3.1: Wegen Lemma 3.3.2 genügt es, die Gleichheit in (3.3.1) für ein $t \neq 0$ zu betrachten. Dann ist $J(t) = 0$, d. h. F ist in $\pm\sigma$ konzentriert. Da F symmetrisch ist, muß F eine symmetrische Zweipunktverteilung sein. □

Mit Hilfe der Ungleichung (3.3.1) hat Dreier (1998) die folgende obere Schranke angegeben.

Folgerung 3.3.3 *Die Vf. $F \neq \epsilon_0$ habe eine reelle c. F. f, und es existiere $m_{F,4}$. Dann ist*

$$f(t) \le 1 - \frac{\sigma^4}{m_{F,4}}\left[1 - \cos(\frac{\sqrt{m_{F,4}}}{\sigma}t)\right], \quad \frac{\sqrt{m_{F,4}}}{\sigma}|t| \le \pi. \qquad (3.3.4)$$

Gleichheit in (3.3.4) für ein $t \neq 0$ liegt nur für eine symmetrische Zwei- oder Dreipunktverteilung vor.

Beweis: a) Da die Varianz σ^2 von F endlich ist, existiert nach Satz 2.2.10 die zweite Ableitung f'', und dann ist $g := f''/f''(0) = -f''/\sigma^2$ eine reelle c. F. Wegen $m_{F,4} < \infty$ existiert weiter die Varianz σ_G^2 der zu g gehörigen Vf. G, und es ist $\sigma_G^2 = m_{F,4}/\sigma^2$. Wir haben wegen $f'(0) = 0$ die Darstellung

$$f(t) - 1 = \int_0^t \int_0^v f''(u)\,du\,dv = -\sigma^2 \int_0^t \int_0^v g(u)\,du\,dv.$$

Wenden wir (3.3.1) auf g an, so erhalten wir für $\sigma_G|t| \le \pi$,

$$f(t) - 1 \le -\sigma^2 \int_0^t \int_0^v \cos\sigma_G u\,du\,dv = \frac{\sigma^2}{\sigma_G^2}(\cos\sigma_G t - 1);$$

hieraus folgt (3.3.4).
b) Gleichheit in (3.3.4) für ein $t = t_0 \neq 0$ mit $|t_0|\sigma_g \leq \pi$ kann nach a) nur bestehen, wenn $g(u) = \cos\sigma_G u$, $|u| \leq |t_0|$, ist. Somit ist nach Satz 3.3.1 die Gleichheit für alle u erfüllt, d. h. $f''(u) = -\sigma^2 \cos\sigma_G u$. Integrieren wir zweifach, so erhalten wir

$$f(t) = (1 - \frac{\sigma^2}{\sigma_G^2})1 + \frac{\sigma^2}{\sigma_G^2}\cos\sigma_G t = (1 - \frac{\sigma^4}{m_{F,4}})1 + \frac{\sigma^4}{m_{F,4}}\cos\frac{m_{F,4}}{\sigma^2}t.$$

Mit einer Zufallsgröße $X \sim F$ haben wir $Var(X^2) = m_{F,4} - \sigma^4 \geq 0$. So sehen wir, daß Gleichheit nur im Fall einer symmetrischen Zwei- oder Dreipunktverteilung vorhanden ist. □

Besitzt die Vf. F keine Varianz, sondern nur ein Moment $M_{F,r}$ mit $0 < r < 2$, so variieren wir ein Resultat von Bengt van Bahr (1965).

Satz 3.3.4 *Die symmetrische Vf. F möge das Moment $M_{F,r} > 0$ mit $0 < r < 2$ besitzen. Dann ist*

$$f(t) \geq 1 - 2^{1-r}M_{F,r}|t|^r, \quad |t|^r \leq \frac{2^r}{M_{F,r}}.$$

Beweis: Wir haben für alle t

$$1 - f(t) = \int_{-\infty}^{\infty}(1 - \cos tu)\, dF(u) = 2\int_{-\infty}^{\infty}\sin^2\frac{tu}{2}\, dF(u)$$

$$= 2\int_{-\infty}^{\infty}\left|\frac{\sin tu/2}{tu/2}\right|^r \left|\sin\frac{tu}{2}\right|^{2-r}\left|\frac{tu}{2}\right|^r dF(u) \leq 2^{1-r}M_{F,r}|t|^r. \quad □$$

3.4 Grenzwertsätze

Wir betrachten eine Folge von Vf. $\{F_n : n \geq 1\}$ mit pos. def. Dichten p_n und c. F. f_n und fragen danach, welche Konsequenzen die Konvergenz der Vf. F_n einerseits und der Dichten p_n andererseits hat. Genauer sind wir an Bedingungen interessiert, die garantieren, daß auch $\{\hat{p}_n\}$ bzw. die Folge $\{\hat{F}_n\}$ der Vf. konvergiert. Die folgenden Sätze entsprechen den beiden Richtungen des Stetigkeitssatzes für c. F.; er bekommt damit eine Bedeutung als Konvergenzsatz für Folgen von Dichten.

Nach Korollar 3.1.4 besitzt $\hat{F}_n$ die Darstellung

$$\hat{F}_n(x) - \frac{1}{2} = \hat{p}_{n0} \int_{-\infty}^{\infty} \frac{\sin xu}{u} \, dF_n(u). \tag{3.4.1}$$

Sie läßt einen engen Zusammenhang zwischen der Konvergenz der Folgen $\{F_n\}$ und $\{\hat{F}_n\}$ vermuten.

Beispiel 3.4.1 Bei der Konvergenz einer Folge von Vf. F_n mit pos. def. Dichten p_n müssen die Koeffizienten p_{n0} nicht konvergieren. Um dies einzusehen, wählen wir eine pos. def. Dichte p mit Vf. F und eine Nullfolge $\sigma_n > 0$. Weiter sei $a_n > 0$ eine Folge mit unterem Grenzwert $\underline{a} \geq 0$ und oberem Grenzwert $\overline{a} < \infty$, und es gelte $\alpha_n := \sqrt{2\pi} a_n \sigma_n < 1$ für alle $n \geq 1$. Wir bilden die Mischungen

$$F_n(x) = \alpha_n \Phi\left(\frac{x}{\sigma_n}\right) + (1 - \alpha_n) F(x).$$

Offensichtlich konvergieren die F_n bei $n \to \infty$ vollständig gegen F. Die Dichten p_n von F_n sind pos. def. und streben für alle $x \neq 0$ gegen $p(x)$. Dagegen gilt

$$\underline{\lim}_{n\to\infty} p_{n0} = \underline{a} + p_0 \leq \overline{\lim}_{n\to\infty} p_{n0} = \overline{a} + p_0 < \infty.$$

Darüber hinaus ergibt sich aus (3.4.1) mit dem Satz von Helly-Bray, daß $\hat{F}_n$ genau dann punktweise konvergiert, wenn $\underline{a} = \overline{a} =: a$, und zwar gilt

$$\hat{H}(x) := \lim_{n\to\infty} \hat{F}_n(x) = \frac{p_0}{a + p_0} \left(\hat{F}(x) - \frac{1}{2}\right) + \frac{1}{2}.$$

Somit ist $\hat{H}$ genau dann eine Vf., wenn $a = 0$. □

Lemma 3.4.2 *Es seien F_n Vf. mit pos. def. Dichten p_n, und es gelte*

$$\underline{\lim}_{n\to\infty} p_{n0} < \infty. \tag{3.4.2}$$

Konvergiert die Folge F_n vollständig gegen eine Vf. F, so hat F eine pos. def. Dichte p mit

$$\underline{\lim}_{n\to\infty} p_{n0} \geq p_0. \tag{3.4.3}$$

Beweis: Es seien f_n und f die c. F. von F_n bzw. F. Da $f_n \geq 0$ und $f_n \in L_1$, ist nach dem Stetigkeitssatz $f = \lim_{n\to\infty} f_n \geq 0$. Wir zeigen $f \in L_1$. Offenbar gilt

$$\int_{-A}^{A} f_n(u)\,du \leq \int_{-\infty}^{\infty} f_n(u)\,du = 2\pi p_{n0}, \quad n \geq 1, \quad A > 0.$$

Somit erhalten wir mit (3.4.2)

$$\int_{-\infty}^{\infty} f(u)\,du \leq 2\pi\, \underline{\lim}_{n\to\infty} p_{n0}.$$

Das bedeutet $f \in L_1$. Deshalb gehört zu F aufgrund von Kriterium 3.2.1 eine pos. def. Dichte p. Aus $2\pi\, p_0 = \int_{-\infty}^{\infty} f(u)\,du$ folgt schließlich (3.4.3). □

Wir zeigen nun, wann sich aus der Konvergenz einer Folge $\{F_n\}$ auch die Konvergenz der Folgen $\{\hat{F}_n\}$, $\{p_n\}$ und $\{\hat{p}_n\}$ ergibt.

Satz 3.4.3 *Es sei $\{F_n\}$ eine Folge von Vf. mit pos. def. Dichten p_n, die vollständig gegen eine gewisse Vf. F konvergiert. Außerdem sei (3.4.2) erfüllt. Dann gelten die folgenden Aussagen:*

(1) F besitzt eine pos. def. Dichte p.

(2) $\hat{F}_n$ konvergiert genau dann vollständig gegen eine Vf. $\hat{H}$, wenn

$$\lim_{n\to\infty} p_{n0} = p_0; \tag{3.4.4}$$

dabei gilt $\hat{H} = \hat{F}$. In diesem Fall konvergieren p_n und $\hat{p}_n$ gleichmäßig auf $\mathcal{R}$ gegen p bzw. $\hat{p}$.

Beweis: Die Behauptung (1) ist in Lemma 3.4.2 bewiesen.

(2) a) Es gelte $F_n \xrightarrow{c} F$ und $\hat{F}_n \xrightarrow{c} \hat{H}$. Wegen (3.4.1) erhalten wir

$$\begin{aligned}\hat{H}(x) - \frac{1}{2} &= \underline{\lim}_{n\to\infty} \hat{p}_{n0} \int_{-\infty}^{\infty} \frac{\sin xu}{u}\, dF(u) \\ &= \overline{\lim}_{n\to\infty} \hat{p}_{n0} \int_{-\infty}^{\infty} \frac{\sin xu}{u}\, dF(u),\end{aligned} \tag{3.4.5}$$

und folglich existiert der Grenzwert c von $\{\hat{p}_{n0}\}$. Aus (3.4.5) und (3.4.1) erhalten wir weiter

$$\hat{H}(x) - \frac{1}{2} = \frac{c}{\hat{p}_0}\left(\hat{F}(x) - \frac{1}{2}\right),$$

woraus sich $c = \hat{p}_0$ und somit (3.4.4) ergibt. Außerdem ist $\hat{H} = \hat{F}$.

b) Es gelte $F_n \xrightarrow{c} F$ und (3.4.4). Wenden wir nun (3.4.1) an, so folgt, daß $\hat{F}_n$ vollständig gegen $\hat{F}$ konvergiert.

c) Wir zeigen schließlich, daß p_n gleichmäßig auf $\mathcal{R}$ gegen p konvergiert. Die Aussage für die Folge $\hat{p}_n$ ergibt sich analog. Mit dem Fourierschen Umkehrtheorem erhalten wir für jedes $a > 0$

$$2\pi |p_n(x) - p(x)| \leq \int_{-\infty}^{\infty} |f_n(u) - f(u)|\, du$$

$$\leq \int_{-a}^{a} |f_n(u) - f(u)| du + \int_{|u|\geq a} f_n(u) du + \int_{|u|\geq a} f(u) du =: A_n + B_n + C.$$

Der Stetigkeitssatz liefert $A_n \to 0$ bei $n \to \infty$. Weiter gilt

$$B_n = 2\pi p_{n0}\left[\hat{F}_n(-a) + 1 - \hat{F}_n(a)\right].$$

Eine analoge Beziehung gilt für C. Somit ergibt sich

$$\overline{\lim}_{n\to\infty} |p_n(x) - p(x)| \leq 2p_0 \left[\hat{F}(-a) + 1 - \hat{F}(a)\right], \quad a > 0.$$

Hieraus folgt die Behauptung. □

Wir wenden uns nun einem Gegenstück von Satz 3.4.3 zu, d. h. wir gehen von der Konvergenz einer Folge pos. def. Dichten aus.

Satz 3.4.4 *Gegeben sei eine in 0 stetige Funktion $p : \mathcal{R} \to \mathcal{R}$ mit $p_0 := p(0) > 0$, und die pos. def. Dichten p_n der Vf. F_n mögen punktweise gegen p konvergieren. Dann gelten die folgenden Aussagen:*

(1) Die Funktion p ist pos. def. und stetig.

(2) Die Folge $\hat{F}_n$ konvergiert vollständig gegen eine Vf. $\hat{H}$ mit pos. def. Dichte $\hat{p}_H$, und es gilt $2\pi p_0 \hat{p}_{H0} \leq 1$.

(3) Die Folge F_n konvergiert genau dann vollständig gegen eine Vf. H, wenn $2\pi p_0 \hat{p}_{H0} = 1$. In diesem Fall ist p die Dichte von H.

Beweis: Ist $\hat{f}_n$ die c. F. der adjungierten Dichte $\hat{p}_n$, so folgt aus den Fundamentalrelationen

$$\lim_{n\to\infty} \hat{f}_n(t) = \lim_{n\to\infty} \frac{p_n(t)}{p_{n0}} = \frac{p(t)}{p_0} =: \hat{h}(t) \geq 0.$$

Die Funktion $\hat{h}$ ist deshalb pos. def. und stetig in 0 mit $\hat{h}(0) = 1$. Nach dem Satz von Bochner ist $\hat{h}$ die c. F einer Vf. $\hat{H}$. Somit gilt die Behauptung (1). Nach dem Stetigkeitssatz folgt weiter $\hat{F}_n \xrightarrow{c} \hat{H}$. Außerdem haben wir

$$\lim_{n\to\infty} \hat{p}_{n0} = \lim_{n\to\infty} \frac{1}{2\pi p_{n0}} = \frac{1}{2\pi p_0}.$$

Aufgrund von Lemma 3.4.2 sehen wir, daß $\hat{H}$ eine pos. def. Dichte $\hat{p}_H$ besitzt und daß $2\pi p_0 \hat{p}_{H0} \leq 1$ ist. Deshalb ist auch die Aussage (2) richtig. Satz 3.4.3 liefert die letzte Behauptung. □

Von besonderem Interesse ist die Anwendung der Sätze 3.4.3 und 3.4.4 auf selbstadjungierte Dichten.

Folgerung 3.4.5 *Es sei F_n eine Vf. mit selbstadjungierter pos. def. Dichte p_n. Die Folge $\{F_n : n \geq 1\}$ konvergiert genau dann vollständig gegen eine Vf. F, wenn der Grenzwert*

$$\lim_{n\to\infty} p_n(x) =: p(x) \tag{3.4.6}$$

existiert und p in 0 stetig ist. In beiden Fällen ist p eine selbstadjungierte pos. def. Dichte mit Vf. F.

Beweis: a) Die Folge von Vf. F_n konvergiere vollständig gegen die Vf. F (c. F. f). Dann gilt auch $\hat{F}_n \xrightarrow{c} F$, und aufgrund von Satz 3.4.3 hat F eine selbstadjungierte pos. def. Dichte p, so daß die Behauptung zutrifft.

b) Es gelte (3.4.6), und p sei in 0 stetig. Dabei ist

$$p_0 = \lim_{n\to\infty} p_{n0} = \frac{1}{\sqrt{2\pi}} > 0.$$

Wegen Satz 3.4.4 konvergiert die Folge $\hat{F}_n = F_n$ vollständig gegen eine Vf. $\hat{H}$ mit pos. def. Dichte $\hat{p}_H$. Aufgrund von Satz 3.4.3 ist $\hat{p}_H$ sogar selbstadjungiert mit $\hat{p}_H = p$. □

3.5 Wiener-Chintschinsche Formel

Zur Herleitung eines weiteren Kriterium benötigen wir die Theorie der quadratisch integrierbaren Funktionen (vgl. z. B. Kawata (1972)). Sie bilden den Raum L_2. Gehören $h, k : \mathcal{R} \to \mathcal{C}$ zu L_2, so ist durch

$$(h,k) := \int_{-\infty}^{\infty} h(x)\overline{k(x)}\,dx$$

ein Skalarprodukt und durch $\|h\| := \sqrt{(h,h)}$ die entsprechende Norm gegeben. Es zeigt sich, daß L_2 ein Hilbertraum ist, falls zwei Funktionen h und k als identisch angesehen werden, wenn sie (Lebesgue-) fast-überall übereinstimmen. Konvergiert eine Folge $\{h_n : n \geq 1\}$ gegen die Grenzfunktion h in der L_2–Norm, so schreibt man

$$h = l.i.m.\, h_n = l.i.m._{n\to\infty}\, h_n$$

und nennt h den *limes in medio.*

Weiterhin sind sowohl die Norm als auch das Skalarprodukt stetige Funktionen, d. h. mit $h = l.i.m.\, h_n$ und $k = l.i.m.\, k_n$ gilt

$$\lim_{n\to\infty} \|h_n\| = \|h\|, \quad \text{und,} \quad \lim_{n\to\infty} (h_n, k_n) = (h,k).$$

Ein wichtiges Resultat aus der L_2-Theorie ist der folgende

Satz 3.5.1 (Plancherel)

(1) Zu jedem $h \in L_2$ gibt es ein $\breve{h} \in L_2$, so daß für fast alle t

$$\lim_{A\to\infty} \|\frac{1}{\sqrt{2\pi}} \int_{-A}^{A} e^{itx}\, h(x)\,dx - \breve{h}(t)\| = 0$$

gilt, d. h. es ist

$$\breve{h}(t) = l.i.m \frac{1}{\sqrt{2\pi}} \int_{-A}^{A} e^{itx}\, h(x)\,dx. \tag{3.5.1}$$

(2) Umgekehrt besitzt h die Darstellung

$$h(t) = l.i.m \frac{1}{\sqrt{2\pi}} \int_{-A}^{A} e^{-itu}\, \breve{h}(x)\,dx.$$

Die Funktion $\check{h}$ aus (3.5.1) heißt die *Fourier-Transformierte* von $h \in L_2$.

Bemerkung. Wenn $h \in L_1 \cap L_2$, so stimmt $\check{h}$ mit der gewöhnlichen Fourier-Transformierten von h überein, d. h. wir haben

$$\check{h}(t) = \frac{1}{\sqrt{2\pi}} \int_{-\infty}^{\infty} e^{itx}\, h(x)\, dx.$$

Eine wichtige Eigenschaft der Fourier-Transformierten von $h \in L_2$ ist, daß sie das Skalarprodukt invariant läßt. Es gilt nämlich

Satz 3.5.2 (Parsevalsche Gleichung)
Für die Funktionen $h, k \in L_2$ mit den Fourier-Transformierten $\check{h}$ bzw. $\check{k}$ gilt

$$\int_{-\infty}^{\infty} h(u)\overline{k(u)}\, du = \int_{-\infty}^{\infty} \check{h}(u)\overline{\check{k}(u)}\, du. \tag{3.5.2}$$

Insbesondere haben wir

$$\int_{-\infty}^{\infty} |h(x)|^2\, dx = \int_{-\infty}^{\infty} |\check{h}(x)|^2\, dx. \tag{3.5.3}$$

Wir wollen nun diese Resultate aus der L_2-*Theorie* auf pos. def. Dichten anwenden. Dazu wählen wir $u \in L_2$. Dann ist auch $v := \check{u} \in L_2$, und es gelten die Beziehungen

$$u(t) := l.i.m. \frac{1}{\sqrt{2\pi}} \int_{-A}^{A} e^{+itx}\, v(x)\, dx \tag{3.5.4}$$

und

$$v(t) = l.i.m. \frac{1}{\sqrt{2\pi}} \int_{-A}^{A} e^{-itx}\, u(x)\, dx. \tag{3.5.5}$$

Mit diesen Funktionen formulieren wir zunächst folgendes Kriterium für c. F., die zu absolutstetigen Vf. gehören.

Satz 3.5.3 (Wiener-Chintschin)

(1) Eine Funktion $f : \mathcal{R} \to \mathcal{C}$ ist die c. F. einer absolutstetigen Vf., wenn sie die Darstellung

$$f(t) = \int_{-\infty}^{\infty} u(t+x)\,\overline{u(x)}\,dx \tag{3.5.6}$$

besitzt, wobei $u \in L_2$ der Bedingung

$$\int_{-\infty}^{\infty} |u(x)|^2\,dx = 1 \tag{3.5.7}$$

genügt. Die dazugehörige Dichte p hat die Gestalt $p = |v|^2$ mit v aus (3.5.5).

(2) Ist umgekehrt eine Dichte p in der Form $p = |v|^2$ mit $v : \mathcal{R} \to \mathcal{C}$ gegeben, so besitzt die c. F. f von p die Darstellung (3.5.6), und zwar mit u aus (3.5.4).

Beweis: (1) Es mögen (3.5.6) und (3.5.7) gelten. Dann ist also $f(0) = 1$. Aufgrund von (3.5.2) und (3.5.5) erhalten wir mit $h(x) = u(t+x)$ und $k(x) = u(x)$

$$\begin{aligned} f(t) = \int_{-\infty}^{\infty} u(t+x)\overline{u(x)}\,dx &= \int_{-\infty}^{\infty} e^{itx}\,v(x)\overline{v(x)}\,dx \\ &= \int_{-\infty}^{\infty} e^{itx}\,|v(x)|^2\,dx. \end{aligned}$$

Somit ist $p := |v|^2$ eine Dichte und f ihre c. F.

(2) Jetzt sei die Dichte p in der Form $p = |v|^2$ gegeben. Für u gilt wegen (3.5.3) die Beziehung

$$1 = \int_{-\infty}^{\infty} |v(x)|^2\,dx = \int_{-\infty}^{\infty} |u(x)|^2\,dx,$$

d. h. also (3.5.7). Wenden wir nun (3.5.2) an, so ergibt sich für die c. F. von p

$$\begin{aligned} f(t) = \int_{-\infty}^{\infty} e^{itx}\,|v(x)|^2\,dx &= \int_{-\infty}^{\infty} e^{itx}\,v(x)\overline{v(x)}\,dx \\ &= \int_{-\infty}^{\infty} u(t+x)\overline{u(x)}\,dx, \end{aligned}$$

d. h. (3.5.6) ist erfüllt. □

Unter anderem kann $v = \pm \sqrt{p}$ und $v = \pm i\sqrt{p}$ gewählt werden. Weitere Möglichkeiten besprechen wir in § 7.1. Für $v = \sqrt{p}$ erhalten wir z. B. die

Folgerung 3.5.4 *Die Dichte p mit $\sqrt{p} \in L_1$ habe die c. F. f mit der Darstellung (3.5.6), wobei*

$$u(t) := \frac{1}{\sqrt{2\pi}} \int_{-\infty}^{\infty} e^{itx} \sqrt{p}\, dx$$

gewählt sei. Dann gelten die folgenden Aussagen:

(1) Wenn p beschränkt ist und $u \geq 0$, so folgt $u \in L_1$, und $\sqrt{p}$ ist pos. def.

(2) Wenn $\sqrt{p}$ pos. def. ist, dann folgt $u \geq 0$ und außerdem $u \in L_1$.

In beiden Fällen ist $u = c\, q$ mit einem $c > 0$ und einer pos. def. Dichte q.

Der Beweis ist leicht mit Hilfe von Lemma 2.3.3 und dem Fourierschen Umkehrsatz abzuleiten. Die rein analytische Voraussetzung $\sqrt{p} \in L_1$ ist z. B. erfüllt, wenn die Varianz existiert.

Lemma 3.5.5 (Carlson) *Die Zufallsgröße X habe eine Dichte p mit endlicher Varianz σ^2. Dann gilt*

$$\int_{-\infty}^{\infty} \sqrt{p(x)}\, dx \leq \sqrt{2\pi\sigma}. \tag{3.5.8}$$

Beweis: Es sei p^* die Dichte von $X - EX$. Mit der Schwarzschen Ungleichung erhalten wir

$$A := \left(\int_{-\infty}^{\infty} \sqrt{p^*(x)}\, dx\right)^2 = \left(\int_{-\infty}^{\infty} \frac{\sqrt{p^*(x)(\sigma^2 + x^2)}}{\sqrt{\sigma^2 + x^2}}\, dx\right)^2$$

$$\leq \int_{-\infty}^{\infty} p^*(x)(\sigma^2 + x^2)\, dx \int_{-\infty}^{\infty} \frac{1}{\sigma^2 + x^2}\, dx.$$

Wegen $\int_{-\infty}^{\infty} \sigma/(\sigma^2 + x^2)\, dx = \pi$ ergibt sich $A \leq 2\pi\, \sigma$. □

Geht man in (3.5.4) und (3.5.5) zu den konjugiert komplexen Ausdrücken über, so erkennt man die folgende Aussage.

Korollar 3.5.6 *Unter den Voraussetzungen von Satz 3.5.3 ist* $|u|^2$ *eine Dichte mit der c. F.*

$$g(t) = \int_{-\infty}^{\infty} e^{itx} |u(x)|^2 \, dx = \int_{-\infty}^{\infty} \overline{v(t+x)} v(x) \, dx.$$

Beispiel 3.5.7 Es seien X_1 und X_2 identisch verteilte unabhängige Zufallsgrößen mit der Dichte $q \in L_2$ und c. F. g. Wir betrachten die Dichte p_D der Differenz $D := X_1 - X_2$. Nach Satz 3.5.3 (1) ist

$$p_D(x) := \int_{-\infty}^{\infty} q(x+y) q(y) \, dy$$

bis auf einen Faktor eine c. F., also pos. def. Ihre adjungierte Dichte hat die Form

$$\hat{p}_D = \frac{1}{2\pi \int_{-\infty}^{\infty} q^2(x) \, dx} |g|^2. \qquad \square$$

Wir kommen nun zu einem weiteren Kriterium für pos. def. Dichten.

Kriterium 3.5.8 *Es sei* f *eine c. F. der Gestalt (3.5.6), und die zugehörige Dichte sei* p*. Ist* $f \geq 0$ *und* $u \in L_1$*, so ist* p *pos. def.*

Beweis: Mit dem Satz von Fubini erhalten wir für beliebiges $A > 0$

$$0 \leq \int_{-A}^{A} f(t) \, dt \leq \int_{-A}^{A} \left(\int_{-\infty}^{\infty} |u(t+x)| \, |u(x)| \, dx \right) dt$$
$$\leq \int_{-\infty}^{\infty} \left(\int_{-A}^{A} |u(t+x)| \, dt \right) |u(x)| dx \leq \left(\int_{-\infty}^{\infty} |u(z)| \, dz \right)^2 < \infty,$$

und somit folgt $f \in L_1$. Nach Voraussetzung ist $f \geq 0$ und Kriterium 3.2.1 lehrt, daß p pos. def. ist. $\square$

3.6 Heisenbergsche Unschärferelation

Die in Satz 3.5.3 und in Korollar 3.5.6 getroffenen Aussagen sind reizvoll wegen ihrer Symmetrie. Viel wichtiger ist aber ihre inhaltliche Bedeutung. Die Dichten $|u|^2$ und $|v|^2$, denen wir hier begegnen, spielen nämlich in der Quantenmechanik eine fundamentale Rolle. Um diese zu verstehen, müssen wir uns von den Vorstellungen der klassischen Physik weitgehend loslösen. Das betrifft z. B. den Begriff des Zustands. Bei einem quantenmechanischen System, etwa einem Elektron, wird ein Zustand durch eine Wellenfunktion u beschrieben; alle möglichen Zustände bilden den (Hilbert-) Raum L_2. Eine Beziehung zum Experiment hat jedoch nur die Funktion $|u|^2$. Ist etwa die Lage eines Teilchens im eindimensionalen Raum von Interesse, so stellt das Integral $\int_a^b |u(x)|^2\, dx$ die Wahrscheinlichkeit dar, dieses Teilchen im Intervall (a, b) zu finden. Dementsprechend liefert das Integral, wenn wir es über die ganze Achse erstrecken, den Wert 1.

Wir erinnern an dieser Stelle an einen der wichtigsten Gedanken der Quantenmechanik. Es handelt sich um die Komplementarität gewisser physikalischer Größen. Sie besteht darin, daß es *grundsätzlich* unmöglich ist, alle unabhängigen Zustandsgrößen (Observablen) eines physikalischen Systems *gleichzeitig* zu bestimmen. Für komplementäre Observablenpaare gilt: Je genauer man die eine Größe mißt, desto weniger genau ist die andere meßbar. Beispiele sind Ort — Impuls, Drehwinkel — Drehimpuls.

Diesen Zusammenhang hat Heisenberg in seiner Unschärferelation zum Ausdruck gebracht. In mathematischer Ausdrucksweise läßt sie sich folgendermaßen formulieren.

Satz 3.6.1 (Heisenbergsche Unschärferelation) *Es sei $u \in L_2$ und $v := \check{u}$. Für die Varianzen $\sigma_{|u|^2}$, $\sigma_{|v|^2}$ der Dichten $|u|^2$ und $|v|^2$ gilt*

$$\sigma^2_{|u|^2}\sigma^2_{|v|^2} \geq \frac{1}{4}. \tag{3.6.1}$$

Dabei besteht das Gleichheitszeichen genau dann, wenn für ein $\sigma > 0$

$$|u(x)|^2 = \frac{1}{\sqrt{2\pi}\sigma} e^{-x^2/2\sigma^2} \tag{3.6.2}$$

gilt.

Beweis: a) Wir brauchen nur den Fall zu behandeln, in dem die genannten Varianzen existieren, d. h. wir haben $x\,u(x), x\,v(x) \in L_2$. Aus der Ungleichung von Carlson folgt, daß $u, v \in L_1$. Somit gilt

$$u(x) = \frac{1}{\sqrt{2\pi}} \int_{-\infty}^{\infty} e^{ixy} v(y)\, dy. \tag{3.6.3}$$

Es seien a und b so gewählt, daß

$$\int_{-\infty}^{\infty} x\, |u(x-a)|^2\, dx = \int_{-\infty}^{\infty} x\, |v(x-b)|^2\, dx = 0$$

erfüllt ist. Wir bilden die Funktionen

$$u_1(x) = e^{i(x-a)b}\, u(x-a), \quad v_1(x) = e^{-iax}\, v(x-b).$$

Es ist leicht zu sehen, daß $u_1 = \check{v}_1$ und

$$\int_{-\infty}^{\infty} x^2\, |u_1(x)|^2\, dx = \sigma^2_{|u|^2}, \quad \int_{-\infty}^{\infty} x^2\, |v_1(x)|^2\, dx = \sigma^2_{|v|^2}$$

gelten. Insbesondere sind die Erwartungswerte der Dichten $|u_1|^2$ und $|v_1|^2$ gleich Null. Deswegen müssen wir

$$\int_{-\infty}^{\infty} x^2\, |u(x)|^2\, dx \int_{-\infty}^{\infty} x^2\, |v(x)|^2\, dx \geq \frac{1}{4} \tag{3.6.4}$$

nachweisen (zur Vereinfachung haben wir die Indizes weggelassen).
b) Wir zeigen, daß wegen $h(x) := ixv(x) \in L_2$ die Ableitung u' fast überall existiert. Mit (3.5.2) erhalten wir nämlich für $\check{k} = I_{[a,b]}$

$$\int_a^b \check{h}(x)\, dx = \int_{-\infty}^{\infty} \check{h}(x) I_{[a,b]}(x) dx = \int_{-\infty}^{\infty} h(x) \frac{e^{ibx} - e^{iax}}{\sqrt{2\pi} ix} dx$$
$$= \frac{1}{\sqrt{2\pi}} \int_{-\infty}^{\infty} (e^{ibx} - e^{iax}) v(x) dx = u(b) - u(a).$$

Somit folgt $u' = \check{h}$ fast überall. Insbesondere ergibt sich aus (3.5.3)

$$\int_{-\infty}^{\infty} x^2\, |v(x)|^2\, dx = \int_{-\infty}^{\infty} |u'(x)|^2\, dx.$$

Die linke Seite von (3.6.4) läßt sich deshalb mit der Schwarzschen Ungleichung nach unten abschätzen, und zwar gilt

$$\int_{-\infty}^{\infty} x^2\, |u(x)|^2\, dx \int_{-\infty}^{\infty} x^2\, |v(x)|^2\, dx \geq \left(\int_{-\infty}^{\infty} |x\, u(x) \overline{u'(x)}|\, dx \right)^2.$$

Die Ungleichung (3.6.4) ist also erfüllt, wenn

$$\int_{-\infty}^{\infty} |x\, u(x)\overline{u'(x)}|\, dx \geq \frac{1}{2} \tag{3.6.5}$$

nachgewiesen wird.

c) Wir beweisen (3.6.5) unter der Zusatzvoraussetzung $xv(x) \in L_1$. Dann folgt aus (3.6.3) mit dem Satz von der majorisierten Konvergenz, daß die erste Ableitung von u beschränkt und stetig ist; es ist nämlich

$$u'(x) = \frac{i}{\sqrt{2\pi}} \int_{-\infty}^{\infty} e^{ixy}\, y\, v(y)\, dy.$$

Wir betrachten das Integral $\int_a^b |u(x)|^2\, dx$. Partielle Integration liefert

$$\int_a^b |u(x)|^2\, dx = \int_a^b u(x)\, \overline{u(x)}\, dx$$

$$= x|u(x)|^2|_a^b - \int_a^b x(u(x)\overline{u'(x)} + u'(x)\overline{u(x)})\, dx.$$

Wegen $x|u(x)|^2 \in L_1$ haben wir

$$\underline{\lim}_{x\to\pm\infty} |x|\, |u(x)|^2 = 0. \tag{3.6.6}$$

Es gibt also Folgen $a_n \to -\infty$ und $b_n \to \infty$, so daß $a_n|u(a_n)|^2 \to 0$ bzw. $b_n|u(b_n)|^2 \to 0$. Somit ergibt sich nach Grenzübergang $a_n \to -\infty$ und $b_n \to \infty$

$$1 = \int_{-\infty}^{\infty} x\, (u(x)\overline{u'(x)} + u'(x)\overline{u(x)})\, dx.$$

Mit der Dreiecksungleichung erhalten wir daraus

$$\frac{1}{2} \leq \frac{1}{2}\left(\left|\int_{-\infty}^{\infty} x\, u(x)\overline{u'(x)}\, dx\right| + \left|\int_{-\infty}^{\infty} x\, u'(x)\overline{u(x)}\, dx\right|\right)$$

$$= \left|\int_{-\infty}^{\infty} x\, u(x)\overline{u'(x)}\, dx\right| \leq \int_{-\infty}^{\infty} \left|x\, u(x)\overline{u'(x)}\right|\, dx,$$

und die Ungleichung (3.6.5) ist bewiesen.

d) Wir beweisen die Ungleichung (3.6.4) auch im allgemeinen Fall. Für ein beliebiges $v \in L_1$ bilden wir $v_n =: vI_{[-n,n]}$, $n \geq 1$. Dann ist auch $xv_n(x) \in L_1$, und es gilt (3.6.4) für v_n und $u_n := \check{v}_n$, d. h. wir haben

$$\int_{-\infty}^{\infty} x^2 |u_n(x)|^2 dx \int_{-n}^{n} x^2 |v(x)|^2 dx \geq \frac{1}{4}$$

Die Ungleichung (3.6.4) ist demnach erfüllt, wenn

$$\lim_{n\to\infty} \int_{-\infty}^{\infty} x^2 |u_n(x)|^2 dx = \int_{-\infty}^{\infty} x^2 |u(x)|^2 dx \qquad (3.6.7)$$

ist. Um dies zu zeigen, benutzen wir die Darstellung

$$\int_0^{\infty} x^2 |u_n(x)|^2 dx = 2\int_0^{\infty} \int_x^{\infty} \int_y^{\infty} |u_n(z)|^2 dz\, dy\, dx \qquad (3.6.8)$$

(vgl. Aufgabe 3.5.2). Da $v = l.i.m.\, v_n$ ist, gilt auch $u = l.i.m.\, u_n$, und für alle $y \geq 0$ haben wir

$$\lim_{n\to\infty} \int_y^{\infty} |u_n(z)|^2 dz = \int_y^{\infty} |u(z)|^2 dz.$$

Mit dem Satz von der monotonen Konvergenz schließen wir hieraus und aus (3.6.8)

$$\lim_{n\to\infty} \int_0^{\infty} x^2 |u_n(x)|^2 dx = \int_{-\infty}^{\infty} x^2 |u(x)|^2 dx.$$

Eine entsprechende Identität gilt auch für das Integrationsgebiet $(-\infty, 0)$. Somit erhalten wir die geforderte Identität (3.6.7).

e) Es ist eine leichte Übung zu zeigen, daß in (3.6.1) das Gleichheitszeichen gilt, wenn (3.6.2) erfüllt ist.

f) Es gelte nun das Gleichheitszeichen in (3.6.1) und die in a) vorgenommene Zentrierung. Im Beweisteil b) haben wir die Schwarzsche Ungleichung genutzt, die nur im Fall der linearen Abhängigkeit der entsprechenden Faktoren zu einer Gleichheit wird. Dann sind also $x\,\overline{u(x)}$ und $u'(x)$ linear abhängig, d. h. für eine komplexe Zahl $c \neq 0$ gilt $x\,\overline{u(x)} = 2c\,u'(x)$ fast überall. Multiplizieren wir mit $u(x)$, so erhalten wir fast überall

$$x|u(x)|^2 = c(u^2(x))'.$$

Es sei z so gewählt, daß $u(z) \neq 0$. Setzen wir $g(x) := cu^2(x+z)$ und $d := |c| > 0$, so läßt sich die letzte Gleichung fast überall als

$$(x+z)|g(x)| = dg'(x) \tag{3.6.9}$$

schreiben. Es gilt $g(0) \neq 0$, und wegen (3.6.6) existiert eine Folge $x_n \to \infty$ mit $g(x_n) \to 0$. Wir integrieren nun (3.6.9) über (x, x_n) und erhalten nach Grenzübergang $x_n \to \infty$

$$\lim_{n\to\infty} \int_x^{x_n} (y+z)|g(y)|\, dy = d\, g(x).$$

Somit ist g reell und stetig. Wegen (3.6.9) ist auch g' stetig, und (3.6.9) gilt sogar für alle reellen x. Es sei nun z. B. $g(0) < 0$. Aufgrund der Stetigkeit hat g in einer gewissen Nullpunktumgebung konstantes Vorzeichen. Dann erhalten wir dort Lösungen der Gestalt:

$$g(x) = Ce^{-(x+z)^2/(2d)}, \quad C < 0. \tag{3.6.10}$$

Folglich kann g keine Nullstellen besitzen, und (3.6.10) gilt auf der ganzen reellen Achse. Analog schließen wir, daß der Fall $g(0) > 0$ zu keiner Dichte führt. Außerdem ist die Verschiebung um z unnötig.

Wiederholen wir nach dieser Vereinfachung die obige Schlußweise, so folgt $|u(x)|^2 = De^{-x^2/(2d)}$ für ein gewisses $D > 0$. Da $|u|^2$ eine Dichte ist, erhalten wir die Behauptung (3.6.2). □

Der folgende Spezialfall betrifft konjugierte Dichten, die mit pos. def. Dichten $p, \hat{p}$ konstruiert werden und selbst pos. def. Dichten sind. Dazu sei F die Vf. einer pos. def. Dichte p und $G := \hat{F}$. Dann folgt mit dem Satz 2.2.4 und den Fundamentalrelationen

$$\int_{-\infty}^{\infty} \frac{p^2(x)}{p_0}\, dx = \int_{-\infty}^{\infty} \frac{\hat{p}^2(x)}{\hat{p}_0}\, dx =: I. \tag{3.6.11}$$

Wir führen die Funktion $v := p/\sqrt{p_0\, I}$ ein und sehen, daß $|v|^2$ eine pos. def. Dichte ist. Wir erhalten

$$u(t) := \frac{1}{\sqrt{2\pi}} \int_{-\infty}^{\infty} e^{itx} v(t)\, dx = \frac{\hat{p}(x)}{\sqrt{\hat{p}_0\, I}};$$

folglich ist auch $|u|^2$ eine pos. def. Dichte, und es gelten die Beziehungen (3.5.4) und (3.5.5). Wir haben damit das

Korollar 3.6.2 *Für die Vf. F einer pos. def. Dichte p und für die Vf. $\hat{F}$ der Adjungierten $\hat{p}$ gelte $m_{F,2} < \infty$ bzw. $m_{\hat{F},2} < \infty$. Dann besteht die Heisenbergsche Unschärferelation für das Dichtepaar*

$$\left(|u(x)|^2, |v(x)|^2\right) = \left(\frac{\hat{p}^2(x)}{\hat{p}_0\, I}, \frac{p^2(x)}{p_0\, I}\right),$$

wobei I durch (3.6.11) definiert ist.

Bemerkung. Inhaltlich besagt das Korollar folgendes. Wenn die Masse von $|v|^2$ sehr stark um 0 konzentriert ist, so daß $\sigma^2_{|v|^2} << 1$ ist, so kann für die Masse von $|u|^2$ nicht dasselbe gelten, denn es muß im Gegensatz dazu $\sigma^2_{|u|^2} >> 1$ sein. Wir erwarten daher, daß es für die Varianzen von F und $\hat{F}$ ein Analogon zu (3.6.1) gibt. Dieses Thema wird uns in Kapitel 9 beschäftigen.

Aufgaben

Aufgabe 3.1.1 *Es sei F eine Vf. mit einer Dichte p und G eine Vf. mit c. F. g. Zeigen Sie: Gilt die Beziehung $p = C\, Re\, g$, $C > 0$, so ist p pos. def., und die Vf. $[G(x) + 1 - G(-x+)]/2$ hat die Dichte $\hat{p}$.*

Aufgabe 3.1.2 *Gegeben seien zwei pos. def. Dichten p_1, p_2 und die Mischung $p = \alpha p_1 + (1-\alpha)p_2$, $0 < \alpha < 1$. Geben Sie die adjungierte Dichte $\hat{p}$ als Mischung von $\hat{p}_1$ und $\hat{p}_2$ an.*

Aufgabe 3.1.3 *Konstruieren Sie ein Paar $(p, \hat{p})$ pos. def. Dichten, für das beide Dichten nicht 0-unimodal sind.*

Aufgabe 3.1.4 *Zeigen Sie, daß die Dichte*

$$p(x) = \frac{2}{\pi x^2}\left(1 - \frac{\sin x}{x}\right), \quad x \neq 0,$$

pos. def. ist.

Aufgabe 3.2.1 *Beweisen Sie Kriterium 3.2.5.*

Aufgabe 3.2.2 *Es sei p eine pos. def. Dichte und p_a die im Niveau $p(a)$, $a < 0$, gekuppte Funktion (vgl. Beispiel 1.2.2). Zeigen Sie, daß p_a nicht pos. def. ist.*

Aufgabe 3.3.1 *Es sei $p \leq p_0$ eine Dichte einer 0-unimodalen Vf. Dann gilt für ihre c. F. f die Ungleichung*

$$f(t) \leq \frac{2p_0}{|t|}, \quad |t| \geq 2p_0.$$

Aufgabe 3.3.2 *Es sei $p \leq p_0$ die Dichte einer symmetrisch unimodalen Vf., die keine gleichmäßige Vf. ist. Dann gelten für ihre c. F. f die Ungleichungen*

$$|t|f(t) < 2p_0 \sin\frac{|t|}{2p_0}, \quad 0 < |t| < \pi p_0,$$

und

$$|t|\,f(t) > -4p\left(\frac{\pi}{2|t|}\right) > -4\,p_0, \quad |t| > 4\,p_0.$$

Aufgabe 3.3.3 *Es sei F eine 0-unimodale und symmetrische Vf. mit c. F. f und mit endlicher Varianz σ^2. Zeigen Sie die Ungleichung*

$$f(t) \geq \frac{\sin\sqrt{3}\sigma t}{\sqrt{3}\sigma|t|}, \quad \sqrt{3}\sigma|t| \leq \pi, \quad \textit{(vgl. Pfannschmidt (1995))}.$$

Hinweis: *Benutzen Sie Satz 1.3.7 und (3.3.1).*

Aufgabe 3.3.4 *Die Funktion J aus Lemma 3.3.2 genügt der Ungleichung*

$$J(t) \leq \frac{M_{F,4} - \sigma^4}{24}t^4, \quad \textit{(vgl. Pfannschmidt (1995))}.$$

Aufgabe 3.3.5 *Es sei F eine symmetrische Vf. mit c. F. f und mit endlichem Moment $M_{F,4}$. Zeigen Sie:*

a) $f(t) \leq \cos \sigma t + \frac{M_{F,4}-\sigma^4}{24} t^4$.

b) Wenn F 0-unimodal ist, so gilt

$$f(t) \leq \frac{\sin \sqrt{3}\sigma t}{\sqrt{3}\sigma |t|} + \frac{5M_{F,4} - 9\sigma^4}{120} t^4.$$

Hinweis: *Benutzen Sie Lemma 3.3.2 und Aufgabe 3.3.5.*

Aufgabe 3.3.6 *Zeigen Sie für eine reelle c. F. f die folgende Ungleichung, falls die Varianz σ^2 bzw. das Momemt $m_{F,4}$ existiert:*

$$1 - \frac{\sigma^2 t^2}{2} \leq f(t) \leq 1 - \frac{\sigma^2 t^2}{2} + \frac{m_{F,4} t^4}{4!}.$$

Aufgabe 3.3.7 *Zeigen Sie für eine reelle c. F. f die folgende Ungleichung:*

$$2f^2(t) \leq 1 + f(2t).$$

Sie wird genau dann zur Gleichung, falls F die symmetrische Zweipunktverteilung mit Varianz σ^2 ist.

Aufgabe 3.4.1 *Es sei F_n eine Vf. mit selbstadjungierter pos. def. Dichte p_n. Beweisen Sie: Die Folge $\{F_n : n \geq 1\}$ konvergiert genau dann vollständig gegen eine Vf. F, wenn der Grenzwert*

$$\lim_{n \to \infty} p_n(x) =: p(x)$$

existiert und p eine Dichte ist. In beiden Fällen ist p eine selbstadjungierte pos. def. Dichte mit Vf. F.

Aufgabe 3.4.2 *Es sei $\{F_n\}$ eine Folge von Vf. selbstadjungierter pos. def. Dichten, deren Varianzen beschränkt sind. Zeigen Sie: Es existiert eine Teilfolge, die vollständig gegen eine Vf. mit selbstadjungierter pos. def. Dichte konvergiert.*

Aufgabe 3.4.3 *Zeigen Sie: Für jede Vf. F mit nichtnegativer c. F. existiert eine Folge von Vf. F_n mit pos. def. Dichte, die vollständig gegen F konvergiert.*

Aufgabe 3.5.1 *Zeigen Sie, daß in (3.5.8) genau dann die Gleichheit gilt, wenn*

$$p(x) = \frac{4}{3\pi} \frac{1}{(1+x^2)^2}$$

gilt. Dann ist p pos. def.

Aufgabe 3.5.2 *Zeigen Sie: Ist p die Dichte einer nichtnegativen Zufallsgröße, so gilt*

$$\int_0^\infty x^2\, p(x)\, dx = 2 \int_0^\infty \int_x^\infty \int_y^\infty p(z)\, dz\, dy\, dx.$$

Ist eine Seite endlich, so auch die andere, und es existiert das zweite Moment der Vf. von p.

Aufgabe 3.5.3 *Es sei p eine selbstadjungierte pos. def. Dichte mit endlicher Varianz σ^2. Zeigen Sie, daß $\sigma^2 > 0,51$ ist.*
Hinweis: *Verwenden Sie die Ungleichungen (3.5.8) und (3.3.1).*

Kapitel 4

Realteil-Dichten

4.1 Begriffsbildung

Bisher haben wir pos. def. Dichten untersucht; sie stimmen bis auf einen Faktor mit einer c. F. überein. Fordern wir diese Eigenschaft jedoch nur auf der positiven Halbachse, so geht die pos. Definitheit verloren. Das ist der Grund, warum wir die nun zu betrachtenden Dichten etwas anders einführen.

Es sei X eine beliebige Zufallsgröße mit Dichte p und c. F. f. Dann ist $Re\ f = (f + \bar{f})/2$ bekanntlich eine c. F. Falls die Bedingungen

$$Re\ f \geq 0 \quad \text{und} \quad Re\ f \in L_1 \tag{4.1.1}$$

erfüllt sind, so ist mit passendem $C > 0$ durch $Re\ f$ die Dichte

$$\hat{p}(x) := \begin{cases} C\ Re\ f(x) & \text{für} \quad x \geq 0 \\ 0 & \text{für} \quad x < 0 \end{cases} \tag{4.1.2}$$

definiert (vgl. Kapitel 0). Sie ist auf $[0, \infty)$ die Einschränkung einer pos. def. Funktion. Die Dichte p besitzt dagegen in der Regel keine solche Darstellung. Ist jedoch X eine nichtnegative Zufallsgröße, und erfüllt $Re\ f$ die Bedingungen (4.1.1), so läßt sich p — wie wir in Satz 4.1.2 sehen werden — für positive Argumente analog zu $\hat{p}$ darstellen. Diese Überlegung führt zu der Definition (vgl. Aufgabe 4.1.1).

Definition 4.1.1 *Es sei p Dichte einer nichtnegativen Zufallsgröße mit der c. F. f. Sie heißt Realteil-Dichte (kurz: Re-Dichte), falls $\operatorname{Re} f$ die Bedingungen (4.1.1) erfüllt.*

Bemerkung: Ist F Vf. mit $F(0) = 0$ und c. F. f, und genügt f den Bedingungen (4.1.1), so besitzt F nach Satz 2.4.2 eine Dichte. Sie ist nach Definition 4.1.1 eine Re-Dichte.

Wir werden sehen, daß $\hat{p}$ aus (4.1.2) eine Re-Dichte ist.

Pos. def. Dichten und Re-Dichten sind eng miteinander verknüpft:

a) Die Symmetrie einer pos. def. Dichte p^* gestattet es, alle Betrachtungen auf die positive reelle Achse zu beschränken. Wahrscheinlichkeitstheoretisch läßt sich dieses Vorgehen als Übergang von der symmetrischen Zufallsgröße X zu der nichtnegativen Zufallsgröße $|X|$ (mit Dichte p) interpretieren. Dabei ergibt sich p durch Stutzen von p^* in 0:

$$p(x) = \begin{cases} 2\,p^*(x) & \text{für} \quad x \geq 0 \\ 0 & \text{für} \quad x < 0 \end{cases} .$$

b) Ist umgekehrt X eine nichtnegative Zufallsgröße mit Re-Dichte p, so betrachten wir die Zufallsgröße $X^* := Z\,X$, wobei Z die Werte ± 1 jeweils mit Wahrscheinlichkeit $1/2$ annimmt. Sind X und Z unabhängig, so gilt

$$P\{X^* < x\} = \frac{1}{2}P\{-X < x\} + \frac{1}{2}P\{X < x\},$$

und folglich ist

$$p^*(x) = \begin{cases} \frac{1}{2}\,p(x) & \text{für} \quad x \geq 0 \\ \frac{1}{2}\,p(-x) & \text{für} \quad x < 0 \end{cases} . \tag{4.1.3}$$

Es ist leicht zu sehen, daß p^* pos. def. ist.

Deshalb treten Re-Dichten ebenso wie pos. def. Dichten immer in Paaren auf, und jedes Element eines solchen Paares ist — bis auf einen positiven Faktor — die Kosinustransformierte des anderen. Diese Aussagen sind Inhalt des nächsten Satzes. Er ergibt sich mit (4.1.3) sofort aus Satz 3.1.3.

Satz 4.1.2 *Einer Re-Dichte p kann man in eineindeutiger Weise eine Re-Dichte $\hat{p}$ mit c. F. $\hat{f}$ zuordnen, so daß gilt*

$$p(x) = p_0 \, Re \, \hat{f}(x), \quad \hat{p}(x) = \hat{p}_0 \, Re \, f(x), \; x \geq 0, \quad p_0 \hat{p}_0 = \frac{2}{\pi}. \quad (4.1.4)$$

Dabei ist $p_0 := p(0+)$ und $\hat{p}_0 := \hat{p}(0+)$. Außerdem haben wir: $\hat{\hat{p}} = p$, d. h. die $\hat{p}$ zugeordnete Dichte $\hat{\hat{p}}$ ist p.

Vereinbarung: Wir nennen in diesem Fall $(p, \hat{p})$ ein *Re-Dichtepaar*. Die Dichten p und $\hat{p}$ heißen zueinander *adjungiert.*

Beispiele 4.1.3 (1) Eine exponentialverteilte Zufallsgröße mit Parameter $a > 0$ besitzt die c. F.

$$f(t) = \frac{a^2}{a^2 + t^2} + i \frac{at}{a^2 + t^2}.$$

Re f ist also nichtnegativ und integrierbar. Folglich ist

$$p(x) = ae^{-ax}, \quad \hat{p}(x) = \frac{2}{\pi a} \frac{a^2}{a^2 + x^2}, \quad x \geq 0,$$

ein Re-Dichtepaar (vgl. Beispiel 3.1.2).

(2) Die nichtnegativen Zufallsgrößen X und Y seien unabhängig, und es gelte $X \sim Exp(1)$ und $Y \sim L$. Dann ist die Vf. F von X/Y aufgrund des Satzes von der totalen Wahrscheinlichkeit gegeben durch

$$\begin{aligned} F(x) := P\{\frac{X}{Y} < x\} &= \int_0^\infty P\{\frac{X}{Y} < x | Y = u\} \, dL(u) \\ &= \int_0^\infty P\{X < xu\} \, dL(u) = \int_0^\infty \left[1 - e^{-xu}\right] dL(u), \end{aligned}$$

d. h. sie ist eine Mischung von Exponentialverteilungen mit mischender Funktion L. Für die zugehörige c. F. f gilt (vgl. Anhang D)

$$Re \; f(t) = \int_0^\infty \frac{u^2}{u^2 + t^2} \, dL(u).$$

Wegen

$$\int_0^A Re \; f(t) \, dt = \int_0^A \int_0^\infty \frac{u^2}{u^2 + t^2} \, dL(u) \, dt$$

$$= \int_0^\infty u \left(\int_0^A \frac{u \, dt}{u^2 + t^2} \right) dL(u) = \int_0^\infty u \left(\int_0^{A/u} \frac{dv}{1 + v^2} \right) dL(u)$$

ist *Re* f genau dann integrierbar, wenn das erste Moment $m_{L,1}$ von L endlich ist (vgl. Satz von der monotonen Konvergenz). In diesem Fall ist die Dichte

$$p(x) = \int_0^\infty u\, e^{-xu}\, dL(u), \quad x > 0,$$

von F eine Re-Dichte; sie besitzt die Adjungierte

$$\hat{p}(x) = \frac{2}{\pi\, m_{L,1}} \int_0^\infty \frac{u^2}{u^2 + t^2}\, dL(u), \quad x > 0.$$

Dabei ist $m_{L,1} = p_0$. □

4.2 Kriterien und Eigenschaften

Aufgrund des oben beschriebenen Zusammenhanges zwischen pos. def. Dichten und Re-Dichten lassen sich alle Kriterien, die wir für pos. def. Dichten kennen, auf Re-Dichten übertragen. Wir wollen hier ein weiteres Kriterium angeben; dabei nutzen wir spezielle Eigenschaften nichtnegativer Zufallsgrößen. — Wie Satz 1.3.5 lehrt, liefert das Produkt der unabhängigen Zufallsgrößen X und $U \sim U_{[0,1]}$ immer eine Zufallsgröße mit einer 0-unimodalen Vf. J. Bei der Untersuchung der Frage, welche Eigenschaften von J dazu führen, daß X eine Re-Dichte besitzt, ergibt sich die folgende Charakterisierung.

Kriterium 4.2.1 *Es sei X eine nichtnegative Zufallsgröße mit Vf. F (c. F. f) und $U \sim U_{[0,1]}$. U und X seien unabhängig.*

X besitzt genau dann eine Re-Dichte p, wenn die (0-unimodale) Vf. J des Produktes UX (c. F. j) die folgenden Eigenschaften besitzt:

$$\lim_{x\to\infty} x\, Re\ j(x) =: C < \infty, \tag{4.2.1}$$

$$(x\, Re\ j(x))' \geq 0, \quad x > 0. \tag{4.2.2}$$

In beiden Fällen gilt: Die Vf. $\hat{F}$ der Adjungierten $\hat{p}$ hat die Gestalt

$$\hat{F}(x) = \frac{1}{C}\, x\, Re\ j(x), \quad x > 0. \tag{4.2.3}$$

Die Dichte p_J von J ist gegeben durch

$$p_J(x) = \int_x^\infty \frac{p(u)}{u}\,du, \quad x > 0, \tag{4.2.4}$$

und es ist $C = 1/p_0$.

Bemerkungen. 1. Gemäß Lemma 3.2.3 ist für die Vf. $\hat{F}$ einer Re-Dichte $\hat{p}$ der Quotient $\hat{F}(x)/x$ auf dem Intervall $(0, \infty)$ beschränkt. Aus (4.2.3) folgt sofort die viel genauere Aussage

$$\frac{\hat{F}(x)}{x} = p_0\, Re\; j(x) = \frac{1}{x}\int_0^x \hat{p}(u)\,du, \quad x > 0.$$

2. Die symmetrische Fortsetzung von $F(x)/x$ (und $\hat{F}(x)/x$) ist pos. def. Diese Tatsache läßt sich auch direkt aus (2.4.4) erhalten. Danach gilt nämlich für alle Stetigkeitspunkte x von F

$$\frac{F(x)}{x} = \frac{2}{\pi} Re\left[\int_0^\infty u(xv)\, Re\; f(v)\,dv\right], \quad x > 0,$$

dabei bezeichnet $u(x)$ die c. F. von $U_{[0,1]}$.

Beweis: Aufgrund von Satz 1.3.5 ist J eine 0-unimodale Vf., und $Re\; j$ hat die Gestalt (vgl. Satz 1.3.7)

$$Re\; j(x) = \frac{1}{x}\int_0^x Re\; f(u)\,du. \tag{4.2.5}$$

a) Ist p eine Re-Dichte, so gilt wegen (4.1.4)

$$Re\; j(x) = \frac{1}{\hat{p}_0}\frac{\hat{F}(x)}{x}, \quad x > 0.$$

Damit sind die Bedingungen (4.2.1) und (4.2.2) erfüllt.

b) Die c. F. der Vf. J möge die Bedingungen (4.2.1) und (4.2.2) erfüllen. Dann ist die durch (4.2.3) definierte Funktion $\hat{F}$ mit einem passend gewählten C eine Vf. Setzen wir die Darstellung (4.2.5) von $Re\; j$ in (4.2.3) ein, so erhalten wir

$$\hat{F}(x) = \frac{1}{C}\int_0^x Re\; f(u)\,du.$$

Deshalb folgt für $x > 0$: Es existiert $\hat{p}(x) := Re\ f(x)/C$, d. h. F besitzt eine Re-Dichte p. Dabei muß $C = 1/\hat{p}_0$ gelten.

c) Die Beziehung (4.2.4) ergibt sich aus Korollar 1.3.3 und Satz 1.3.7. □

Folgerung 4.2.2 *Jede 0-unimodale Vf. J (c. F. j) mit den Eigenschaften (4.2.1) und (4.2.2) definiert eine Re-Dichte, und umgekehrt gehört zu jeder Re-Dichte eine 0-unimodale Vf., deren c. F. die Eigenschaften (4.2.1) und (4.2.2) besitzt.*

Auf die interessante Frage, wann J selbst eine Re-Dichte besitzt, geben wir in Kriterium 5.2.3 und Satz 5.3.6 eine Antwort.

Beispiele 4.2.3 (1) Es sei $l : [0,1] \to (0,\infty)$ eine monoton fallende stetige Funktion mit $l(x) \leq 1/x$ und $l(1) = 1$. Wir betrachten die gerade Funktion $h : \mathcal{R} \to [0,\infty)$, die für $x \geq 0$ durch

$$h(x) := \begin{cases} e^{-\int_0^x l(u)\,du} & \text{für } 0 \leq x \leq 1 \\ \frac{C}{x} & \text{für } x > 1 \end{cases}$$

gegeben ist; dabei ist

$$C := e^{-\int_0^1 l(u)\,du} > 0$$

gesetzt. Diese Funktion ist wegen $l(1) = 1$ auch in 1 differenzierbar, und wir erhalten

$$h'(x) = \begin{cases} -h(x)\,l(x) & \text{für } 0 \leq x \leq 1 \\ -\frac{C}{x^2} & \text{für } x > 1 \end{cases} .$$

Aufgrund der Voraussetzungen ist h' monoton wachsend, und somit ist h nach Satz 1.1.7 auf $(0,\infty)$ konvex. Wir wenden nun auf h Satz 2.5.1 an und sehen, daß h eine reelle c. F. ist. Somit existiert eine c. F. j einer nichtnegativen Zufallsgröße mit $h = Re\ j$. Nach Konstruktion gilt $x Re\ j(x) \to C$ bei $x \to \infty$. Weiter erhalten wir

$$(x\,Re\ j(x))' = \begin{cases} Re\ j(x)[1 - x\,l(x)] & \text{für } 0 \leq x \leq 1 \\ 0 & \text{für } x > 1 \end{cases} ,$$

und wegen $l(x) \leq 1/x$ ist $(x Re\ j(x))' \geq 0$ für $x > 0$. Deshalb ist nach Kriterium 4.2.1

$$\hat{F}(x) = \frac{1}{C} x\, Re\ j(x) = \frac{1}{C} x\, h(x)$$

Vf. einer Re-Dichte. Sie ist auf $[0,1]$ konzentriert. Wir erhalten z. B. für $l(x) = 1$, $0 \leq x \leq 1$, die Re-Dichte

$$\hat{p}(x) = \begin{cases} (1-x)e^{-x} & \text{für} \quad 0 \leq x \leq 1 \\ 0 & \text{für} \quad x > 1 \end{cases} .$$

(2) Mit Hilfe von Kriterium 4.2.1 lassen sich auf einfache Art pos. def. Funktionen bestimmen:

a) $p(x) = e^{-x},\ x > 0 \rightsquigarrow \dfrac{F(|x|)}{|x|} = \dfrac{1 - e^{-|x|}}{|x|}$ ist pos. def.

b) $\hat{p}(x) = \dfrac{1}{1+x^2},\ x > 0 \rightsquigarrow \dfrac{\hat{F}(|x|)}{|x|} = \dfrac{\arctan|x|}{|x|}$ ist pos. def. □

Ist $(p, \hat{p})$ ein Re-Dichtepaar, so kann man einige prinzipielle Aussagen über Momente negativer Ordnung treffen. Wir haben

Satz 4.2.4 *Ist $(p, \hat{p})$ ein Re-Dichtepaar, so existieren für $0 < \lambda < 1$ die Momente $m_{F,-\lambda}$ und $m_{\hat{F},-\lambda}$, und sie genügen der Beziehung*

$$m_{\hat{F},-\lambda} = \hat{p}_0 \sin\frac{\lambda\pi}{2}\, \Gamma(1-\lambda)\, m_{F,-(1-\lambda)}.$$

Beweis: Wir benutzen zunächst (4.1.4) und erhalten

$$m_{\hat{F},-\lambda} = \int_0^\infty \frac{\hat{p}(u)}{u^\lambda}\, du = \hat{p}_0 \int_0^\infty \frac{Re\ f(u)}{u^\lambda}\, du.$$

Mit dem Satz von Fubini folgt

$$\begin{aligned} \frac{m_{\hat{F},-\lambda}}{\hat{p}_0} &= \lim_{R\to\infty} \int_0^R \frac{1}{u^\lambda} \int_0^\infty \cos uv\, p(v)\, dv\, du \\ &= \lim_{R\to\infty} \int_0^\infty p(v) \int_0^R \frac{\cos uv}{u^\lambda}\, du\, dv. \end{aligned}$$

Wenden wir nun den Satz von der majorisierten Konvergenz an, so ergibt sich weiter (vgl. Ryžik/Gradstejn (1957))

$$\begin{aligned}\frac{m_{\hat{F},-\lambda}}{\hat{p}_0} &= \int_0^\infty p(v) \lim_{R\to\infty} \int_0^R \frac{\cos uv}{u^\lambda}\, du\, dv \\ &= \Gamma(1-\lambda) \cos \frac{(1-\lambda)\pi}{2} \int_0^\infty \frac{p(v)}{v^{1-\lambda}}\, dv \\ &= \Gamma(1-\lambda) \sin \frac{\lambda\pi}{2} m_{F,-(1-\lambda)}. \qquad \square\end{aligned}$$

Bemerkung. Für Momente positiver Ordnung gibt es eine solche allgemeine Aussage nicht. Für beliebiges $\lambda > 0$ kann gelten $m_{F,\lambda} = \infty$ oder $m_{\hat{F},\lambda} = \infty$ (vgl. Aufgabe 4.2.1).

4.3 Monotone Realteil-Dichten

Wir betrachten eine monotone und beschränkte Dichte p einer nichtnegativen Zufallsgröße. Wegen Korollar 1.3.3 existiert eine Vf. K, so daß solch eine Dichte p und ihre c. F. f die Darstellungen

$$p(x) = \int_x^\infty \frac{dK(u)}{u}, \; x > 0, \quad f(t) = \frac{1}{t} \int_0^t k(u)\, du, \tag{4.3.1}$$

besitzen. Die Beschränktheit von p führt auf

$$p_0 = m_{K,-1} = \int_0^\infty \frac{dK(u)}{u} < \infty;$$

deshalb ist

$$G(x) := \frac{1}{m_{K,-1}} \int_0^x \frac{dK(u)}{u}$$

eine Vf. mit endlichem ersten Moment $m_{G,1} = 1/m_{K,-1}$ und c. F. g. Hieraus resultieren weitere Darstellungen für p und f,

$$p(x) = \frac{1}{m_{G,1}} (1 - G(x)), \; x > 0, \quad f(t) = \frac{i}{m_{G,1}} \frac{1-g(t)}{t}. \tag{4.3.2}$$

Zwischen G und K bestehen offenbar enge Zusammenhänge. Wir geben die wichtigsten in dem folgenden Lemma an. Der Beweis erfordert kaum neue Überlegungen und wird dem Leser überlassen (vgl. Aufgabe 4.3.1).

Lemma 4.3.1 *Es sei X eine nichtnegative Zufallsgröße mit monotoner und beschränkter Dichte p.*

(1) Die auf $(0,\infty)$ konzentrierten Vf. K und G aus den Darstellungen (4.3.1) und (4.3.2) und deren c. F. k bzw. g sind wie folgt miteinander verknüpft.

$$G(x) = \frac{1}{m_{K,-1}} \int_0^x \frac{dK(u)}{u}, \quad K(x) = \frac{1}{m_{G,1}} \int_0^x u\, dG(u),$$

$$i\,k(t) = \frac{1}{m_{G,1}} g'(t).$$

(2) Die Vf. K besitzt genau dann das Moment $m_{K,\nu}$, wenn G das Moment $m_{G,\nu+1}$ besitzt. Dabei gilt

$$m_{G,\nu} = \frac{m_{K,\nu-1}}{m_{K,-1}}, \quad m_{K,\nu} = \frac{m_{G,\nu+1}}{m_{G,1}}.$$

(3) Die Vf. K besitzt genau dann eine Dichte p_K, falls auch für G eine Dichte p_G existiert, und wir haben

$$p_K(x) = \frac{x p_G(x)}{m_{G,1}}, \quad p_G(x) = \frac{1}{m_{K,-1}} \frac{p_K(x)}{x}.$$

Wir wenden uns nun einer Variante des Fourierschen Umkehrsatzes zu.

Lemma 4.3.2 *Es sei X eine nichtnegative Zufallsgröße mit monotoner und beschränkter Dichte p, Vf. F und c. F. f. Dann gilt für alle Stetigkeitspunkte x von p*

$$p(x) = \frac{2}{\pi} \int_0^\infty \cos xu \; Re\; f(u)\, du. \tag{4.3.3}$$

Außerdem ist $Re\; f$ integrierbar, aber nicht notwendig absolut.

Beweis: Für $A, B > 0$ ist wegen (4.3.2)

$$\begin{aligned} I_{A,B}(x) &:= \int_A^B \cos xt\; Re\; f(t)\, dt = \frac{1}{m_{G,1}} \int_A^B \cos xt \frac{Im\; g(t)}{t}\, dt \\ &= \frac{1}{m_{G,1}} \left[\int_A^B \frac{Im\; g(t)}{t}\, dt - \int_A^B (1-\cos xt)\, \frac{Im\; g(t)}{t}\, dt \right]. \end{aligned} \tag{4.3.4}$$

Mit Satz 2.4.2 und (2.4.2) ergibt sich für alle Stetigkeitspunkte x von p

$$\begin{aligned}\lim_{A\downarrow 0, B\to\infty} I_{A,B}(x) &= \int_0^\infty \cos xt\, Re\, f(t)\, dt \\ &= \frac{\pi}{2}\frac{1}{m_{G,1}}(1-G(x)) = \frac{\pi}{2}p(x),\end{aligned}$$

damit ist (4.3.3) bewiesen.

Für $x = 0$ erhalten wir aus (4.3.4) mit der Umkehrformel (2.4.2)

$$\lim_{A\downarrow 0, B\to\infty} I_{A,B}(0) = \int_0^\infty Re\, f(t)\, dt = \frac{\pi}{2}\frac{1}{m_{G,1}}(1-G(0+)),$$

also ist $Re\ f$ integrierbar. □

Aufgrund dieses Lemmas erhalten wir Kriterien für monotone Re-Dichten, wenn wir Bedingungen dafür angeben, daß $Re\ f$ nichtnegativ ist. Um sie zu bekommen, führen wir die folgenden Klassen von Vf. ein:

$$\mathcal{F}_I := \{\ \text{Vf. } F : F(0+) = 0,\ Im\ f(x) \geq 0 \quad \forall\, x \geq 0\},$$

$$\mathcal{F}_E := \{\ \text{Vf. } F : \text{F ist Mischung von Exponentialverteilungen}\}.$$

Ist $F \in \mathcal{F}_E$ mit mischender Vf. L, so benutzen wir die Bezeichnungen

$$E_L(x) := F(x) = \int_0^\infty \left[1 - e^{-xu}\right] dL(u),$$

$$\begin{aligned}e_L(t) := f(t) &= \int_0^\infty \frac{u}{u-it}\, dL(u) \\ &= \int_0^\infty \frac{u^2}{u^2+t^2}\, dL(u) + i\int_0^\infty \frac{ut}{u^2+t^2}\, dL(u). \qquad (4.3.5)\end{aligned}$$

Folglich ist $\mathcal{F}_E \subset \mathcal{F}_I$, so daß $\mathcal{F}_I$ als Verallgemeinerung von $\mathcal{F}_E$ aufgefaßt werden kann. $\mathcal{F}_I$ enthält sogar alle Vf. F mit monotonen Dichten, also auch mit monotonen Re-Dichten (vgl. Aufgabe 4.3.5) und läßt sich aus diesem Grund als Verallgemeinerung der unimodalen Vf. nichtnegativer Zufallsgrößen deuten.

Ist $(p, \hat{p})$ ein Re-Dichtepaar mit monotonem p, so folgt nicht notwendig, daß auch $\hat{p}$ monoton ist (vgl. Beispiele 4.3.9 (1)). Es gilt aber

Satz 4.3.3 *Ist $(p, \hat{p})$ ein Re-Dichtepaar mit monotonem p oder $\hat{p}$, so gehören die zugehörigen Vf. F und $\hat{F}$ zur Klasse $\mathcal{F}_I$.*

Beweis: Wir können nach etwaiger Umbenennung stets davon ausgehen, daß p monoton ist. Wegen (4.1.4) ist dann auch $Re\ \hat{f}$ monoton. Nach Satz 2.4.5 haben wir

$$Im\ \hat{f}(t) = -\frac{1}{\pi} \int_0^\infty \frac{Re\ \hat{f}(t+u) - Re\ \hat{f}(t-u)}{u}\, du. \tag{4.3.6}$$

Es sei $t \geq 0$. Ist $u \leq t$, so ist offenbar der Integrand von (4.3.6) nichtpositiv. Im Fall $u > t$, ist $|t-u| < t+u$, und der Integrand ist ebenfalls nichtpositiv. Somit ist $Im\ \hat{f}(t) \geq 0$, $t \geq 0$, d. h. $\hat{F} \in \mathcal{F}_I$. □

Bermerkung: Die Klasse $\mathcal{F}_E$ spielt in vielen Anwendungen eine große Rolle (vgl. Kapitel 8 und 10). Wir bemerken, daß alle Vf. aus $\mathcal{F}_E$ unbeschränkt teilbar sind (vgl. Steutel (1970)).

Beispiel 4.3.4 Gemäß Beispiel 4.1.3 (2) hat der Quotient der unabhängigen Zufallsgrößen $X \sim Exp(1)$ und $Y \sim L$ die Vf. E_L aus $\mathcal{F}_E$. Sie besitzt eine Dichte, die nach dem Satz von Bernstein (vgl. Anhang B) vollmonoton ist. □

Die Bedeutung der Klasse $\mathcal{F}_I$ wird im weiteren noch unterstrichen, da sich Vf. monotoner Re-Dichten durch $\mathcal{F}_I$ charakterisieren lassen. Um dies zu zeigen, benötigen wir das folgende

Lemma 4.3.5 *(1) Ist $F \in \mathcal{F}_I$, so definiert*

$$p_{F_I}(x) := \frac{2}{\pi} \frac{Im\ f(x)}{x}, \quad x > 0, \tag{4.3.7}$$

die Dichte einer nichtnegativen Zufallsgröße mit Vf. $F_I \in \mathcal{F}_I$ (c. F. f_I). Darüber hinaus gilt

$$F(x) = 1 - Re\ f_I(x), \quad x > 0, \tag{4.3.8}$$

d. h. Vf. F aus $\mathcal{F}_I$ sind stetig, und $Re\ f_I$ ist monoton.

(2) Es sei $\hat{F}$ eine Vf. einer nichtnegativen Zufallsgröße mit c. F. $\hat{f}$. Die Funktion $1 - Re\ \hat{f}$ ist genau dann eine Vf. auf $[0, \infty)$, wenn $\hat{F}$ eine Dichte $\hat{p}$ besitzt, für die mit einer gewissen Vf. $G \in \mathcal{F}_I$

$$\hat{p}(x) = \frac{2}{\pi} \frac{Im\ g(x)}{x}, \ x > 0, \tag{4.3.9}$$

gilt. In beiden Fällen hat $\hat{p}$ die Darstellung

$$\hat{p}(x) = \frac{2}{\pi} \int_0^\infty \cos xu\ Re\ \hat{f}(u)\, du, \qquad x > 0. \tag{4.3.10}$$

Bemerkungen. 1. Falls $m_{\hat{F},1}$ existiert, besitzt G eine Dichte p_G der Gestalt

$$p_G(x) = \int_0^\infty \sin xu\ u\, \hat{p}(u)\, du.$$

G ist also nicht 0-unimodal, so daß die Dichte, die durch Symmetrisierung von $\hat{p}$ aus (4.3.9) entsteht, niemals zu einer c. F. vom Pólya-Typ gehören kann (vgl. Kriterium 2.5.5).

2. Wegen (4.3.8) ist p_{F_I} genau dann eine Re-Dichte, wenn $m_{F,1} < \infty$.

Beweis: (1) Nach (2.4.2) ist p_{F_I} eine Dichte. Die Gleichung (4.3.8) ergibt sich aufgrund der Umkehrformel (2.4.5). Ist nämlich x ein Stetigkeitspunkt von F, so folgt wegen $F(+0) = 0$:

$$F(x) = \frac{2}{\pi} \int_0^\infty (1 - \cos\ xu) \frac{Im\ f(u)}{u}\, du$$
$$= 1 - \int_0^\infty \cos\ xu \left(\frac{2}{\pi} \frac{Im\ f(u)}{u} \right) du = 1 - Re\ f_I(x).$$

(2) a) Die Vf. $\hat{F}$ besitze eine Dichte $\hat{p}$ der Gestalt (4.3.9). Nach (1) ist dann $1 - Re\ \hat{f}$ eine Vf. auf $[0, \infty)$.

b) Es sei $G(x) := 1 - Re\ \hat{f}(x)$, $x \geq 0$, eine Vf. Dann gilt

$$\frac{Im\ g(t)}{t} = \int_0^\infty \cos\ tu\ Re\ \hat{f}(u)\, du. \tag{4.3.11}$$

Mit dem Satz von Fubini und (2.4.4) erhalten wir

$$\frac{2}{\pi} \int_0^x \frac{Im\ g(t)}{t}\, dt = \frac{2}{\pi} \int_0^x \left(\int_0^\infty \cos\ tu\ Re\ \hat{f}(u)\, du \right) dt$$

$$= \frac{2}{\pi}\int_0^\infty Re\ \hat{f}(u)\left(\int_0^x \cos\ tu\, dt\right) du$$
$$= \frac{2}{\pi}\int_0^\infty \frac{\sin\ xu}{u} Re\ \hat{f}(u)\, du = \hat{F}(x),$$

d. h. $\hat{F}$ besitzt die auf $(0,\infty)$ stetige Dichte $\hat{p}$ der Gestalt (4.3.9), und es ist $G \in \mathcal{F}_I$.

Die Darstellung (4.3.10) folgt unmittelbar aus (4.3.11). □

Satz 4.3.6 *Gegeben seien die unabhängigen nichtnegativen Zufallsgrößen $X \sim F$ und $Y \sim C_0$ (in 0 gestutzte Cauchy-Verteilung). Die Vf. F gehört genau dann zu $\mathcal{F}_I$, wenn die Verteilung von X/Y zu $\mathcal{F}_E$ gehört. In beiden Fällen ist F_I die mischende Vf.*

Bemerkungen. 1. Satz 4.3.6 beinhaltet gleichermaßen eine Charakterisierung der Klasse $\mathcal{F}_I$ als auch eine Charakterisierung der Klasse $\mathcal{F}_E$. Eine andere Charakterisierung von Mischungen von Exponentialverteilungen ist bereits von Bondesson (1992, Theorem 2.4.2) angegeben worden. Um sie zu erklären, benutzen wir zunächst, daß die c. F. f einer nichtnegativen Zufallsgröße stets in die obere Halbebene analytisch fortgesetzt werden kann. Sie besitzt dort die Darstellung

$$f(z) = \int_0^\infty e^{izu}\, dF(u), \quad z = t + iy, \quad y > 0.$$

Unter bestimmten Voraussetzungen ist f darüber hinaus in die an der negativen Achse aufgeschnittenen z-Ebene E' analytisch fortsetzbar. Ein Beispiel hierfür ist die c. F. e_L:

$$e_L(z) := \int_0^\infty \frac{u}{u - iz}\, dL(u) = \int_0^\infty \frac{u(u+y+it)}{(u+y)^2+t^2}\, dL(u).$$

Offenbar gilt: $Im\ e_L(z) \geq 0$ für $t \geq 0$. Bondesson bewies, daß diese Eigenschaft nur für Mischungen von Exponentialverteilungen zutrifft. Er erhielt damit folgende Aussage: Die c. F. f einer auf $(0,\infty)$ konzentrierten Vf. gehört genau dann zu einer Vf. aus $\mathcal{F}_E$, wenn gilt

(i) f ist in die Ebene E' analytisch fortsetzbar,

(ii) $Im\ f(t+iy) \geq 0$ für $t \geq 0$.

2. Es seien $V, W \sim N(0,1)$ unabhängige Zufallsgrößen. Dann besitzt

$Y = |V/W|$ die in 0 gestutzte Cauchy-Vf. C_0. Folglich sind Y und $1/Y$ identisch verteilt. Dies impliziert unter den Voraussetzungen des Satzes: X/Y und XY besitzen dieselbe Verteilung (aus $\mathcal{F}_E$).

Beweis: a) Zunächst sei $F \in \mathcal{F}_I$. Wir bezeichnen mit H die Vf. und mit h die c. F. von X/Y. Mit einer Eigenschaft der bedingten Erwartung (vgl. Anhang A) erhalten wir

$$\begin{aligned} Im\ h(t) &= \int_0^\infty Im\ E\left[e^{itXY}|Y = u\right] dC_0(u) \\ &= \frac{2}{\pi}\int_0^\infty \frac{Im\ f(tu)}{1+u^2}\,du = \frac{2}{\pi}\int_0^\infty \frac{t\,Im\ f(v)}{t^2+v^2}\,dv \\ &= \int_0^\infty \frac{t\,v}{t^2+v^2}\,\frac{2}{\pi}\frac{Im\ f(v)}{v}\,dv. \end{aligned}$$

Nach (4.3.5) ist dies der Imaginärteil der c. F. einer Mischung von Exponentialverteilungen. Deshalb ist auch H solch eine Mischung, und die mischende Vf. besitzt die Dichte p_{F_I}.

b) Nun gelte

$$H(x) = P\{\frac{X}{Y} < x\} = E_L(x) \in \mathcal{F}_E.$$

Wir zeigen: $F \in \mathcal{F}_I$. Mit (4.3.5) und dem Satz von Fubini erhalten wir

$$\begin{aligned} \frac{1 - Re\ h(t)}{t} &= \int_0^\infty \frac{t}{u^2+t^2}\,dL(u) \\ &= \int_0^\infty \left(\int_0^\infty e^{-tv}\cos uv\,dv\right) dL(u) = \int_0^\infty e^{-tv}\,Re\ l(v)\,dv, \end{aligned}$$

dabei bezeichnet l die c. F. von L.

Andererseits erhalten wir, da $1/Y \sim C_0$

$$Re\ h(t) = \int_0^\infty Re\ E\left(e^{ituY}\right) dF(u) = \int_0^\infty e^{-tu}\,dF(u).$$

Durch partielle Integration folgt

$$\frac{1 - Re\ h(t)}{t} = \int_0^\infty e^{-tu}\,[1 - F(u)]\,du.$$

In beiden Fällen ist also $(1 - Re\ h(t))/t$ als Laplace-Transformierte darstellbar. Aufgrund des Eindeutigkeitssatzes für Laplace-Transformationen (vgl. Anhang B) muß $Re\ l(x) = 1 - F(x)$, $x \geq 0$, gelten. Deshalb hat L nach Lemma 4.3.5 (2) die Dichte p_{F_I}. □

Beispiele 4.3.7 (1) Es seien $X \sim F(x) := 1 - e^{-x} - x \cdot e^{-x}$, $x \geq 0$, und $Y \sim C_0$ (in 0 gestutzte Cauchyverteilung) unabhängige Zufallsgrößen. Wir betrachten die c. F. f von F und erhalten $F \in \mathcal{F}_I$ wegen

$$Im\ f(t) = \frac{2t}{1+t^2} \geq 0, \quad t \geq 0.$$

Aufgrund von Satz 4.3.6 hat dann der Quotient X/Y eine Vf. aus $\mathcal{F}_E$, und die mischende Funktion $L = F_I$ besitzt die Dichte

$$p_L(x) = \frac{2}{\pi} \frac{2}{(1+x^2)^2}, \quad x \geq 0.$$

(2) Es seien $X \sim U_{[0,1]}$ und $Y \sim C_0$ unabhängige Zufallsgrößen. Die c. F. von X ist

$$u(t) = \frac{1}{it}[e^{it} - 1] = \frac{\sin t}{t} + i\frac{1 - \cos t}{t}.$$

Somit ist $Im\ u(t) \geq 0$ für $t \geq 0$. Mit Satz 4.3.6 besitzt der Quotient X/Y die Verteilung E_L, wobei L die Dichte

$$p_L(x) := \frac{2}{\pi} \frac{1 - \cos x}{x^2}$$

hat. □

Wir kommen nun zu der schon angekündigten Charakterisierung monotoner Re-Dichten durch Vf. der Klasse $\mathcal{F}_I$.

Kriterium 4.3.8 *(1) Die Dichte p einer nichtnegativen Zufallsgröße sei monoton und beschränkt, d. h. es existiere eine Vf. G mit $G(0+) = 0$ und endlichem ersten Moment $m_{G,1}$, so daß gilt*

$$p(x) = \frac{1}{m_{G,1}}[1 - G(x)], \quad x \geq 0. \tag{4.3.12}$$

p ist genau dann Re-Dichte, wenn $G \in \mathcal{F}_I$. In diesem Fall hat die zu p gehörige adjungierte Dichte $\hat{p}$ die Gestalt

$$\hat{p}(x) = \frac{2}{\pi}\frac{Im\ g(x)}{x}, \quad x > 0, \tag{4.3.13}$$

mit

$$\hat{p}_0 := \lim_{x \to 0+} \frac{2}{\pi}\frac{Im\ g(x)}{x} = \frac{2}{\pi}\, m_{G,1}$$

(2) Die Dichte p einer nichtnegativen Zufallsgröße habe die Darstellung

$$p(x) = \frac{2}{\pi}\frac{Im\ g(x)}{x}, \quad x > 0, \tag{4.3.14}$$

wobei g die c. F. einer Vf. $G \in \mathcal{F}_I$, ist.

p ist genau dann Re-Dichte, wenn $m_{G,1} < \infty$. Dabei hat die zu p gehörige adjungierte Dichte $\hat{p}$ die Gestalt

$$\hat{p}(x) = \frac{1}{m_{G,1}}\left[1 - G(x)\right], \qquad x > 0.$$

Bemerkungen. 1. Die Bedingung $G(0+) = 0$ beinhaltet keine Einschränkung der Allgemeinheit. Ist p eine monotone und beschränkte Dichte einer nichtnegativen Zufallsgröße, so existiert eine Vf. G^* mit $G^*(0+) < 1$, so daß p in der Form

$$p(x) = \frac{1}{m_{G^*,1}}\left[1 - G^*(x)\right], \quad x \geq 0,$$

geschrieben werden kann. Im Fall $G^*(0+) > 0$ betrachten wir die Vf.

$$G(x) := \frac{G^*(x) - G^*(0+)}{1 - G^*(0+)}, \quad x > 0,$$

und erkennen, daß nun p die Gestalt (4.3.12) mit $G(0+) = 0$ hat.

2. Vf. mit Dichten der Gestalt (4.3.12) kommen in der Erneuerungstheorie als Anfangsverteilungen stationärer Erneuerungsprozesse vor.

Beweis: (1) a) p sei Re-Dichte der Gestalt (4.3.12). Dann folgt mit

(4.3.2) sofort $G \in \mathcal{F}_I$.

b) Hat umgekehrt p die Gestalt (4.3.12) mit $G \in \mathcal{F}_I$, so ist nach Lemma 4.3.5 (1)

$$p_{G_I}(x) := \frac{2}{\pi} \frac{Im\ g(x)}{x}, \quad x > 0,$$

Dichte einer nichtnegativen Zufallsgröße. Für den Realteil der zugehörigen c. F. gilt wegen (4.3.8) $Re\ g_I(x) = 1 - G(x)$, $x \geq 0$. Schließlich folgt aus der Darstellung (4.3.12)

$$p(x) = \frac{1}{m_{G,1}} Re\ g_I(x), \qquad x \geq 0,$$

d. h. p ist Re-Dichte.

c) Gemäß (4.1.4) ist die Adjungierte zu p gegeben durch

$$\begin{aligned} \hat{p}(x) = \hat{p}_0 \cdot Re\ f(x) &= \hat{p}_0 \int_0^\infty \cos xu \ \frac{1}{m_{G,1}} [1 - G(u)]\, du \\ &= \hat{p}_0 \frac{1}{m_{G,1}} \frac{Im\ g(x)}{x}, \quad x > 0. \end{aligned}$$

Die Gleichung für $\hat{p}_0$ ergibt sich aus Satz 2.4.6.

Der Teil (2) wird analog erschlossen. □

Mit Hilfe von Lemma 4.3.5 läßt sich dieses Kriterium wie folgt umformulieren.

Kriterium 4.3.8* *Die Dichte p einer nichtnegativen Zufallsgröße habe die Gestalt (4.3.12) mit $G(0+) = 0$. Sie ist genau dann Re-Dichte, wenn für die unabhängigen Zufallsgrößen $X \sim G$ und $Y \sim C_0$ gilt:*

Die Vf. von X/Y ist Mischung von Exponentialverteilungen. In beiden Fällen ist G_I die mischende Vf., und p_{G_I} ist beschränkt.

Bemerkungen. 1. Die rein analytischen Voraussetzungen „$Re\ f \geq 0$“ und „$Re\ f$ integrierbar“ lassen sich also für monotone und beschränkte Dichten, die auf $(0, \infty)$ konzentriert sind, auf eine einfach überprüfbare Bedingung zurückführen: X/Y muß eine Mischung von Exponentialverteilungen besitzen.

2. Ist p eine symmetrisch unimodale und beschränkte Dichte, so läßt

sich die Nichtnegativität (und Integrierbarkeit) von f völlig analog interpretieren (vgl. Aufgabe 4.3.9).

Beweis: a) p sei monotone Re-Dichte der Gestalt (4.3.12). Dann gilt aufgrund von Kriterium 4.3.8 $G \in \mathcal{F}_I$. Lemma 4.3.5 lehrt weiter, daß die Vf. H von X/Y Mischung von Exponentialverteilungen ist, wobei G_I die mischende Vf. ist. Die zugehörige Dichte

$$p_{G_I}(x) = \frac{2}{\pi}\frac{Im\ g(x)}{x}, \quad x > 0,$$

ist offenbar wegen Lemma 4.3.1 (2) durch $(2/\pi)\, m_{G,1}$ beschränkt.
b) Die Vf. H von X/Y habe die Gestalt $H = E_L$. Mit Lemma 4.3.5 erhalten wir: $G \in \mathcal{F}_I$ sowie $L = G_I$. Benutzen wir Kriterium 4.3.8, so folgt, daß p Re-Dichte ist. Die Beschränktheit von p_{G_I} ergibt sich wieder aus der Existenz von $m_{G,1}$. □

Beispiele 4.3.9 (1) Es sei $G = U_{[0,1]}$ die in [0,1] gleichmäßige Verteilung mit c. F. u. Für $t \geq 0$ gilt also $Im\ u(t) \geq 0$. Wegen $m_{U,1} = 1/2$ ist durch $U_{[0,1]}$ das folgende Re-Dichtepaar definiert:

$$p(x) = \max\{2\,[1-x]\,,0\}, \quad x \geq 0,$$
$$\hat{p}(x) = \frac{4}{\pi}\frac{1-\cos x}{x^2}, \quad x > 0 \quad \text{(vgl. Beispiel 3.1.5 (4))}.$$

(2) Es sei $G(x) = \Gamma(x; a, b)$ eine Gamma-Verteilung mit den Parametern $a > 0$ und $b > 0$. G besitzt offenbar nur für $b = 1$ eine Re-Dichte. Außerdem gilt: $G \in \mathcal{F}_I$ genau dann, wenn $0 < b \leq 2$.
Für $0 < b < 1$ ist p_G nämlich monoton, so daß für diese Parameterwerte $G \in \mathcal{F}_I$ ist (vgl Aufgabe 4.3.5). Benutzen wir für $Im\ g$ die Darstellung (vgl. Ryžik/Gradstein)

$$Im\ g(t) = \frac{a^b}{\Gamma(b)}\int_0^\infty \sin tu\, u^{b-1}\, e^{-au}\, du = \frac{\Gamma(b)}{(1+\frac{t}{a})^{b/2}}\ \sin(b\ \arctan(\frac{t}{a})),$$

so sehen wir, daß $G \in \mathcal{F}_I$ auch für $1 \leq b \leq 2$ gilt.
Mit Kriterium 4.3.8 können wir wegen $m_{G,1} = b/a$ für $0 < b \leq 2$ nun monotone Re-Dichten konstruieren:

$$p(x) = \frac{1}{m_{G,1}}[1 - G(x)] = \frac{a^{b+1}}{\Gamma(b+1)}\int_x^\infty u^{b-1} e^{-au} du = \int_x^\infty \frac{dK(u)}{u},$$

wobei $K(x) := \Gamma(x; a, b+1)$ gesetzt wurde. Die zugehörigen adjungierten Dichten sind gegeben durch

$$\begin{aligned}\hat{p}(x) &= \frac{2}{\pi}\frac{Im\ g(x)}{x} = \frac{2}{\pi}\frac{a^b}{\Gamma(b)}\frac{1}{x}\int_0^\infty \sin xv\, v^{b-1}\, e^{-av}\, dv \\ &= \frac{2}{\pi}\frac{a^b}{x}\frac{1}{(1+\frac{x}{a})^{b/2}}\sin(b\arctan(\frac{x}{a})), \quad x > 0.\end{aligned}$$

(3) Gemäß Kriterium 3.2.7 ist die Dichte

$$\hat{p}(x) = \frac{2}{\pi}\int_0^\infty \frac{1-\cos xu}{x^2u}\, dK^+(u), \quad x > 0,$$

genau dann eine Re-Dichte, wenn $m_{K^+,1}$ existiert. Ist $U_{[0,u]}$ die in $(0,u)$ gleichmäßige Verteilung und $G(x) := \int_0^\infty U_{[0,u]}(x)\, dK^+(u)$, so läßt sich $\hat{p}$ in der Form

$$\hat{p}(x) = \frac{2}{\pi}\frac{Im\ g(x)}{x}, \quad x > 0.$$

schreiben (vgl. Kriterium 2.5.5). Die Adjungierte p ergibt sich mit Kriterium 4.3.8 durch

$$p(x) = \frac{1}{m_{G,1}}[1-G(x)] = \int_0^\infty max(1-\frac{x}{u}, 0)\, dK^+(u), \quad x \geq 0.$$

a) Wählen wir $p_{K^+} = xe^{-x}$, so folgt

$$\hat{p}(x) = \frac{2}{\pi}\frac{1}{1+x^2}, \quad p(x) = e^{-x}, \quad x \geq 0.$$

b) Wir wählen $p_{K^+} = xe^{-x^2/2}$. Dann folgt

$$\begin{aligned}Im\ g(x) &= \frac{1}{x}\int_0^\infty [1-\cos xu]e^{-u^2/2}\, du = \sqrt{\frac{\pi}{2}}\frac{1-e^{-x^2/2}}{x}, \\ \hat{p}(x) &= \frac{2}{\pi}\frac{1-e^{-x^2/2}}{x^2}, \quad x > 0.\end{aligned}$$

Wegen

$$p_G(x) = \int_x^\infty \frac{dK^+(u)}{u} = \frac{\pi}{2}[1-\Phi_0(x)], \quad x \geq 0,$$

erhalten wir weiter

$$p(x) = \frac{\pi}{2}\int_x^\infty [1-\Phi_0(u)]\, du. \qquad \square$$

Bemerkung. Bisher haben wir zur Darstellung monotoner Re-Dichten die Gleichungen (4.3.2) benutzt. Verwenden wir stattdessen die Formeln (4.3.1), so lassen sich alle Kriterien durch Bedingungen an K ausdrücken (vgl. Aufgabe 4.3.8).

Wir hatten zu Beginn dieses Abschnittes schon festgestellt, daß F und $\hat{F}$ der Klasse $\mathcal{F}_I$ angehören, falls p monoton ist. Wir listen in den folgenden Sätzen weitere Eigenschaften monotoner Re-Dichten auf.

Satz 4.3.10 *Ist p monotone Re-Dichte, so gilt:*

$$(1) \qquad \int_0^\infty [Im\ f(x+u) + Im\ f(x-u)]\, du = 0, \quad \int_0^\infty Im\ f(u)\, du = \infty,$$

$$(2) \qquad \lim_{x\to\infty} \frac{1}{x} \int_0^x u\, Im\ f(u)\, du = p_0, \quad \lim_{x\to\infty} \frac{1}{x} \int_0^x u\, Re\ f(u)\, du = 0.$$

Bemerkung. Ist p durch (4.3.2) gegeben, und besitzt G eine Dichte p_G, so gilt anstelle von (2) sogar

$$\lim_{x\to\infty} x \cdot Im\ f(x) = \lim_{x\to\infty} \frac{1}{m_{G,1}} [1 - Re\ g(x)] = \frac{1}{m_{G,1}},$$

$$\lim_{x\to\infty} x \cdot Re\ f(x) = \lim_{x\to\infty} \frac{1}{m_{G,1}} \frac{Im\ g(x)}{x} = 0.$$

Satz 4.3.11 *Ist p monotone Re-Dichte, so gilt:*

$$(1) \qquad \int_0^\infty Im\ \hat{f}(u)\, du = \infty.$$

$$(2) \qquad \lim_{x\to\infty} x\, Re\ \hat{f}(x) = 0.$$

Wir zeigen nur Satz 4.3.10. Den Beweis des zweiten Satzes überlassen wir dem Leser (vgl. Aufgabe 4.3.6). Wir benötigen dazu folgendes

Lemma 4.3.12 *Es sei F eine Vf. einer nichtnegativen Zufallsgröße mit c. F. f.*

(1) Das Moment $m_{F,-1}$ existiert genau dann, wenn der Grenzwert

$$\lim_{x\to\infty} \int_0^x \left[1 - \frac{u}{x}\right] Im\ f(u)\, du \qquad (4.3.15)$$

existiert. In diesem Fall ist

$$m_{F,-1} = \lim_{x\to\infty} \int_0^x \left[1 - \frac{u}{x}\right] Im\ f(u)\, du. \qquad (4.3.16)$$

(2) Wenn $Im\ f(x) \geq 0$ für $x \geq 0$ und $Im\ f \in L_1$ ist, dann existiert das Moment $m_{F,-1}$. Es besitzt die Darstellung

$$m_{F,-1} = \int_0^\infty Im\ f(u)\, du. \tag{4.3.17}$$

Beweis: (1) Wir betrachten das Integral $I_x := \int_0^x \left[1 - \frac{u}{x}\right] Im\ f(u)\, du$. Vertauschen wir die Integrationen, so erhalten wir für $A > 0$

$$I_x = \int_0^\infty \int_0^x \left[1 - \frac{u}{x}\right] \sin uv\, du\, dF(v)$$

$$= \int_0^\infty \left[1 - \frac{\sin\ xv}{xv}\right] \frac{dF(v)}{v} \geq \int_A^\infty \left[1 - \frac{\sin\ xv}{xv}\right] \frac{dF(v)}{v}. \tag{4.3.18}$$

a) Existiert der Grenzwert (4.3.15), so folgt

$$\lim_{x\to\infty} I_x \geq \int_A^\infty \frac{dF(u)}{u} \geq 0,$$

d. h. es ist $m_{F,-1} < \infty$.

b) Existiert $m_{F,-1}$, so ergibt sich aus (4.3.18)

$$I_x = m_{F,-1} \left[1 - \int_0^\infty \frac{\sin\ xu}{xu} \left(\frac{1}{m_{F,-1}} \frac{dF(u)}{u}\right)\right].$$

Da $\sin x/x \to 0$ bei $x \to \infty$ gilt, folgt mit dem Satz von der majorisierten Konvergenz die Behauptung (4.3.15) und damit (4.3.16).

(2) Wegen $Im\ f \in L_1$ existiert der Grenzwert (4.3.15). Folglich ist $m_{F,-1} < \infty$, und mit dem Satz von der majorisierten Konvergenz folgt (4.3.17). □

Beweis von Satz 4.3.10: (1) Um die erste Behauptung zu zeigen, benutzen wir die Reziprozitätsformeln aus Satz 2.4.5 sowie die Beziehungen (4.3.2). Damit erhalten wir

$$\frac{\pi}{m_{G,1}} Im\ g(x) = -\frac{1}{m_{G,1}} \int_0^\infty \frac{1 - Re\ g(x-u) - [1 - Re\ g(x+u)]}{u} du$$

$$= -\int_0^\infty \frac{(x-u) Im\ f(x-u) - (x+u) Im\ f(x+u)}{u} du$$

$$= \int_0^\infty \{x \frac{Im\ f(x+u) - Im\ f(x-u)}{u} + Im\ f(x+u) + Im\ f(x-u)\} du$$

$$= \pi\, x\, Re\ f(x) + \int_0^\infty [Im\ f(x+u) + Im\ f(x-u)]\, du.$$

Somit muß der zweite Summand verschwinden.

b) Wegen $F \in \mathcal{F}_I$ würde aus $Im\ f \in L_1$ die Existenz von $m_{F,-1}$ folgen. Das kann aber bei einer Re-Dichte nicht sein. Damit ist die zweite Behauptung gezeigt.

(2) a) Da $m_{G,1} = 1/m_{K,-1}$ endlich ist, haben wir nach (4.3.16)

$$m_{K,-1} = \lim_{x\to\infty} \int_0^x [1 - \frac{u}{x}] Im\ k(u)\, du.$$

Hieraus folgt durch partielle Integration

$$p_0 = m_{K,-1} = \lim_{x\to\infty} \frac{1}{x} \int_0^x \int_0^u Im\ k(v)\, dv\, du.$$

Benutzen wir nun $Im\ f(u) = \frac{1}{u} \int_0^u Im\ k(v)\, dv$ (vgl. (1.3.14)), so erhalten wir

$$p_0 = \lim_{x\to\infty} \frac{1}{x} \int_0^x u\, Im\ f(u)\, du.$$

b) Nach Lemma 2.4.3 zieht die Existenz von $m_{K,-1}$ die Beziehung

$$0 = \lim_{x\to\infty} \frac{1}{x} \int_0^x \int_0^u Re\ k(v)\, dv\, du = \lim_{x\to\infty} \frac{1}{x} \int_0^x u\, Re\ f(u)\, du$$

nach sich. □

Aufgaben

Aufgabe 4.1.1 *Die Vf. F einer nichtnegativen Zufallsgröße (c. F. f) besitze eine Dichte p. Es gelte mit einer c. F. h und einer Konstanten $C > 0$ dic Darstellung*

$$p(x) = C\, Re\ h(x), \quad x \geq 0.$$

Zeigen Sie, daß $Re\ f \in L_1$ und $Re\ f \geq 0$ ist.

Aufgabe 4.1.2 *Zeigen Sie: Mischungen von Re-Dichten, deren mischende Vf. L das erste Moment besitzt, sind wieder Re-Dichten.*

Aufgabe 4.1.3 *Die Zufallsgrößen X und Z seien unabhängig. X habe die Vf. F mit der c. F. f, und Z sei gleichmäßig auf* $\{-1, 1\}$ *verteilt. Zeigen Sie: Dann besitzt XZ die Vf.* $G(x) = [1 - F(-x+) + F(x)]/2$ *mit der c. F.* $g = Re\ f$. *Außerdem hat G genau dann eine Dichte, falls F absolut stetig ist.*

Aufgabe 4.1.4 *Beweisen Sie Satz 4.1.2 mit Hilfe der Fundamentalrelationen (vgl. Satz 3.1.3).*

Aufgabe 4.2.1 *Geben Sie je ein Beispiel für die folgenden Fälle. Ist* $(p, \hat{p})$ *ein Re-Dichtepaar, so kann für beliebige* $\lambda > 0$ *gelten:*
1. $m_{F,\lambda} = \infty,\ m_{\hat{F},\lambda} < \infty$,
2. $m_{F,\lambda} < \infty,\ m_{\hat{F},\lambda} < \infty$,
3. $m_{F,\lambda} = \infty,\ m_{\hat{F},\lambda} = \infty$.

Aufgabe 4.2.2 *Es seien* $X \sim Exp(1)$ *und* $U \sim U_{[0.1]}$ *unabhängige Zufallsgrößen. Geben Sie die (0-unimodale) Vf. J von UX an.*

Aufgabe 4.3.1 *Beweisen Sie Lemma 4.3.1.*

Aufgabe 4.3.2 *Zeigen Sie: Die Vf.* $G \in \mathcal{F}_I$ *mit erstem Moment* $m_{G,1}$ *kann nicht 0-unimodal sein.*

Aufgabe 4.3.3 *Es sei* $G \in \mathcal{F}_I$ *und* $m_{G,-1} < \infty$. *Zeigen Sie, daß dann* $p_{E(G_I)}$ *eine Re-Dichte ist. Wie lautet die zugehörige Adjungierte?*

Aufgabe 4.3.4 *Es sei X eine nichtnegative Zufallsgröße mit Vf. F und c. F. f. Zeigen Sie mit der gleichen Beweistechnik wie für Lemma 4.3.2: Ist Re f fallend und gilt* $\lim_{t\to\infty} Re\ f(t) = 0$, *so existiert eine Dichte p, die die Darstellung (2.4.4) besitzt.*

Aufgabe 4.3.5 *Es sei F eine Vf. auf* $[0, \infty)$ *mit monotoner Dichte. Zeigen Sie, daß dann der Imaginärteil der zugehörigen c. F. für positive Argumente nichtnegativ ist.*

Hinweis: *Spalten Sie in der Formel für* $Im\ f(t)$ *den Integrationsbereich in die Intervalle* $[k\pi, (k+1)\pi)$, $k = 0, 1, 2...$ *auf.*

Aufgabe 4.3.6 *Beweisen Sie Satz 4.3.11.*

Aufgabe 4.3.7 *Die χ^2-Verteilung mit n-Freiheitsgraden hat die Dichte*

$$p_n(x) = \frac{1}{2^{n/2}\Gamma(\frac{n}{2})} x^{n/2-1} \, e^{-x/2}, \quad x > 0.$$

Überzeugen Sie sich, daß die Vf. von p_n für $n = 1, 2, 3$ in $\mathcal{F}_I$ liegt.

Aufgabe 4.3.8 *Für eine monotone Dichte p einer nichtnegativen Zufallsgröße gilt die Darstellung*

$$p(x) = \int_x^\infty \frac{dK(u)}{u}, \quad x > 0,$$

mit einer Vf. K (vgl. (1.3.11)). Formulieren Sie die Kriterien für monotone Re-Dichten mit Hilfe der Vf. K (anstelle von G).

Aufgabe 4.3.9 *Es sei p eine symmetrisch unimodale und beschränkte Dichte, d. h. es existiere eine Vf. G auf $[0, \infty)$ mit $m_{G,1} < \infty$, so daß*

$$p(x) = \frac{1}{2m_{G,1}} (1 - G(x)), \quad x > 0.$$

Zeigen Sie: p ist genau dann pos. def., wenn für die unabhängigen Zufallsgrößen $X \sim G$ und $Y \sim C_0$ der Quotient X/Y eine Mischung von Exponentialverteilungen besitzt.

Kapitel 5

Imaginärteil-Dichten

5.1 Begriffsbildung

Wir betrachten Funktionen f_c und f_s, die bis auf einen Faktor mit ihrer eigenen Kosinustransformation bzw. mit ihrer eigenen Sinustransformation zusammenfallen, also Funktionen, die durch die Beziehungen

$$f_c(x) = \sqrt{\frac{2}{\pi}} \int_0^\infty \cos xu \, f_c(u) \, du, \quad f_s(x) = \sqrt{\frac{2}{\pi}} \int_0^\infty \sin xu \, f_s(u) \, du,$$

miteinander verknüpft sind. Zwischen solchen *selbstreziprok* genannten Funktionen besteht ein enger Zusammenhang: Unter bestimmten Voraussetzungen ist durch eine Funktion f_c eine Funktion f_s gegeben und umgekehrt (vgl. z. B. Titchmarsh (1937)). Auf diesem Hintergrund basieren die folgenden Betrachtungen.

Zunächst kann man ein Paar $(p, \hat{p})$ von Re-Dichten als Verallgemeinerung von Dichten auffassen, die ihre eigene Kosinustransformation sind; denn gemäß (4.1.4) gilt

$$p(x) = p_0 \int_0^\infty \cos xu \, \hat{p}(u) \, du, \quad \hat{p}(x) = \hat{p}_0 \int_0^\infty \cos xu \, p(u) \, du, \quad x \geq 0.$$

In Analogie zur allgemeinen Theorie selbstreziproker Funktionen erheben sich die folgenden Fragen.

- Gibt es Dichten p nichtnegativer Zufallsgrößen, die der Beziehung genügen

$$p(x) = C\,Im\ \tilde{f}(x) = C \int_0^\infty \sin xu\, \tilde{p}(u)\, du, \qquad x \geq 0?$$

Dabei bezeichnen $\tilde{p}$ die Dichte einer nichtnegativen Zufallsgröße, $\tilde{f}$ die zugehörige c. F. und C eine Konstante (vgl. Kapitel 0).

- Spielen solche Dichten eine praktische Rolle?

- Welche Zusammenhänge bestehen zwischen solchen Dichten und Re-Dichten?

Auf die ersten beiden Fragen erhalten wir durch die Beispiele 5.1.1 sofort eine positive Antwort. Die dritte werden wir in § 5.3 behandeln.

Beispiele 5.1.1 (1) Wir betrachten die Rayleigh-Verteilung (c. F. g_0)

$$G_0(x) := 1 - e^{-x^2/2}, \qquad x \geq 0.$$

Wie man leicht nachprüft, gilt $Im\ g_0(x) = \sqrt{\pi/2}\, x\, e^{-x^2/2}$, so daß

$$p_{G_0}(x) = x\, e^{-x^2/2} = \sqrt{\frac{2}{\pi}}\, Im\ g_0(x), \qquad x \geq 0,$$

ist, d. h. p_{G_0} ist selbstreziprok.

(2) Für eine Erlang-Verteilung G zweiter Ordnung mit Parameter $a > 0$ (c. F. g) haben wir

$$p_G(x) = a^2\, x\, e^{-ax}, \qquad x \geq 0, \qquad Im\ g(x) = \frac{2a^3 x}{(a^2 + x^2)^2}.$$

Mit Hilfe von $Im\ g$ und einer Konstanten $C > 0$ können wir die Dichte

$$\tilde{p}_G(x) := C\, \frac{2a^3 x}{(a^2 + x^2)^2}, \qquad x \geq 0,$$

definieren. Ihre c. F. bezeichnen wir mit $\tilde{g}$. Stellen wir p_G durch die Formel (2.4.7) dar, so ergibt sich

$$\begin{aligned} p_G(x) = \frac{2}{\pi} \int_0^\infty \sin xu\, Im\ g(u)\, du &= \frac{2}{\pi} \int_0^\infty \sin xu\, \frac{2a^3 u}{(a^2 + u^2)^2}\, du \\ &= \frac{1}{C}\, \frac{2}{\pi}\, Im\ \tilde{g}(x), \qquad x \geq 0. \end{aligned}$$

Damit sind sowohl p_G als auch $\tilde{p}_G$ Dichten, die die gewünschte Eigenschaft besitzen.

(3) Beispiel (2) läßt sich in der folgenden Weise verallgemeinern: Sind X und Y unabhängige identisch nach F verteilte Zufallsgrößen, und besitzt F die monotone Re-Dichte p, so hat die Summe $X + Y$ eine Dichte p_G, die für positive Argumente mit dem Imaginärteil einer c. F. übereinstimmt (vgl. Aufgabe 5.3.3). □

In Analogie zu den Re-Dichten führen wir für solche Dichten den folgenden Begriff ein (vgl. Aufgabe 5.1.1).

Definition 5.1.2 *Es sei p_G Dichte einer nichtnegativen Zufallsgröße mit Vf. G und c. F. g. Sie heißt Imaginärteil-Dichte (kurz: Im-Dichte), falls*

$$Im\ g(x) \geq 0, \quad x \geq 0, \quad Im\ g \in L_1. \tag{5.1.1}$$

Um leicht zwischen Re- und Im-Dichten unterscheiden zu können, werden wir Im-Dichten mit p_G, p_K, ... bezeichnen.

Bemerkung. Erfüllt eine Vf. G (c. F. g) die Bedingung (5.1.1), so besitzt sie nach Satz 2.4.2 eine Im-Dichte und nach Lemma 4.3.12 das Moment $m_{G,-1}$. Im Gegensatz dazu besitzt eine Re-Dichte niemals ein endliches Moment der Ordnung -1.

Auch diese Dichten treten, wie das zweite Beispiel schon andeutet, immer in Paaren auf. Wir haben den zu Satz 4.1.2 analogen

Satz 5.1.3 *Einer Im-Dichte p_G kann man in eineindeutiger Weise eine Im-Dichte $\tilde{p}_G$ mit c. F. $\tilde{g}$ zuordnen, so daß für $x \geq 0$ gilt*

$$p_G(x) = \frac{1}{m_{\tilde{G},-1}} Im\ \tilde{g}(x), \quad \tilde{p}_G(x) = \frac{1}{m_{G,-1}} Im\ g(x), \tag{5.1.2}$$

$$m_{\tilde{G},-1}\, m_{G,-1} = \frac{\pi}{2}. \tag{5.1.3}$$

Darüber hinaus haben wir $\tilde{\tilde{p}}_G = p_G$, d. h. die $\tilde{p}$ zugeordnete Im-Dichte $\tilde{\tilde{p}}_G$ ist p_G.

Vereinbarung: Wir nennen $(p_G, \tilde{p}_G)$ ein *Im-Dichtepaar*, und die Dichten p_G und $\tilde{p}_G$ heißen zueinander *adjungiert.*

Beweis. Da p_G Im-Dichte ist, gelten die Bedingungen (5.1.1). Der Fall $Im\ g = 0$ ist in unserem Zusammenhang unmöglich, da er nur reelle c. F. und damit symmetrische Vf. betrifft. Folglich ist die Funktion

$$\tilde{p}_G(x) := C\,Im\ g(x), \quad x \geq 0,$$

mit passendem $C > 0$ eine Dichte. Für $Im\ \tilde{g}$ erhalten wir mit der Umkehrformel (2.4.7)

$$Im\ \tilde{g}(x) = \int_0^\infty \sin xu\, \tilde{p}_G(u)\, du$$
$$= C \int_0^\infty \sin xu\, Im\ g(u)\, du = C\, \frac{\pi}{2}\, p_G(x), \quad x \geq 0.$$

Da die Vf. G und $\tilde{G}$ stetig sind, haben wir wegen (2.4.2)

$$\int_0^\infty \frac{Im\ g(u)}{u}\, du = \int_0^\infty \frac{Im\ \tilde{g}(u)}{u}\, du = \frac{\pi}{2}.$$

Aus den letzten beiden Formeln folgt

$$m_{G,-1} = \int_0^\infty \frac{p_G(x)}{x}\, dx = \frac{2}{\pi} \frac{1}{C} \int_0^\infty \frac{Im\ \tilde{g}(x)}{x}\, dx = \frac{1}{C}.$$

Analog ergibt sich $m_{\tilde{G},-1} = C\,\pi/2$. Hieraus erhalten wir (5.1.2) und (5.1.3).
Die letzte Behauptung bekommt man aus

$$\tilde{\tilde{p}}_G = K\, Im\ \tilde{g} = K m_{\tilde{G},-1}\, p_G.$$

Da rechts und links Dichten stehen, muß $K = 1/m_{\tilde{G},-1}$ gelten. □

Bemerkung. Die Beziehung (5.1.3) kann wegen (4.3.18) auch in der Form

$$\int_0^\infty Im\ g(x)\, dx \int_0^\infty Im\ \tilde{g}(x)\, dx = \frac{\pi}{2}$$

geschrieben werden. Zu dieser Gleichung existiert ein Analogon für Re-Dichten, wie man sofort aus den Formeln (4.1.4) erkennt; nämlich

$$\int_0^\infty Re\ f(x)\, dx \int_0^\infty Re\ \hat{f}(x)\, dx = \frac{\pi}{2}.$$

Diese beiden Integrale lassen sich allerdings nicht als Momente deuten.

Ein besonders einfacher Fall ergibt sich für Re- und Im-Dichtepaare ebenso wie für pos. def. Dichten, falls beide Komponenten übereinstimmen. In Analogie zu selbstadjungierten pos. def. Dichten führen wir die folgenden Begriffe ein (vgl. (3.1.7)).

Definition 5.1.4 *Eine Re-Dichte p heißt selbstadjungiert (selbstreziprok), falls $p = \hat{p}$ ist.*
Eine Im-Dichte p_G heißt selbstadjungiert (selbstreziprok), falls $p_G = \tilde{p}_G$ ist.

Wegen Satz 4.1.2 gilt für eine selbstadjungierte Re-Dichte p mit c. F. f

$$p(x) = \sqrt{\frac{2}{\pi}}\, Re\ f(x), \quad x > 0. \tag{5.1.4}$$

Analog erhalten wir für eine selbstadjungierte Im-Dichte p_G mit c. F. g

$$p_G(x) = \sqrt{\frac{2}{\pi}}\, Im\ g(x), \quad x > 0. \tag{5.1.5}$$

Jede selbstadjungierte pos. def. Dichte wird durch Stutzen in Null zu einer selbstadjungierten Re-Dichte, z. B. erhalten wir aus der Dichte φ der standardisierten Normalverteilung die Re-Dichte

$$\varphi_0(x) = \sqrt{\frac{2}{\pi}}\, e^{-x^2/2}, \quad x \geq 0.$$

Die Rayleigh-Verteilung G_0 besitzt nach Beispiel 5.1.1 (1) eine selbstadjungierte Im-Dichte.

Aus (5.1.4) und (5.1.5) ergibt sich sofort, daß die Menge der selbstadjungierten Re- bzw. Im-Dichten konvex ist. Weitere Eigenschaften selbstadjungierter Re- und Im-Dichten werden im Kapitel 6 behandelt.

5.2 Kriterien und Eigenschaften

Da Vf. mit Im-Dichten zu $\mathcal{F}_I$ gehören, können wir zur Charakterisierung von Im-Dichten den Satz 4.3.6 nutzen. Wir erhalten das

Kriterium 5.2.1 *Die Dichte p_G einer nichtnegativen Zufallsgröße ist genau dann Im-Dichte, wenn die folgenden zwei Bedingungen erfüllt sind.*

(i) Für die unabhängigen Zufallsgrößen $X \sim G$ und $Y \sim C_0$ gilt: Die Vf. von X/Y ist Mischung von Exponentialverteilungen.

(ii) Die mischende Funktion L besitzt das Moment $m_{L,1}$.

Beweis. Für eine Im-Dichte p_G ist $G \in \mathcal{F}_I$. Wegen Satz 4.3.6 folgt sofort (i) sowie $L = G_I$. Außerdem existiert $m_{L,1}$ aufgrund von (4.3.17) und (4.3.7), es ist nämlich

$$m_{G,-1} = \int_0^\infty Im\ g(u)\,du = \frac{\pi}{2}\int_0^\infty u\,p_{G_I}(u)\,du = \frac{\pi}{2}m_{G_I,1} = \frac{\pi}{2}m_{L,1}.$$

Sind umgekehrt die Bedingungen (i) und (ii) erfüllt, so folgt mit Satz 4.3.6: $G \in \mathcal{F}_I$ und $L = G_I$. Wegen $m_{L,1} = m_{G_I,1} < \infty$ erhalten wir mit derselben Rechnung wie oben die Integrierbarkeit von $Im\ g$. □

Bemerkung. Ist p eine monotone Re-Dichte der Gestalt

$$p(x) = \frac{1}{m_{G,1}}(1 - G(x)), \quad x > 0,$$

so ist nach Kriterium 4.3.8* X/Y eine Mischung von Exponentialverteilungen. Kriterium 5.2.1 beinhaltet weiter: Falls die mischende Funktion das erste Moment besitzt, so hat die Vf. G eine Im-Dichte.

Beispiele 5.2.2 (1) Wir betrachten noch einmal das Beispiel 4.3.7 (1). Es seien $X \sim Erl(1,2)$ und $Y \sim C_0$ unabhängige Zufallsgrößen. Dann gilt $H = F_{X/Y} \in \mathcal{F}_E$. Die Dichte p_L der mischenden Vf. ist gegeben durch

$$p_L(x) = \frac{4}{\pi}\frac{1}{(1+x^2)^2}, \quad x \geq 0,$$

so daß $m_{L,1} < \infty$ ist. Also stellt H eine Vf. mit Im-Dichte dar.

(2) Die Vf. G besitze die Dichte

$$p_G(x) := \frac{x}{(1+x^2)^{3/2}}, \quad x \geq 0,$$

und die Zufallsgrößen $X \sim G$ und $Y \sim C_0$ seien unabhängig. Es sei H die Vf. von X/Y. Dann erhalten wir für ihre Dichte

$$p_H(x) = \frac{2}{\pi}\int_0^\infty \frac{xu^2}{(1+(xu)^2)^{3/2}} \frac{1}{1+u^2}\, du.$$

Wir substituieren nun $v = xu$, und es ergibt sich

$$p_H(x) = \frac{2}{\pi}\int_0^\infty \frac{1}{(1+v^2)^{3/2}} \frac{v^2}{x^2+v^2}\, dv.$$

Wegen

$$\frac{v}{x^2+v^2} = \int_0^\infty e^{-xu} \sin vu \, du$$

erhalten wir mit dem Satz von Fubini

$$\begin{aligned} p_H(x) &= \frac{2}{\pi}\int_0^\infty e^{-xu} \left(\int_0^\infty \sin vu \, \frac{v}{(1+v^2)^{3/2}}\, dv \right) du \\ &= \frac{2}{\pi}\int_0^\infty e^{-xu} Im\ g(u)\, du. \qquad (5.2.1) \end{aligned}$$

p_G läßt sich als Dichte des Quotienten $Z := V/W$ der unabhängigen Zufallsgrößen $V \sim G_0$ (Rayleigh-Verteilung) und $W \sim \Phi_0$ deuten; denn es ist

$$p_Z(x) = \sqrt{\frac{2}{\pi}} \int_0^\infty u\,(xu)\, e^{-(xu)^2/2} e^{-u^2/2}\, du = \frac{x}{(1+x^2)^{3/2}}.$$

Mit der c. F. g_0 von G_0 und der Dichte φ_0 von Φ_0 ist deshalb

$$Im\ g(t) = Im\ f_Z(t) = \int_0^\infty Im\ g_0\left(\frac{t}{u}\right) \varphi_0(u)\, du \geq 0, \quad t \geq 0.$$

Die Dichte p_H hat also die Darstellung

$$p_H(x) = \int_0^\infty u\, e^{-xu} p_{G_I}(u)\, du$$

und ist eine Mischung von Exponentialverteilungen. Mithin ist p_G Im-Dichte. Als Nebenprodukt ergibt sich

$$p_{G_I}(x) = \frac{2}{\pi} \frac{Im\ g(x)}{x} = \frac{2}{\pi} K_0(x);$$

dabei bezeichnet K_0 die modifizierte Besselfunktion zweiter Art der 0-ten Ordnung (vgl. Ryžik/Gradstejn (1957)). Diese Bessel-Funktion wird als Lösung der Differentialgleichung

$$x^2y'' + xy' - x^2y = 0$$

(vgl. Bronstein/Semendjajew (1987)) definiert und ist durch eine Potenzreihe darstellbar. Aus unseren Überlegungen ergeben sich folgende Eigenschaften:

$$K_0(x) \geq 0, \quad x \geq 0, \quad \text{und} \quad \int_0^\infty K_0(u)\,du = \frac{\pi}{2}. \qquad \square$$

Ist J eine 0-unimodale Vf. mit c. F. j, so haben wir in Kriterium 4.2.1 gesehen, daß bestimmte Eigenschaften von $Re\ j$ dazu führen, daß die Funktion

$$\hat{F}(x) = p_0\, x\, Re\ j(x), \quad x > 0,$$

eine Vf. mit Re-Dichte ist. Analog läßt sich zeigen (vgl. Aufgabe 5.2.1), daß bestimmte Eigenschaften von $Im\ j$ dazu führen, daß

$$\tilde{G}(x) = \tilde{C}\, x\, Im\ j(x), \quad x > 0,$$

Vf. mit Im-Dichte ist, wenn $\tilde{C} > 0$ passend gewählt wird. Wir formulieren diese Aussage in dem

Kriterium 5.2.3 *Es sei Y eine nichtnegative Zufallsgröße mit Vf. G und $U \sim U_{[0,1]}$. U und Y seien unabhängig.*
Y besitzt genau dann eine Im-Dichte p_G, wenn die (0-unimodale) Vf. J des Produktes UY (mit c. F. j) die folgenden Eigenschaften besitzt:

$$\lim_{x\to\infty} x\, Im\ j(x) =: C, \quad 0 < C < \infty,$$

$$(x\, Im\ j(x))' \geq 0, \quad x > 0.$$

In beiden Fällen hat die Vf. $\tilde{G}$ der Adjungierten $\tilde{p}_G$ die Gestalt

$$\tilde{G}(x) = \frac{1}{C}\, x\, Im\ j(x), \quad x > 0.$$

Außerdem haben wir: $C = m_{G,-1}$.

Bemerkung. Die Funktion $G(x)/x$ läßt sich wie folgt darstellen

$$\frac{G(x)}{x} = \frac{2}{\pi} Im \left[\int_0^\infty u_v(x)\, Im\, g(v)\, dv\right], \quad x > 0,$$

wobei $u_v(x)$ die c. F. von $U_{[0,v]}$, $v > 0$, bezeichnet.

Korollar 5.2.4 *Sind $Y \sim G$ und $U \sim U_{[0,1]}$ unabhängige Zufallsgrößen, und besitzt G eine Im-Dichte, so hat die Vf. J des Produktes $U X$ eine (monotone) Re-Dichte der Gestalt*

$$p_J(x) = m_{G,-1}\left[1 - \tilde{G}_I(x)\right].$$

Für die adjungierte Dichte gilt

$$\hat{p}_J(x) = \frac{2}{\pi}\frac{Im\ \tilde{g}_I(x)}{x}, \quad x > 0.$$

Beweis: Die Behauptung folgt sofort aus den Formeln (1.3.11), (5.1.2) und (4.3.7):

$$\begin{aligned} p_J(x) &= \int_x^\infty \frac{p_G(u)}{u}\, du = \int_x^\infty \frac{1}{m_{\tilde{G},-1}} \frac{Im\ \tilde{g}(u)}{u}\, du \\ &= \frac{1}{m_{\tilde{G},-1}} \frac{\pi}{2}\left[1 - \tilde{G}_I(x)\right]. \end{aligned}$$ □

Beispiele 5.2.5 (1) Mit $J = Exp(1)$ erhalten wir

$$Im\ j(x) = \frac{x}{1+x^2} \quad \text{und} \quad \lim_{x\to\infty} x \cdot Im\ j(x) = 1.$$

Außerdem gilt

$$(x\, Im\ j(x))' = \frac{2x}{(1+x^2)^2} \geq 0, \quad x \geq 0.$$

Folglich ist $\tilde{G}(x) = x^2/(1+x^2)$, $x \geq 0$, eine Vf. mit Im-Dichte

$$p_{\tilde{G}}(x) = \frac{2x}{(1+x^2)^2}, \quad x \geq 0.$$

(2) Wir betrachten die Vf. J mit der Dichte

$$p_J(x) = \sqrt{\frac{\pi}{2}}\left[1 - \sqrt{\frac{2}{\pi}}\int_0^x e^{-u^2/2}\,du\right] = \sqrt{\frac{\pi}{2}}[1 - \Phi_0(x)], \quad x \geq 0.$$

Ist φ_0 die Dichte von Φ_0, so erhalten wir nach partieller Integration

$$\begin{aligned} Im\ j(x) &= \sqrt{\frac{\pi}{2}}\int_0^\infty \sin xu\,[1 - \Phi_0(u)]\,du \\ &= \sqrt{\frac{\pi}{2}}\frac{1}{x}\left[1 - \int_0^\infty \cos xu\,\varphi_0(u)\,du\right] = \sqrt{\frac{\pi}{2}}\frac{1}{x}\left[1 - e^{-x^2/2}\right], \end{aligned}$$

d. h.

$$x\,Im\ j(x) = \sqrt{\frac{\pi}{2}}\left(1 - e^{-x^2/2}\right).$$

Es folgt unmittelbar

$$\lim_{x\to\infty} x\,Im\ j(x) = \sqrt{\frac{\pi}{2}} \quad \text{und} \quad (x\,Im\ j(x))' \geq 0, \quad x \geq 0.$$

Hieraus lesen wir ab, daß $\tilde{G}(x) = G_0(x) = 1 - e^{-x^2/2}$ eine Im-Dichte besitzt. □

Wir kommen nun zu wichtigen Eigenschaften von Im-Dichten. Sie sind teilweise völlig analog zu Eigenschaften von Re-Dichten.

Satz 5.2.6 *Für jede Im-Dichte p_G (mit Adjungierter $\tilde{p}_G$) gilt:*

(1) Für $0 \leq \lambda \leq 1$ existieren die Momente $m_{\tilde{G},-\lambda}$ und $m_{G,-(1-\lambda)}$. Sie sind miteinander verknüpft durch die Beziehung

$$m_{\tilde{G},-\lambda} = \frac{\lambda}{\Gamma(1+\lambda)\sin\frac{\lambda\pi}{2}} m_{G,-(1-\lambda)}\, m_{\tilde{G},-1}. \tag{5.2.2}$$

(2) Für $0 < \lambda < 1$ existiert $m_{G,-(1+\lambda)}$ genau dann, wenn $m_{\tilde{G},\lambda}$ endlich ist. Dabei gilt (5.2.2), wenn λ durch $-\lambda$ ersetzt wird.

(3) $m_{G,-2}$ existiert nicht.

Beweis: (1,2) Für $0 \leq \lambda \leq 1$ existieren die Momente $m_{\tilde{G},-\lambda}$ und $m_{G,-(1-\lambda)}$, da die Momente $m_{G,-1}$ und $m_{\tilde{G},-1}$ existieren. Das Moment $m_{\tilde{G},-\lambda}$ besitzt die Darstellung (vgl. Aufgabe 5.1.2)

$$m_{\tilde{G},-\lambda} = \frac{\lambda}{\Gamma(1+\lambda)\sin\frac{\lambda\pi}{2}} \int_0^\infty \frac{Im\ \tilde{g}(u)}{u^{1-\lambda}}\,du.$$

Berücksichtigen wir (5.1.2), so folgt (5.2.2).

Falls $m_{G,-(1+\lambda)}$ existiert, so erhalten wir erneut aufgrund von (5.1.2)

$$m_{G,-(1+\lambda)} = \int_0^\infty \frac{p_G(u)}{u^{1+\lambda}}\,du = \frac{1}{m_{\tilde{G},-1}} \int_0^\infty \frac{Im\ \tilde{g}(u)}{u^{1+\lambda}}\,du,$$

woraus die Existenz von $m_{\tilde{G},\lambda}$ (vgl. Aufgabe 5.1.2) sowie die Beziehung (5.2.2) folgen.

(3) Angenommen $m_{G,-2}$ wäre endlich. Dann wäre die Funktion

$$p_H(x) = C\,\frac{p_G(x)}{x^2}$$

mit einer entsprechenden Konstanten $C > 0$ Dichte einer Vf. H. Für die c. F. h von H würde dann gelten

$$(Im\ h)''(t) = -C\,Im\ g(t) \leq 0, \quad t \geq 0,$$

d. h. $Im\ h$ wäre in $[0,\infty)$ konkav. Da $Im\ h$ beschränkt und Im h(0)=0 ist, würde $Im\ h = 0$ folgen (vgl. Lemma 1.3.1), was für Dichten nichtnegativer Zufallsgrößen unmöglich ist. □

Für Im-Dichten sind die Voraussetzungen von Lemma 2.4.3 und Satz 2.4.4 ((2) und (3)) automatisch erfüllt. Daher ergibt sich die folgende Aussage.

Satz 5.2.7 *Ist p_G Im-Dichte, so gilt:*

(1) Re g ist (nicht notwendig absolut) integrierbar, und es ist

$$\int_0^\infty Re\ g(u)\,du = 0.$$

(2) $\int_0^\infty [Re\ g(u)]^2\,du = \int_0^\infty [Im\ g(u)]^2\,du = \frac{\pi}{2}\int_0^\infty [p_G(u)]^2\,du.$

5.3 Zusammenhänge mit Re-Dichten

Da wir unsere Betrachtungen auf die positive reelle Achse beschränkt haben, können wir sowohl pos. def. Dichten als auch Re-Dichten mit Hilfe von Im-Dichten charakterisieren. Wir führen im folgenden eine Reihe von Sätzen an, die dies belegen.

Satz 5.3.1 *Es sei p eine Re-Dichte der Gestalt (4.3.12), und ihre Vf. F besitze das erste Moment* $m_{F,1}$.
Die Adjungierte $\hat{p}$ *ist genau dann monoton, wenn*

$$p_1(x) := \frac{1}{m_{F,1}} x\, p(x), \quad x \geq 0,$$

eine Im-Dichte ist.

Beweis: Es sei f_1 die c. F. zu p_1. Wegen

$$Im\ f_1(t) = \frac{1}{m_{F,1}} \int_0^\infty \sin tu\, u\, p(u)\, du = \frac{1}{m_{F,1}} [-Re\ f(t)]' \tag{5.3.1}$$

haben wir

$$\int_0^t Im\ f_1(u)\, du = \frac{1}{m_{F,1}} [1 - Re\ f(t)]. \tag{5.3.2}$$

a) Es sei $\hat{p} = \hat{p}_0\, Re\ f$ monoton. Dann ist nach (5.3.1) F_1 aus $\mathcal{F}_I$ und wegen (5.3.2) folgt $Im\ f_1 \in L_1$, d. h. p_1 ist eine Im-Dichte.
b) Ist dagegen p_1 eine Im-Dichte, so ist nach (5.3.2) $Re\ f$ monoton und somit auch $\hat{p}$. □

Satz 5.3.1 stellt nicht nur einen Zusammenhang zwischen Re- und Im-Dichten her. Er beinhaltet gleichzeitig eine Bedingung, die garantiert, daß sich die Monotonie der Dichte p auf die Adjungierte $\hat{p}$ überträgt.

Satz 5.3.2 *(1) p sei eine Re-Dichte der Gestalt (4.3.12). Die Adjungierte* $\hat{p}$ *habe ein erstes Moment. Dann besitzt die Vf. G eine Im-Dichte (mit* $m_{G,1} < \infty$*).*

(2) Umgekehrt sei p_G *Im-Dichte mit* $m_{G,1} < \infty$. *Dann ist* p_{G_I} *(vgl. (4.3.7)) eine Re-Dichte, deren Adjungierte monoton ist und die Gestalt (4.3.12) besitzt.*

Beweis: (1) Nach Kriterium 4.3.8 ist $Im\ g \geq 0$. Stellen wir die Adjungierte $\hat{p}$ durch die Formel (4.3.13) dar, so erhalten wir

$$m_{\hat{F},1} = \frac{2}{\pi} \int_0^\infty Im\ g(x)\, dx;$$

also ist $Im\ g \in L_1$, d. h. G besitzt eine Im-Dichte.
(2) Nach Lemma 4.3.5 ist p_{G_I} eine Dichte, und wir haben

$$Re\ g_I(x) = 1 - G(x).$$

Da nach Voraussetzung $m_{G,1}$ existiert, ist $1 - G$ integrierbar. Es folgt: $Re\ g_I \in L_1$, daher ist p_{G_I} Re-Dichte (vgl. Definition 4.1.1). Mit Kriterium 4.3.8 folgt auch die letzte Behauptung. □

Bemerkung. Aus Satz 5.3.2 folgt: Ist p *Re*-Dichte der Gestalt (4.3.12), dann ist die Existenz von $m_{\hat{F},1}$ gleichbedeutend mit der Existenz von $m_{G,-1}$ (vgl. (4.3.17)).

Beispiele 5.3.3 (1) Die Re-Dichte

$$p(x) = \frac{2}{\pi} \frac{a^2}{a^2 + x^2}, \quad x \geq 0,$$

kann mit der Vf.

$$G(x) := \frac{x^2}{a^2 + x^2}, \quad x \geq 0,$$

in der Form (4.3.12) geschrieben werden. Ihre Adjungierte

$$\hat{p}(x) = a\, e^{-ax}, \quad x \geq 0,$$

ist monoton, und es ist $m_{\hat{F},1} = 1/a$. Folglich besitzt G eine Im-Dichte p_G. Es ist (vgl. Beispiel 5.1.1 (2))

$$p_G(x) = \frac{2a^3 x}{(a^2 + x^2)^2}, \quad x \geq 0.$$

Außerdem muß die Erlang-Dichte

$$p_1(x) = \frac{1}{m_{F,1}} a\, x\, e^{-ax} = a^2\, x\, e^{-ax}, \quad x \geq 0,$$

eine Im-Dichte sein.

(2) Die in 0 gestutzte Normalverteilung besitzt die Re-Dichte

$$p(x) = \hat{p}(x) = \sqrt{\frac{2}{\pi}}\, e^{-x^2/2} = \sqrt{\frac{2}{\pi}}\left[1 - (1 - e^{-x^2/2})\right], \quad x \geq 0.$$

Da $m_{\hat{F},1}$ existiert, hat die Vf. $G = G_0$ eine Im-Dichte. □

Wir betrachten eine monotone Re-Dichte p, deren Adjungierte ein endliches zweites Moment besitzt. Dann besitzt G wegen Kriterium 4.3.8 eine Im-Dichte p_G, und folglich ist das Im-Dichtepaar $(p_G, \tilde{p}_G)$ definiert. Darüber hinaus ist $m_{\tilde{G},1}$ endlich. Dies folgt aus

$$\begin{aligned} m_{\hat{F},2} &= \int_0^\infty u^2 \hat{p}(u)\, du = \frac{2}{\pi} \int_0^\infty u\, Im\ g(u) dx \\ &= \frac{2}{\pi} m_{G,-1} \int_0^\infty u\, \tilde{p}_G(u)\, du = \frac{2}{\pi} m_{G,-1} m_{\tilde{G},1}. \end{aligned} \tag{5.3.3}$$

Die Vf. $\tilde{G}$ erfüllt also in diesem Fall die Bedingungen, die in Kriterium 4.3.8 an G gestellt werden: $\exists\ \tilde{p}_G$, und $\tilde{p}_G$ ist Im-Dichte mit $m_{\tilde{G},1} < \infty$. Damit definiert auch $\tilde{G}$ ein Re-Dichtepaar

$$(p_H(x), \hat{p}_H(x)) := \left(\frac{1}{m_{\tilde{G},1}}\left[1 - \tilde{G}(x)\right], \frac{2}{\pi}\frac{Im\ \tilde{g}(x)}{x}\right), \ x > 0, \tag{5.3.4}$$

das sich von $(p, \hat{p})$ unterscheidet, solange p_G nicht eine selbstadjungierte Im-Dichte ist (denn dann gilt $p_G = \tilde{p}_G$).

Die Paare $(p, \hat{p})$ und $(p_H, \hat{p}_H)$ sind einander eineindeutig zugeordnet, da wegen

$$m_{\hat{H},2} = \frac{2}{\pi} \int_0^\infty u Im\ \tilde{g}(u)\, du = \frac{2}{\pi} m_{\tilde{G},-1} \int_0^\infty u p_G(u)\, du = \frac{2}{\pi} m_{\tilde{G},-1} m_{G,1}$$

und (5.3.3) das Moment $m_{\hat{H},2}$ genau dann existiert, wenn das Moment $m_{\hat{F},2}$ existiert (vgl. Aufgabe 5.3.5).

Wir haben also den folgenden Satz bewiesen.

Satz 5.3.4 *p sei eine monotone Re-Dichte. Wenn das Moment $m_{\hat{F},2}$ existiert, so ist durch*

$$(p_H(x), \hat{p}_H(x)) := \left(\frac{1}{m_{\tilde{G},1}}\left[1 - \tilde{G}(x)\right], \frac{2}{\pi}\frac{Im\ \tilde{g}(x)}{x}\right), \quad x > 0, \tag{5.3.5}$$

ein Re-Dichtepaar gegeben.

Wie wir wissen, lassen sich monotone beschränkte Dichten nichtnegativer Zufallsgrößen einerseits in der Form (4.3.12) und andererseits mit Hilfe der Formel (1.3.1) durch

$$p(x) = \int_x^\infty \frac{dK(u)}{u}, \quad x > 0,$$

ausdrücken. Bei der Untersuchung der Frage, welche Eigenschaften von K dazu führen, daß p eine Re-Dichte ist, stoßen wir auf einen weiteren Zusammenhang zwischen Re- und Im-Dichten.

Satz 5.3.5 *Es sei p eine monotone und beschränkte Dichte einer nichtnegativen Zufallsgröße, d. h. es mögen Vf. G mit $m_{G,1} < \infty$ und K mit $m_{K,-1} < \infty$ existieren, so daß*

$$p(x) = \frac{1}{m_{G,1}}[1 - G(x)] = \int_x^\infty \frac{dK(u)}{u}, \quad x > 0, \tag{5.3.6}$$

gilt. Unter dieser Voraussetzung sind die folgenden Aussagen richtig.

(1) K besitzt genau dann eine Im-Dichte, wenn Re g monoton in $[0, \infty)$ ist.

(2) Besitzt K eine Im-Dichte, so ist p eine Re-Dichte.

Der Beweis von Satz 5.3.5 ist eine unmittelbare Anwendung von Lemma 4.3.1.

In Kriterium 4.2.1 fragten wir danach, welche Eigenschaften die Vf. des Produktes UX der unabhängigen Zufallsgrößen $U \sim U_{[0,1]}$ und X haben muß, damit X eine Re-Dichte besitzt. Wir geben nun an, unter welchen Bedingungen die (0-unimodale) Vf. J des Produktes UY eine Re-Dichte besitzt, wenn $U \sim U_{[0,1]}$ und Y unabhängige Zufallsgrößen sind.

Satz 5.3.6 *Es seien Y eine nichtnegative Zufallsgröße mit Vf. G und $U \sim U_{[0,1]}$ unabhängig. Die Vf. J des Produktes UY besitzt genau dann eine Re-Dichte p_J der Gestalt*

$$p_J(x) = \frac{1}{m_{H,1}}[1 - H(x)], \quad x \geq 0, \tag{5.3.7}$$

mit monotonem Re h, wenn Y eine Im-Dichte besitzt, dabei ist $H = \tilde{G}_I$.

Beweis: a) Y möge eine Im-Dichte besitzen. Dann folgt die Behauptung aus Kriterium 5.2.3.

b) J besitze eine Re-Dichte der Form (5.3.7), und es sei $Re\ h$ monoton in $(0,\infty)$. Nach Lemma 4.3.5 ist die Vf. $G^*(x) = 1 - Re\ h(x)$, $x \geq 0$, aus $\mathcal{F}_I$ und $H = G_I^*$. Wegen (4.3.9) haben wir

$$\frac{Im\ g^*(x)}{x} = \frac{\pi}{2} p_H(x).$$

Daraus erkennen wir, daß die Existenz von $m_{H,1}$ die Existenz von $m_{G^*,-1}$ nach sich zieht. Nutzen wir nun noch die Beziehung

$$m_{G^*,-1} = \int_0^\infty Im\ g^*(u)\, du,$$

so sehen wir, daß p_{G^*} existiert und eine Im-Dichte ist. □

Beispiel 5.3.7 Wir geben mit der Im-Dichte $p_K = p_{G_0}$ eine Re-Dichte p der Gestalt (5.3.6) an:

$$p(x) = \int_x^\infty e^{-u^2/2} du = \frac{\pi}{2} [1 - \Phi_0(x)], \quad x \geq 0;$$

dabei ist Φ_0 die Vf. der in 0 gestutzen Normalverteilung. □

Korollar 5.3.8 *Unter den Voraussetzungen des Satzes 5.3.5 gilt:*

(1) Besitzt K eine Im-Dichte p_K mit der Adjungierten $\tilde{p}_K$, so hat die Vf. $\tilde{K}$ die Gestalt

$$\tilde{K}(x) = \frac{1}{p_0} x\ Im\ f(x), \quad x \geq 0.$$

(2) Die Dichte

$$\tilde{p}(x) := \int_x^\infty \frac{d\tilde{K}(u)}{u}, \quad x \geq 0,$$

definiert eine weitere monotone Re-Dichte mit der Adjungierten $\hat{\tilde{p}}$. Die Dichten $\tilde{p}$ und $\hat{\tilde{p}}$ lassen sich auf $(0,\infty)$ wie folgt darstellen:

$$\tilde{p}(x) = \frac{1}{m_{K_I,1}} [1 - K_I(x)], \quad \hat{\tilde{p}}(x) = \frac{2}{\pi} \frac{Im\ k_I(x)}{x}.$$

Beweis. (1) Es sei $p_{\tilde{K}}$ die Adjungierte zur Im-Dichte p_K. Dann gilt

$$p_{\tilde{K}}(x) = \frac{1}{m_{K,-1}} Im\ k(x), \quad x \geq 0. \tag{5.3.8}$$

Wegen (5.3.6) folgt dann

$$\tilde{K}(x) = \frac{1}{m_{K,-1}} \int_0^x Im\ k(u)\, du = \frac{1}{m_{K,-1}} x\, Im\ f(x), \quad x \geq 0,$$

sowie $p_0 = m_{K,-1}$.
(2) Mit (5.3.8) und der Formel (4.3.7), erhalten wir

$$\tilde{p}(x) = \frac{1}{m_{K,-1}} \int_x^\infty \frac{Im\ k(u)}{u}\, du = \frac{1}{m_{K,-1}} \frac{\pi}{2} \left[1 - K_I(x)\right], \quad x \geq 0.$$

Außerdem gilt (vgl. (4.3.17))

$$m_{K,-1} = \int_0^\infty Im\ k(u)\, du = \frac{\pi}{2} m_{K_I,1}.$$

Die Darstellung für $\hat{\hat{p}}$ ergibt sich auf die gleiche Art wie $\hat{p}$ im Beweis von Kriterium 4.3.8. □

Bemerkungen. 1. Jede der Voraussetzung „*Re* g monoton" bzw. „K besitzt eine Im-Dichte p_K", ist gleichbedeutend mit der Bedingung: Die Funktion $K^*(x) := x\, Im\ f(x)/p_0$, $x \geq 0$, ist eine Vf. In beiden Fällen gilt: $K^*(x) = \tilde{K}(x) = 1 - Re\ g(x)$, $x \geq 0$.
2. Bezeichnen wir mit $\tilde{f}$ die c. F. zu $\tilde{p}$, so kann K analog zu $\tilde{K}$ in der folgenden Form dargestellt werden: $K(x) = x\, Im\ \tilde{f}(x)/\tilde{p}_0$, $x \geq 0$.

Korollar 5.3.9 *Es sei p eine Dichte der Gestalt (5.3.6). Darüber hinaus besitze K eine Im-Dichte. Dann gilt:*

(1) Ist p_G beschränkt, so ist auch p_G eine Re-Dichte. Ihre Adjungierte $\hat{p}_G$ ist monoton, und es gelten die Beziehungen

$$p_G(x) = \frac{2}{\pi} \frac{Im\ \tilde{k}(x)}{x}, \quad \hat{p}_G(x) = \frac{1}{m_{\tilde{K},1}} \left[1 - \tilde{K}(x)\right], \quad x > 0.$$

(2) Falls $m_{F,1}$ endlich ist, so ist durch p_{K_I} ein Re-Dichtepaar mit monotoner Adjungierten $\hat{p}_{K_I}$ definiert. Dabei gilt:

$$p_{K_I}(x) = \frac{2}{\pi}\frac{Im\ k(x)}{x}, \quad \hat{p}_{K_I}(x) = \frac{1}{m_{K,1}}[1 - K(x)], \quad x > 0.$$

Beweis: (1) Die Dichte p_G hat wegen (5.3.6) und Satz 5.1.3 die Gestalt

$$p_G(x) = \frac{1}{m_{K,1}}\frac{p_K(x)}{x} = \frac{2}{\pi}\frac{Im\ \tilde{k}(x)}{x}, \quad x > 0.$$

Deshalb zieht die Beschränktheit von p_G die Existenz von $m_{\tilde{K},1}$ nach sich (vgl. Satz 2.4.6). Da $\tilde{K} \in \mathcal{F}_I$, definiert

$$\frac{1}{m_{\tilde{K},1}}\left[1 - \tilde{K}(x)\right], \quad x > 0,$$

also eine monotone Re-Dichte, die mit p_G durch die Beziehungen (4.3.12) und 4.3.13) verknüpft ist (vgl. Kriterium 4.3.8).

(2) Aus (5.3.6) folgt, daß $m_{F,1}$ und $m_{K,1}$ immer gleichzeitig endlich (oder unendlich) sind. Also stellt

$$\hat{p}_{K_I}(x) := \frac{1}{m_{K,1}}[1 - K(x)], \quad x > 0,$$

eine monotone Dichte dar, die wegen $K \in \mathcal{F}_I$ wiederum Re-Dichte ist. Sie ist mit ihrer Adjungierten p_{K_I} offensichtlich durch die Formeln (4.3.12) und (4.3.13) verknüpft. □

Beispiel 5.3.10 Die Vf. K besitze die Im-Dichte

$$p_K(x) := \frac{x}{(1 + x^2)^{3/2}}, \quad x \geq 0,$$

(vgl. Beispiel 5.2.2). Wir bilden die Dichte

$$p(x) = 1 - G(x) := \int_x^\infty \frac{1}{(1 + u^2)^{3/2}}\,du = 1 - \frac{x}{\sqrt{1 + x^2}}, \quad x \geq 0.$$

Sie ist wegen Satz 5.3.5 eine Re-Dichte. Wir erhalten weiter

$$p_G(x) = \frac{1}{(1 + x^2)^{3/2}}.$$

Da p_G beschränkt ist, ist auch p_G nach Korollar 5.3.9 eine Re-Dichte, und es ist $\hat{p}_G$ monoton. □

Liegt eine Vf. F mit $m_{F,1} < \infty$ in der Klasse $\mathcal{F}_I$, so ist p_{F_I} aufgrund von Kriterium 4.3.8 eine Re-Dichte. Diese Aussage kann verallgemeinert werden. Wir zeigen im nächsten Satz, daß für eine Vf. K mit der viel schwächeren Bedingung

$$K(0+) = 0, \quad m_{K,1} < \infty, \tag{5.3.9}$$

eine ähnliche Aussage gilt.

Satz 5.3.11 *Es sei K Vf. mit den Eigenschaften (5.3.9). Dann ist*

$$K^*(x) := \frac{2}{\pi}\int_0^x \left[1 - \frac{u}{x}\right] \frac{Im\ k(u)}{u}\, du$$

eine Vf., und K^* besitzt eine Re-Dichte. Die zugehörige adjungierte Dichte ist monoton.

Beweis: Wir definieren mit Hilfe von K die 0-unimodale Dichte

$$p(x) := \int_x^\infty \frac{dK(u)}{u}, \quad x > 0,$$

ihre Vf. sei F. Dann ist F wegen $F(x) = K(x) + xp(x)$ und (5.3.9) in 0 stetig. Außerdem gilt $m_{F,j} < \infty$ genau dann, wenn $m_{K,j} < \infty$ (vgl. Lemma 9.2.3). Da eine 0-unimodale Dichte p mit Vf. F eine c. F. f mit $Im\ f(t) \geq 0$ für $t \geq 0$ besitzt, ist $F \in \mathcal{F}_I$ mit endlichem ersten Moment. Deshalb ist p_{F_I} eine Re-Dichte mit der Adjungierten

$$\hat{p}_{F_I} = \frac{1}{m_{F,1}}[1 - F(x)].$$

Wir zeigen: $K^* = F_I$. Es ist wegen Satz 1.3.7

$$p_{F_I}(x) = \frac{2}{\pi}\frac{\int_0^x Im\ k(u)\, du}{x^2}, \quad x > 0,$$

so daß gilt

$$\begin{aligned} F_I(x) &= \frac{2}{\pi}\int_0^x \frac{1}{u^2}\int_0^u Im\ k(v)\, dv\, du \\ &= \frac{2}{\pi}\left\{-\frac{1}{u}\int_0^u Im\ k(v)\, dv\Big|_0^x + \int_0^x \frac{Im\ k(u)}{u}\, du\right\} = K^*(x). \quad \square \end{aligned}$$

Beispiel 5.3.12 Für $K := U_{[0,1]}$ folgt

$$p(x) = \int_x^\infty \frac{p_k(u)}{u}\,du = \begin{cases} -\ln x &, \quad 0 < x < 1, \\ 0 &, \quad x \geq 1. \end{cases}$$

und

$$F(x) = \begin{cases} 0 &, \quad x \leq 0, \\ x - x\ln x &, \quad 0 < x \leq 1, \\ 1 &, \quad x > 1. \end{cases}$$

Damit erhalten wir das Re-Dichtepaar

$$p_{F_I}(x) = \frac{2}{\pi}\frac{\int_0^x \frac{1-\cos u}{u}\,du}{x^2}, \quad x > 0,$$
$$\hat{p}_{F_I}(x) = 2[1 - x - x \cdot \ln x], \quad 0 \leq x \leq 1. \quad \square$$

Weitere Anwendungen der obigen Aussage erhält man, indem man systematisch Vf. F erzeugt, die die Eigenschaften $F \in \mathcal{F}_I$, $m_{F,1} < \infty$, besitzen.

Beispiel 5.3.13 Es sei F die Vf. einer nichtnegativen Zufallsgröße mit $m_{F,r} < \infty$ für ein $r \geq 2$. Dann besitzen die Vf.

$$F^{(k)}(x) := \begin{cases} F(x) & \text{für} \quad k = 0, \\ \frac{1}{m_{F^{(k-1)},1}} \int_0^x \left[1 - F^{(k-1)}(u)\right] du & \text{für} \quad k = 1, 2, ..., r, \end{cases}$$

für $k = 2, \ldots, r$ monotone Re-Dichten. Wegen

$$Im\ f^{(k-1)}(t) = \frac{1}{m_{F^{(k-2)},1}} \frac{1 - Re\ f^{(k-2)}(t)}{t} \geq 0, \quad t \geq 0,\ k = 2, \ldots, r$$

gilt nämlich: $F^{(k)} \in \mathcal{F}_I$ für $k = 2, \ldots, r$. Weiter kann man zeigen, daß $m_{F^{(k)},r-k} < \infty$ für $k = 0, 1, \ldots, r$ (vgl. Aufgabe 2.4.4). Damit existieren für $k = 1, 2, \ldots, r$ die Momente $m_{F^{(k-1)},1}$, und die Behauptung ist bewiesen. $\square$

Aufgaben

Aufgabe 5.1.1 *Die Vf. F einer nichtnegativen Zufallsgröße (c. F. f) besitze eine Dichte p. Es gelte mit einer c. F. h einer auf $[0, \infty)$ konzentrierten Vf. und einer Konstanten $C > 0$ die Darstellung*

$$p(x) = C \, Im \, h(x), \quad x \geq 0.$$

Zeigen Sie, daß $Im\, f \in L_1$ und $Im\, f \geq 0$ gelten.

Aufgabe 5.1.2 *Die Vf. G sei aus $\mathcal{F}_I$, weiter sei $-1 < \lambda < 1$. Zeigen Sie: Das Moment der Ordnung λ existiert, genau dann, wenn*

$$\int_0^\infty \frac{Im \, g(u)}{u^{1+\lambda}} du < \infty$$

ist. In beiden Fällen haben wir die Darstellung

$$m_{G,\lambda} = \frac{\lambda}{\Gamma(1-\lambda) \sin \frac{\lambda\pi}{2}} \int_0^\infty \frac{Im \, g(u)}{u^{1+\lambda}} du.$$

Aufgabe 5.1.3 *Es sei $G \in \mathcal{F}_I$ die Vf. einer nichtnegativen Zufallsgröße. Zeigen Sie folgende Aussage: G besitzt genau dann eine Im-Dichte, wenn*

$$\lim_{x \to 0} \frac{G(x)}{x^2} < \infty.$$

Aufgabe 5.2.1 *Beweisen Sie Kriterium 5.2.3.*

Aufgabe 5.2.2 *Es sei G eine Vf. aus $\mathcal{F}_I$. Beweisen Sie: G besitzt genau dann eine Im-Dichte, wenn E_{G_I} eine Re-Dichte besitzt.*

Aufgabe 5.3.1 *Ist p eine Re-Dichte der Gestalt (5.3.6) und existiert $m_{\hat{F},\lambda}$, $0 < \lambda < 2$, so existiert $m_{G,-\lambda}$, und es gilt:*

$$m_{\hat{F},\lambda} = \frac{\sin \frac{\lambda\pi}{2}}{\frac{\lambda\pi}{2}} \Gamma(1+\lambda) \, m_{G,-\lambda}.$$

Aufgabe 5.3.2 *Es sei p eine Re-Dichte der Gestalt (5.3.6), $\lambda \geq 0$. Das Moment $m_{\hat{F},1+\lambda}$ existiert genau dann, wenn G eine Im-Dichte besitzt und $m_{\tilde{G},\lambda}$ existiert. In beiden Fällen gilt*

$$m_{\hat{F},1+\lambda} = \frac{m_{\tilde{G},\lambda}}{m_{\tilde{G},-1}}.$$

Aufgabe 5.3.3 *X und Y seien unabhängige, identisch nach F verteilte Zufallsgrößen. Zeigen Sie: Besitzt F eine monotone Re-Dichte, so besitzt $X+Y$ eine Im-Dichte.*

Aufgabe 5.3.4 *Beweisen Sie Satz 5.3.5.*

Aufgabe 5.3.5 *Es sei die Vf. $\hat{H}$ durch (5.3.5) definiert. Zeigen Sie: Das Moment $m_{\hat{H},2}$ existiert genau dann, wenn das Moment $m_{\hat{F},2}$ existiert.*

Aufgabe 5.3.6 *Gegeben sei das Re-Dichtepaar $(p, \hat{p})$ mit monotonem p. Welche Bedingungen an $\hat{p}$ und die Momente von $\hat{p}$ sind zu stellen, damit im Paar $(p_H, \hat{p}_H)$ (vgl. (5.3.5)) beide Komponenten monoton sind?*

Kapitel 6

Selbstadjungierte Dichten

6.1 Grundlegende Eigenschaften

Wir studieren in diesem Abschnitt selbstadjungierte Re- und Im-Dichten (vgl. Definiton 5.1.4). Damit erfassen wir zugleich selbstadjungierte pos. def. Dichten, und zwar aus folgendem Grund. Ist p eine selbstadjungierte Re-Dichte mit c. F. f,

$$p(x) = \sqrt{\frac{2}{\pi}}\, Re\ f(x), \quad x \geq 0, \tag{6.1.1}$$

so gilt für die entsprechende pos. def. Dichte (mit c. F. f^*) (vgl. § 2.1)

$$p^*(x) = \begin{cases} \frac{p(x)}{2} & \text{für} \quad x \geq 0 \\ \frac{p(-x)}{2} & \text{für} \quad x < 0 \end{cases}.$$

Wir erhalten also $p^* = 1/\sqrt{2\pi}\, f^*$, d. h. p^* ist eine selbstadjungierte pos. def. Dichte.

Gehen wir von einer selbstadjungierten pos. def. Dichte p aus, so liefern analoge Überlegungen die zugeordnete selbstadjungierte Re-Dichte p^*.

Wir haben gesehen, daß Re- und Im-Dichtepaare Verallgemeinerungen selbstadjungierter Dichten darstellen. Durch jedes solche Paar ist andererseits wieder eine selbstadjungierte Dichte definiert. Wir zeigen dies im nächsten Satz. Dieser Zusammenhang ermöglicht es uns, bei bestimmten Untersuchungen nur den einfacheren selbstadjungierten Fall zu behandeln.

Satz 6.1.1 *(1) Ist $(p, \hat{p})$ ein nicht selbstadjungiertes Re-Dichtepaar, so stellt die Mischung*

$$p^*(x) := \alpha p(x) + (1-\alpha)\hat{p}(x), \quad x \geq 0,$$

mit

$$\alpha = \alpha^* := \frac{\hat{p}_0}{\hat{p}_0 + \sqrt{2/\pi}} = \frac{\sqrt{2/\pi}}{p_0 + \sqrt{2/\pi}}$$

eine selbstadjungierte Re-Dichte dar. Sie ist unter allen konvexen Linearkombinationen von p und $\hat{p}$ eindeutig bestimmt.

(2) Ist $(p_G, \tilde{p}_G)$ ein nicht selbstadjungiertes Im-Dichtepaar, so stellt die Mischung

$$p_G^*(x) := \beta p_G(x) + (1-\beta)\tilde{p}_G(x), \quad x \geq 0, \tag{6.1.2}$$

mit

$$\beta = \beta^* := \frac{\sqrt{\frac{2}{\pi}} m_{\tilde{G},-1}}{\sqrt{\frac{2}{\pi}} m_{\tilde{G},-1} + 1} = \frac{1}{\sqrt{\frac{2}{\pi}} m_{G,-1} + 1}$$

eine selbstadjungierte Im-Dichte dar. Sie ist unter allen konvexen Linearkombinationen von p_G und $\tilde{p}_G$ eindeutig bestimmt.

Beweis: Wir zeigen nur die zweite Aussage, die erste ergibt sich völlig analog (vgl. Aufgabe 6.1.1). Gegeben sei also das Paar $(p_G, \tilde{p}_G)$, und wir bilden damit die Mischung (6.1.2). Unser Ziel ist es zu zeigen: Nur für $\beta = \beta^*$ erfüllt p_G^* die Relation

$$p_G^*(x) = \sqrt{\frac{2}{\pi}}\, Im\ g^*(x), \quad x \geq 0. \tag{6.1.3}$$

Wegen der grundlegenden Beziehungen (5.1.2) läßt sich p_G^* in der Gestalt

$$p_G^*(x) = \beta p_G(x) + (1-\beta)\frac{1}{m_{G,-1}}\, Im\ g(x), \quad x \geq 0, \tag{6.1.4}$$

schreiben. Außerdem ist $Im\ g^* = \beta Im\ g + (1-\beta) Im\ \tilde{g}$. Verwenden wir erneut (5.1.2), so folgt

$$\sqrt{\frac{2}{\pi}}\, Im\ g^*(x) = \sqrt{\frac{2}{\pi}}\beta Im\ g(x) + \sqrt{\frac{2}{\pi}}(1-\beta) m_{\tilde{G},-1} p_G(x). \tag{6.1.5}$$

Die Beziehung (6.1.3) ist wegen (6.1.4) und (6.1.5) genau dann erfüllt, wenn gilt

$$\begin{aligned}&\left[(1-\beta)\sqrt{\frac{\pi}{2}}\frac{1}{m_{G,-1}}-\beta\right]\sqrt{\frac{2}{\pi}}Im\ g(x)\\ =&\left[(1-\beta)\sqrt{\frac{2}{\pi}}\,m_{\tilde{G},-1}-\beta\right]p_G(x).\end{aligned} \tag{6.1.6}$$

Aus (5.1.3) erhalten wir

$$\sqrt{\frac{2}{\pi}}m_{\tilde{G},-1}=\sqrt{\frac{\pi}{2}}\frac{1}{m_{G,-1}}=:c.$$

Folglich vereinfacht sich (6.1.6) zu

$$[(1-\beta)\,c-\beta]\sqrt{\frac{2}{\pi}}Im\ g(x)=[(1-\beta)c-\beta]\,p_G(x). \tag{6.1.7}$$

Da nach Voraussetzung p_G nicht selbstadjungiert ist, verschwindet in (6.1.7) der Koeffizient $(1-\beta)c-\beta$. Dies führt zu

$$\beta=\beta^*=\frac{c}{1+c}=\frac{\sqrt{\frac{2}{\pi}}m_{\tilde{G},-1}}{\sqrt{\frac{2}{\pi}}m_{\tilde{G},-1}+1}. \qquad \square$$

Beispiele 6.1.2 (1) Mit Beispiel 3.1.5 (4) erhalten wir die selbstadjungierte Re-Dichte

$$p^*(x)=\frac{\sqrt{\pi}}{\sqrt{\pi}+\sqrt{2}}\frac{2}{\pi}\left(\frac{\sin\,x}{x}\right)^2+\frac{\sqrt{2}}{\sqrt{\pi}+\sqrt{2}}max(1-\frac{1}{2}\,x,0),\quad x>0.$$

Sie ist nicht monoton.

(2) Es sei φ die Dichte der Standard-Normalverteilung. Dann bildet

$$\left(\frac{2}{a}\varphi(\frac{x}{a}),\ 2a\varphi(a\,x)\right),\quad 0<a<1,$$

ein Re-Dichtepaar, und wir erhalten aus Satz 6.1.1 eine Familie selbstadjungierter Re-Dichten:

$$p_a(x)=\frac{2}{1+a}\left(\varphi(\frac{x}{a}))+a\varphi(a\,x)\right),\quad x>0,\quad 0<a<1.$$

(3) Wir betrachten für $a > 0$ die Im-Dichte

$$p_G(x) = a^2 x e^{-ax}, \quad x \geq 0.$$

Dann gilt für ihre adjungierte Dichte

$$\tilde{p}_G(x) = \frac{2a^2 x}{(a^2 + x^2)^2}, \quad x \geq 0.$$

Wir erhalten aus Satz 6.1.1 eine Familie selbstadjungierter Im-Dichten

$$p_G^*(x) = \frac{a^2 x}{1 + \sqrt{2/\pi}a} \left[e^{-ax} + \sqrt{\frac{2}{\pi}} \frac{2a}{(a^2 + x^2)^2} \right]. \qquad \square$$

Die Menge der selbstadjungierten Re-Dichten (Im-Dichten) ist konvex (vgl. Aufgabe 6.1.2). Insbesondere hat sie die folgende Eigenschaft (vgl. Aufgabe 6.1.3).

Satz 6.1.3 *Es sei Q eine Vf. und $\{p_s; s \in S \subseteq \mathcal{R}\}$ eine Familie selbstadjungierter Re-Dichten (Im-Dichten). Für jedes $x \in \mathcal{R}$ sei $p_s(x)$ integrierbar bezüglich Q. Dann ist die Mischung*

$$p(x) := \int_S p_s(x) dQ(s)$$

eine selbstadjungierte Re-Dichte (Im-Dichte).

Folgerung 6.1.4 *Sind $p_1, p_2, ..., p_n$ selbstadjungierte Re-Dichten (Im-Dichten), dann ist auch jede konvexe Linearkombination*

$$p = \sum_{k=1}^{n} c_k p_k, \; c_k \geq 0, \; \sum_{k=1}^{n} c_k = 1,$$

eine selbstadjungierte Re-Dichte (Im-Dichte).

Wie Beispiel 3.1.5 (4) zeigt, kann eine pos. def. Dichte (Re-Dichte) sehr wohl außerhalb einer Nullpunktumgebung verschwinden. Im nächsten Satz wird bewiesen, daß dies für selbstadjungierte Re-Dichten nicht zutrifft.

Satz 6.1.5 *Es gibt keine selbstadjungierte Re-Dichte (Im-Dichte), die außerhalb einer Nullpunktumgebung verschwindet.*

Beweis: Es sei p eine selbstadjungierte Re-Dichte mit c. F. f. Weiter sei $p(x) = 0$ für $x \geq x_0 > 0$. Dann hat der Realteil von f die Form

$$Re\ f(t) = \int_0^{x_0} \cos\ tu\, p(u)\, du = \sum_{k=0}^{\infty} a_{2k} t^{2k},$$

wobei die Potenzreihe die Koeffizienten

$$a_{2k} = \frac{1}{(2k)!} \int_0^{x_0} u^{2k} p(u)\, du, \quad k \geq 0,$$

besitzt. Aufgrund der Integralgleichung (6.1.1) verschwindet sie auf einem Intervall, und daher ist $Re\ f = 0$, was der Voraussetzung widerspricht. — Diese Überlegung kann auch auf Im-Dichten angewendet werden. □

Darüber hinaus ist allen selbstadjungierten Re-Dichten (Im-Dichten) mit endlicher Varianz σ^2 gemein, daß σ^2 nach unten durch eine positive Konstante beschränkt ist (vgl. Aufgabe 3.5.3, § 9.3).
Wir kommen nun zu Kriterien für selbstadjungierte Re- und Im-Dichten.

Kriterium 6.1.6 *(1) Eine Re-Dichte p ist genau dann selbstadjungiert, wenn die Momente $m_{F,-\lambda}$ und $m_{F,-(1-\lambda)}$ verknüpft sind durch die Beziehung*

$$m_{F,-\lambda} = \sqrt{\frac{2}{\pi}} \Gamma(1-\lambda)\ \sin\ \frac{\lambda\,\pi}{2}\, m_{F,-(1-\lambda)},\ 0 < \lambda < 1. \quad (6.1.8)$$

(2) Eine Im-Dichte p_G ist genau dann selbstadjungiert, wenn die Momente $m_{G,-\lambda}$ und $m_{G,-(1-\lambda)}$ verknüpft sind durch die Beziehung

$$m_{G,-\lambda} = \sqrt{\frac{2}{\pi}} \Gamma(1-\lambda)\ \cos\ \frac{\lambda\,\pi}{2}\, m_{G,-(1-\lambda)},\ 0 < \lambda < 1. \quad (6.1.9)$$

Beweis: (1) Ist p selbstadjungiert, so folgt (6.1.8) sofort aus der Aussage (2) des Satzes 4.2.4.

Genügen umgekehrt die Momente $m_{F,-\lambda}$ und $m_{F,-(1-\lambda)}$ einer Re-Dichte der Beziehung (6.1.8), und benutzen wir für $m_{\hat{F},-\lambda}$ die Darstellung

$$m_{\hat{F},-\lambda} = \hat{p}_0 \sin \frac{\lambda\pi}{2} \Gamma(1-\lambda)\, m_{F,-(1-\lambda)}$$

aus Satz 4.2.4, so erhalten wir

$$m_{\hat{F},-\lambda} = \hat{p}_0 \sqrt{\frac{\pi}{2}} m_{F,-\lambda}.$$

Somit ergibt sich

$$\int_0^\infty \frac{p(u)}{u^\lambda}\, du = \sqrt{\frac{2}{\pi}} \int_0^\infty \frac{Re\ f(u)}{u^\lambda}\, du, \qquad \lambda > 0.$$

Wir ersetzen λ durch $1-t$ und substituieren $v := -\ln\ u$. Dann erhalten wir

$$\int_{-\infty}^{\infty} e^{-tv} p(e^{-v})\, dv = \frac{2}{\pi} \int_{-\infty}^{\infty} e^{-tv} Re\ f(e^{-v})\, dv, \qquad 0 < t < 1.$$

Nach dem Eindeutigkeitssatz für Laplace-Transformierte (vgl. Anhang B) folgt daraus wegen der Stetigkeit von $Re\ f$

$$p(e^{-v}) = \frac{2}{\pi} Re\ f(e^{-v}).$$

Damit ist die Behauptung bewiesen.

(2) Völlig analog läßt sich zeigen, daß (6.1.9) notwendig und hinreichend dafür ist, daß eine Im-Dichte selbstadjungiert ist. □

Ein weiteres Kriterium formulieren wir mit Hilfe der *h-Transformation* (auch *Gauß-Transformation* genannt). Der erste Teil geht auf Teugels (1971) zurück.

Definition 6.1.7 *Es sei w eine reelle Funktion auf $[0,\infty)$. Falls*

$$h_w(s) := \int_0^\infty e^{-su^2/2} w(u)\, du, \qquad s > 0, \tag{6.1.10}$$

existiert, heißt h_w die h-Transformation von w.

Die h-Transformation hängt eng mit einer Laplace-Transformation zusammen. Substituieren wir nämlich im Integral (6.1.10) $v = u^2/2$, so folgt die Darstellung

$$h_w(s) = \int_0^\infty e^{-sv} \frac{w(\sqrt{2v})}{\sqrt{2v}} \, du, \; s > 0,$$

d. h. h_w ist die Laplace-Transformation von $w(\sqrt{2v})/\sqrt{2v}$. Nach dem Eindeutigkeitssatz für Laplace-Transformationen ist w eindeutig durch h_w bestimmt.

Kriterium 6.1.8 *(1) Eine Dichte p ist genau dann eine selbstadjungierte Re-Dichte, wenn die h-Transformation von $w(x) = p(x)$ der Funktionalgleichung genügt*

$$\sqrt{s} h_w(s) = h_w(\frac{1}{s}), \quad s > 0. \tag{6.1.11}$$

(2) Eine Dichte p_G ist genau dann eine selbstadjungierte Im-Dichte, wenn die h-Transformation von $w(x) = xp_G(x)$ der Funktionalgleichung genügt

$$\sqrt{s}^3 h_w(s) = h_w(\frac{1}{s}), \quad s > 0. \tag{6.1.12}$$

Beweis: (1) Wir betrachten die Gauß-Transformation von $w(x) = p(x)$ (c. F. f) und benutzen, daß die Funktion

$$\varphi_0(x) = \sqrt{\frac{2}{\pi}} e^{-x^2/2}, \quad x > 0,$$

eine selbstadjungierte Re-Dichte ist:

$$\begin{aligned}\sqrt{\frac{1}{s}} h_w(\frac{1}{s}) &= \sqrt{\frac{1}{s}} \sqrt{\frac{\pi}{2}} \int_0^\infty \varphi_0(\frac{u}{\sqrt{s}}) p(u) \, du \\ &= \sqrt{\frac{1}{s}} \int_0^\infty \left(\int_0^\infty \cos \frac{uv}{\sqrt{s}} \, \varphi_0(v) \, dv \right) p(u) \, du.\end{aligned}$$

Nach dem Satz von Fubini folgt

$$\sqrt{\frac{1}{s}}h_w(\frac{1}{s}) = \sqrt{\frac{1}{s}}\int_0^\infty \varphi_0(v)\left(\int_0^\infty \cos\frac{uv}{\sqrt{s}}\,p(u)\,du\right)dv$$

$$= \sqrt{\frac{1}{s}}\int_0^\infty \varphi_0(v) Re\ f(\frac{v}{\sqrt{s}})\,dv = \int_0^\infty \varphi_0(\sqrt{s}u)\,Re\ f(u)\,du.$$

Dies führt auf

$$\sqrt{\frac{1}{s}}h_w(\frac{1}{s}) = \int_0^\infty \varphi_0(\sqrt{s}u)\,Re\ f(u)\,du. \tag{6.1.13}$$

Wir benutzen diese Beziehung beim Schließen in beiden Richtungen.

a) Ist p selbstadjungiert, so erkennen wir auf der rechten Seite die Funktion $h_w(s)$, d. h. (6.1.11) gilt.

b) Setzen wir umgekehrt (6.1.11) für $w(x) = p(x)$ voraus, so haben wir wegen (6.1.13)

$$h_w(s) = \int_0^\infty \varphi_0(\sqrt{s}u)\,Re\ f(u)\,du = \sqrt{\frac{2}{\pi}}\int_0^\infty e^{-su^2/2}\,Re\ f(u)\,du.$$

Wir erhalten $p = \sqrt{2/\pi}Re\ f$, d. h. p ist selbstadjungiert.

(2) Hier benutzen wir, daß die Funktion

$$\varphi_1(x) = xe^{-x^2/2}, \quad x > 0,$$

eine selbstadjungierte Im-Dichte ist. Es sei g die c. F. zu p_G. Dies führt für $w(x) = x\,p_G(x)$ — wie im Beweisteil (1) — anstelle von (6.1.13) auf

$$\sqrt{\frac{1}{s}}^3\,h_w(\frac{1}{s}) = \sqrt{\frac{2}{\pi}}\int_0^\infty e^{-su^2/2}\,u\,Im\ g(u)\,du,$$

woraus schließlich die Behauptung folgt. □

Unser nächstes Ziel ist es, eine selbstadjungierte Dichte durch ihr asymptotisches Verhalten zu charakterisieren.

Sind z. B. p_1 und p_2 zwei selbstadjungierte Re-Dichten und haben wir eine einseitig sehr große Annäherungsgeschwindigkeit, etwa

$$p_1(x) - p_2(x) = O(e^{-x^2/2}), \quad x \to \infty,$$

so stimmen beide Re-Dichten überein. Geht man nämlich zu den entsprechenden pos. def. Dichten p_1^* und p_2^* über, so folgt nach dem Satz von Hardy (vgl. Anhang B)

$$p_1^*(x) - p_2^*(x) = C\, e^{-x^2/2}.$$

Integrieren wir nun über $\mathcal{R}$, so ergibt sich $C = 0$.

Erfolgt die Annäherung der beiden Dichten bei $x \to \infty$ nicht ganz so schnell, so braucht man zusätzlich eine Voraussetzung über die Nähe von p_1 und p_2 in einer Nullpunktumgebung, um dasselbe Resultat zu erzielen.

Satz 6.1.9 *Die selbstadjungierten Re- oder Im-Dichten p_1, p_2 mögen für gewisse positive Konstanten a, b, C, D folgenden Bedingungen genügen:*

$$|p_1(x) - p_2(x)| \leq Ce^{-ax}, \quad x > 0, \tag{6.1.14}$$

und

$$|p_1(x) - p_2(x)| \leq De^{-b/x}, \quad x > 0. \tag{6.1.15}$$

Dann fallen p_1 und p_2 zusammen.

Bemerkungen 1. Die Bedingungen (6.1.14) und (6.1.15) garantieren, daß p_1 und p_2 sich zum einen für sehr große $x > 0$ und zum anderen für sehr kleine x kaum unterscheiden.

2. Dieser Satz ist für selbstadjungierte pos. def. Dichten in etwas allgemeinerer Form in Rossberg (1995) enthalten. Thulke (1995) hat ihn auf beliebige pos. def. Dichtepaare übertragen.

Beweis: Wir bilden die Differenz $d = p_1 - p_2$. Nach (6.1.14) existieren alle Differenzmomente

$$d_k := \int_0^\infty d(u)\, u^k\, du, \quad k \geq 0,$$

und es ist $d_0 = 0$. Darüber hinaus ist die Fourier-Transformierte

$$d^*(z) := \int_0^\infty e^{izu}\, d(u)\, du, \quad z = t + iy,$$

im Streifen $|y| < a$ analytisch, denn das Integral konvergiert hier gleichmäßig. Deshalb läßt sich $d^*(z)$ in die Potenzreihe

$$d^*(z) = \sum_{j=0}^{\infty} \frac{z^j}{j!} d^{*(j)}(0), \quad |z| < a, \tag{6.1.16}$$

entwickeln.

(1) Wir betrachten zunächst zwei selbstadjungierte Re-Dichten p_1, p_2, die den Voraussetzungen genügen. Dann ist die Gleichung (6.1.11) mit $w(x) = d(x)$ erfüllt. Wir entwickeln h_w in eine Taylorreihe

$$\begin{aligned} h_w(s) = d_2(-\frac{s}{2}) + d_4\frac{1}{2!}(-\frac{s}{2})^2 + \ldots + d_{2n-2}\frac{1}{(n-1)!}(-\frac{s}{2})^{n-1} \\ +\frac{1}{n!}(-\frac{s}{2})^n r_n(s), \quad s > 0 \end{aligned} \tag{6.1.17}$$

mit dem Restglied

$$r_n(s) = \int_0^\infty e^{-\theta_n s u^2/2} d(u) u^{2n}\, du, \quad 0 < \theta_n = \theta_n(s) < 1, \quad n \geq 1.$$

Aus der trivialen Formel

$$s^{k/2}\, h_w(s) = \int_0^\infty s^{k/2} u^k e^{-su^2/2} \frac{d(u)}{u^k}\, du$$

schließen wir weiter auf

$$\begin{aligned} & s^{k/2}\,|h_w(s)| \\ & \leq \frac{1}{\sqrt{s}} sup\{\frac{|d(x)|}{x^k} : x > 0\} \int_0^\infty v^k e^{-v^2/2}\, dv \to 0,\ s \to \infty; \end{aligned} \tag{6.1.18}$$

dabei garantiert (6.1.15) die Endlichkeit des Supremums.

Wir setzen nun in (6.1.17) $n = 1$ und erhalten wegen (6.1.11)

$$s^{3/2}\, h_w(s) = s\, h_w(\frac{1}{s}) = -\frac{1}{2} r_1(\frac{1}{s}) \to -\frac{d_2}{2}, \quad s \to \infty;$$

hier ist der Grenzübergang unter dem Integralzeichen wegen (6.1.14) gerechtfertigt (majorisierte Konvergenz). Kombinieren wir dies mit

(6.1.18) für $k = 3$, so folgt $d_2 = 0$. Das ist der Ansatz für einen einfachen Induktionsbeweis, der auf

$$d_{2n} = 0, \quad n \geq 0, \tag{6.1.19}$$

führt.

Da $Re\ d^*(t)$ eine gerade Funktion ist, folgt nach (6.1.16)

$$Re\ d^*(t) = \sum_{k=0}^{\infty} \frac{t^{2k}}{(2k)!} Re\ d^{*(2k)}(0), \quad |t| < a.$$

Man rechnet leicht nach, daß $Re\ d^{*(2k)}(0) = (-1)^k d_{2k}$ ist. Wegen (6.1.19) erhalten wir $\sqrt{\pi/2}\, d(t) = Re\ d^*(t) = 0$ und damit das gewünschte Resultat.

(2) Es seien nun p_{G_1}, p_{G_2} zwei selbstadjungierte Im-Dichten, die den Voraussetzungen genügen. Dann erfüllt h_w für

$$w(x) = x\, d(x) = x\, (p_{G_1}(x) - p_{G_2}(x))$$

die Gleichung (6.1.12). Die Taylorentwicklung von h_w hat die Gestalt

$$h_w(s) = d_1 + d_3(-\frac{s}{2}) + d_5 \frac{1}{2!}(-\frac{s}{2})^2 + ... + d_{2n-1} \frac{1}{(n-1)!}(-\frac{s}{2})^{n-1}$$
$$+ \frac{1}{n!}(-\frac{s}{2})^n r_n(s), \quad s > 0,$$

mit dem Restglied

$$r_n(s) = \int_0^\infty e^{-\theta_n s u^2/2} d(u) u^{2n+1}\, du, \quad 0 < \theta_n < 1, \quad n \geq 0.$$

Analog zum ersten Beweisteil ergibt sich $d_{2n+1} = 0$, $n \geq 0$, und daraus erhalten wir $\sqrt{\pi/2}\, d = Im\ d^* = 0$, d. h. die Behauptung. □

Schließlich formulieren wir noch Grenzwertsätze für selbstadjungierte Re- bzw. Im-Dichten, die die Thematik aus § 3.3 fortsetzen.

Satz 6.1.10 *Es sei F_n eine Vf. mit selbstadjungierter Re-Dichte p_n und c. F. f_n. Zusätzlich gelte für gewisse positive Konstanten a und C*

$$p_n(x) \leq C e^{-ax}, \quad x > 0, \quad n \geq 1. \tag{6.1.20}$$

Die Folge $\{F_n\}$ konvergiert genau dann vollständig gegen eine Vf. F, wenn der Grenzwert

$$\lim_{n\to\infty} p_n(x) =: p(x) \tag{6.1.21}$$

in einer Nullpunktumgebung existiert.
In diesem Fall läßt sich p zu einer selbstadjungierten Re-Dichte mit Vf. F fortsetzen.

Beweis: Nach Folgerung 3.4.5 genügt es zu zeigen, daß (6.1.21) hinreichend für die vollständige Konvergenz der Folge von Vf. ist. Es ist leicht zu sehen, daß jede solche Folge von selbstadjungierten Re-Dichten eine Teilfolge $p_{n'}$ enthält, so daß die entsprechenden Vf. $F_{n'}$ vollständig gegen eine gewisse Vf. konvergieren (vgl. Aufgabe 3.4.2). Nach Folgerung 3.4.5 existiert

$$\lim_{n'\to\infty} p_{n'}(x) =: p(x)$$

für alle x. Allerdings besitzt die in einer Nullpunktumgebung definierte Funktion p möglicherweise mehrere Fortsetzungen, die selbstadjungierte Re-Dichten sind. Alle solche Fortsetzungen erfüllen jedoch die Zusatzbedingung (6.1.20). Wenden wir nun Satz 6.1.9 an, so sehen wir, daß es nur eine Fortsetzung gibt. □

Bemerkung: Dieser Satz beinhaltet einen Effekt, der bisher vor allem von Vf. von Summen und ihren Dichten bekannt ist: Die auf eine Nullpunktumgebung eingeschränkte Konvergenz (6.1.21) setzt sich auf die ganze Achse fort (vgl. Rossberg/Jesiak/Siegel (1985)).

Die Grenzfunktionen von selbstadjungierten Re- und Im-Dichten sind, wie wir zeigen werden, bis auf einen Faktor wieder selbstadjungiert.

Satz 6.1.11 *Es sei $\{p_n : n \geq 1\}$ eine Folge selbstadjungierter Re-Dichten (Im-Dichten), und es gelte für eine Funktion $p \neq 0$*

$$\lim_{n\to\infty} p_n(x) =: p(x), \quad x > 0. \tag{6.1.22}$$

Dann ist $C\,p$ mit einer gewissen Konstanten $C \geq 1$ eine selbstadjungierte Re-Dichte (Im-Dichte).

Beweis: Wir beschränken uns auf eine Folge $\{p_n\}$ selbstadjungierter Im-Dichten. Der andere Fall wird analog gezeigt.

Nach dem Lemma von Fatou (vgl. Anhang A) ist

$$1 = \underline{\lim}_{n\to\infty} \int_0^\infty p_n(u)\,du \geq \int_0^\infty p(u)\,du.$$

Somit haben wir $p \in L_1$ und $p \geq 0$. Da $p \neq 0$ ist, gibt es eine Konstante $C \geq 1$, so daß $C\,p$ eine Dichte ist. Wir wenden Kriterium 6.1.8 auf $w_n(x) = x\,p_n(x)$ an und erhalten

$$\sqrt{s}^3 h_{w_n}(s) = h_{w_n}(\frac{1}{s}), \quad s > 0.$$

Mit dem Satz von der majorisierten Konvergenz folgt daraus nach Multiplikation mit C für $w(x) = C\,x\,p(x)$

$$\sqrt{s}^3 h_w(s) = h_w(\frac{1}{s}), \quad s > 0.$$

Somit ist nach dem gleichen Kriterium $C\,p$ eine selbstadjungierte Im-Dichte. □

Wir gehen nun noch auf den Zusammenhang ein, der zwischen der Konvergenz von Folgen von Re-Dichten und der Konvergenz der entsprechenden Folgen selbstadjungierter Re-Dichten besteht.

Satz 6.1.12 *Es sei $(p_n, \hat{p}_n)$ ein Re-Dichtepaar mit den Vf. F_n bzw. $\hat{F}_n$. Die selbstadjungierte Re-Dichte*

$$p_n^*(x) := \alpha_n p_n(x) + (1-\alpha_n)\hat{p}_n(x), \quad x \geq 0, \tag{6.1.23}$$

mit

$$\alpha_n = \alpha_n^* := \frac{\sqrt{2/\pi}}{p_{n0} + \sqrt{2/\pi}};$$

habe die Vf. F_n^*.
Die Folge $\{F_n^* : n \geq 1\}$ konvergiert genau dann vollständig gegen eine Vf. F^*, wenn

(i) die Folgen $\{F_n\}$ und $\{\hat{F}_n\}$ vollständig gegen Vf. F bzw. $\hat{F}$ konvergieren.

(ii) F und $\hat{F}$ zueinander adjungierte Re-Dichten p bzw. $\hat{p}$ besitzen.

Beweis: a) Die Folgen $\{F_n\}$ und $\{\hat{F}_n\}$ mögen vollständig gegen die Vf. F bzw. $\hat{F}$ konvergieren, deren Dichten p bzw. $\hat{p}$ zueinander adjungiert sind. Dabei können wir

$$\underline{\lim}_{n\to\infty} p_{n0} < \infty$$

annehmen. Nach Satz 3.4.3 gilt dann

$$\lim_{n\to\infty} p_{n0} = p_0;$$

und somit existiert auch

$$\alpha^* := \lim_{n\to\infty} \alpha_n^* = \frac{\sqrt{2/\pi}}{p_0 + \sqrt{2/\pi}}.$$

Weiter konvergieren die Dichten p_n von F_n bzw. $\hat{p}_n$ von $\hat{F}_n$ gleichmäßig auf $\mathcal{R}$ gegen p bzw. $\hat{p}$. Deshalb erhalten wir aus (6.1.23)

$$p^*(x) := \lim_{n\to\infty} p_n^*(x) = \alpha p(x) + (1-\alpha)\hat{p}(x), \quad x \geq 0,$$

und p^* ist nach Satz 6.1.1 eine selbstadjungierte Re-Dichte. Benutzen wir Folgerung 3.4.5, so erhalten wir die Behauptung.

b) Umgekehrt konvergiere die Folge $\{F_n^*\}$ mit den selbstadjungierten Dichten (6.1.23) vollständig gegen eine Vf. F^*. Nach Folgerung 3.4.5 besitzt die Vf. F^* eine selbstadjungierte Re-Dichte p^*. Für das Verhalten der Folge $\{p_{n0}\}$ sind drei Fälle denkbar. Es gelte für eine Teilfolge $\{n'\}$

$$\lim_{n'\to\infty} p_{n'0} = c. \tag{6.1.24}$$

1) Es sei $0 < c < \infty$. Aufgrund des Satzes von Helly können wir eine Teilfolge $\{n''\}$ auswählen, so daß

$$\lim_{n''\to\infty} F_{n''}(x) = F(x), \quad \lim_{n''\to\infty} \hat{F}_{n''} = \hat{F}(x)$$

für alle Stetigkeitspunkte von F und $\hat{F}$ gilt. Mit (6.1.23) erhalten wir für solche x

$$F^*(x) = \alpha F(x) + (1-\alpha)\hat{F}(x),$$

wobei

$$\alpha := \frac{\sqrt{2/\pi}}{c + \sqrt{2/\pi}}.$$

Bei $x \to \infty$ folgt $1 = \alpha F(\infty) + (1-\alpha)\hat{F}(\infty)$, und deshalb muß $F(\infty) = \hat{F}(\infty) = 1$ gelten, d. h. F und $\hat{F}$ sind Vf. Nach Satz 3.4.3 besitzt F eine Re-Dichte p, $c = p_0$ und $\hat{F}$ ist die Vf. der Adjungierten $\hat{p}$. Ist nun F selbstadjungiert, so gilt $F = F^*$. Ist dagegen F nicht selbstadjungiert, so ist nach Satz 6.1.1 die Vf. F^* eindeutig durch F bestimmt. In beiden Fällen sind also die Vf. F und $\hat{F}$ unabhängig von der gewählten Teilfolge. Die Folgen $\{F_n\}$ und $\{\hat{F}_n\}$ konvergieren also vollständig gegen die Vf. F bzw. $\hat{F}$.

2) In (6.1.24) sei $c = \infty$. Dann ist $\lim_{n\to\infty} \alpha_n^* = 0$, so daß

$$F^*(x) = \lim_{n\to\infty} \hat{F}_{n0}(x), \quad x \geq 0.$$

Somit konvergiert $\{F_n\}$ vollständig gegen F^*. Wir können nun Lemma 3.4.2 auf diese Folge anwenden und erhalten

$$\underline{\lim}_{n\to\infty} \hat{p}_{n0} = 0 \geq \hat{p}_0.$$

Dies ist offensichtlich unmöglich.

3) Gilt (6.1.24) mit $c = 0$, so erhalten wir ähnlich wie in Fall 2) einen Widerspruch. □

6.2 Selbstadjungierte monotone Realteil-Dichten

Wir gehen jetzt von einer Re-Dichte der Gestalt

$$p(x) = \frac{1}{m_{G,1}}[1 - G(x)] = \int_x^\infty \frac{dK(u)}{u}, \quad x > 0, \qquad (6.2.1)$$

aus. Dabei ist $G \in \mathcal{F}_I$, und K ist eine gewisse Vf. Wir wollen die Frage untersuchen, welche Besonderheiten auftreten, wenn entweder p oder p_G oder p_K (oder zwei dieser Dichten gleichzeitig) selbstadjungiert ist (sind).

Wir stellen zunächst fest, daß p und p_K nicht gleichzeitig selbstadjungiert sein können; denn im ersten Fall folgt $m_{G,1} = \sqrt{\pi/2}$. Ist dagegen p_K selbstadjungiert, so folgt $m_{K,-1} = \sqrt{\pi/2}$. Da aber zwischen den Momenten $m_{G,1}$ und $m_{K,-1}$ die Beziehung $m_{G,1}m_{K,-1} = 1$ besteht (vgl. Lemma 4.3.1), ergibt sich ein Widerspruch. Dagegen können p und p_G sowie p_K und p_G sehr wohl gleichzeitig selbstadjungiert sein. Wir kommen später darauf zurück.

Als erstes untersuchen wir, welche Eigenschaften G besitzen muß, damit p eine selbstadjungierte, monotone Re-Dichte ist.

Satz 6.2.1 *Es sei p eine Re-Dichte der Gestalt (6.2.1).*
p ist genau dann selbstadjungiert, wenn $1 - G$ bis auf einen Faktor die eigene Kosinustransformierte ist, d. h. wenn gilt

$$1 - G(x) = \sqrt{\frac{2}{\pi}} \int_0^\infty \cos\ xu\ (1 - G(u))\ du, \quad x \geq 0. \tag{6.2.2}$$

Beweis: Ist p selbstadjungiert, so gilt wegen $p_0 = \sqrt{2/\pi}$ und (4.3.13)

$$1 - G(x) = \sqrt{\frac{2}{\pi}} \frac{Im\ g(x)}{x}, \quad x > 0, \tag{6.2.3}$$

hieraus folgt (6.2.2).
Umgekehrt schließen wir aus (6.2.2) die Beziehung (6.2.3). Sie liefert mit (6.2.1) und (4.3.13)

$$m_{G,1} p(x) = \sqrt{\frac{\pi}{2}} \hat{p}(x), \quad x > 0.$$

Integrieren wir über die positive Halbachse, so erhalten wir die Gleichheit $m_{G,1} = \sqrt{\pi/2}$ und damit die Behauptung. □

Wir geben nun ein Kriterium dafür an, daß p_K eine selbstadjungierte Im-Dichte ist.

Satz 6.2.2 *Es sei p eine Re-Dichte der Gestalt (6.2.1).*
K besitzt genau dann eine selbstadjungierte Im-Dichte p_K, wenn

$$\frac{F(x)}{x} = \sqrt{\frac{2}{\pi}} \int_0^\infty \sin\ xu\ \frac{F(u)}{u}\, du, \quad x > 0,$$

gilt, d. h. wenn $F(x)/x$ bis auf einen Faktor die eigene Sinustransformation ist.

Bemerkung. Aus Satz 6.2.2 kann man die bemerkenswerte Schlußfolgerung ziehen, daß der Realteil einer c. F. die eigene Sinustransformation sein kann. Ist p Re-Dichte, so gilt nämlich (4.1.4) und folglich

$$\frac{1}{p_0}\frac{F(x)}{x} = \frac{\int_0^x Re\,\hat{f}(u)\,du}{x}.$$

Die Funktion rechts stellt den Realteil der c. F. einer 0-unimodalen Vf. dar. Unter den Voraussetzungen von Satz 6.2.2 ist dieser Realteil bis auf einen Faktor die eigene Sinustransformation (vgl. Aufgabe 6.2.2).

Beweis: Da p monoton ist, haben wir $Im\ f(t) \geq 0$, $t \geq 0$, und damit $F \in \mathcal{F}_I$. Nach Lemma 4.3.5 ist

$$p_{F_I}(x) = \frac{2}{\pi}\frac{Im\ f(x)}{x}, \quad x > 0,$$

eine Dichte mit $Re\ f_I(x) = 1 - F(x)$. Wir zeigen nun die Gültigkeit von

$$\sqrt{\frac{2}{\pi}}\int_0^\infty \sin\ xu\ \frac{F(u)}{u}\,du$$
$$= \sqrt{\frac{\pi}{2}} + \sqrt{\frac{2}{\pi}}\frac{1}{x}\int_0^x Im\ k(u)\,du - \sqrt{\frac{2}{\pi}}\int_0^x \frac{Im\ k(u)}{u}\,du. \qquad (6.2.4)$$

Mit dieser Formel läßt sich die Behauptung in beiden Richtungen nachweisen.

Zunächst gilt wegen (2.4.4)

$$\frac{\pi}{2}F_I(x) = \int_0^x \frac{Im\ f(u)}{u}\,du = \int_0^\infty \sin\ xu\ \frac{1-F(u)}{u}\,du.$$

Daraus folgt wegen $\int_0^\infty \frac{\sin\ xu}{u}\,du = \frac{\pi}{2}$, $x > 0$,

$$\sqrt{\frac{2}{\pi}}\int_0^\infty \sin\ xu\ \frac{F(u)}{u}\,du = \sqrt{\frac{\pi}{2}}\,[1 - F_I(x)] \qquad (6.2.5)$$
$$= \sqrt{\frac{\pi}{2}} - \sqrt{\frac{2}{\pi}}\int_0^x \frac{Im\ f(u)}{u}\,du.$$

Wir betrachten nun das Integral $\int_0^x \frac{Im\ k(u)}{u}\,du$, integrieren partiell und wenden dann die Formel von Chintschin an. Wir erhalten

$$\begin{aligned}\int_0^x \frac{Im\ k(u)}{u}\,du &= \frac{1}{u}\int_0^u Im\ k(v)\,dv\Big|_0^x + \int_0^x \frac{1}{u^2}\int_0^u Im\ k(v)\,dvdu \\ &= \frac{1}{x}\int_0^x Im\ k(u)\,du + \int_0^x \frac{Im\ f(u)}{u}\,du.\end{aligned}$$

Setzen wir dies in (6.2.5) ein, so ergibt sich (6.2.4).

a) Ist p_K eine selbstadjungierte Im-Dichte, so folgt aus (6.2.4)

$$\begin{aligned}&\sqrt{\frac{2}{\pi}}\int_0^\infty \sin\ xu\,\frac{F(u)}{u}\,du = \sqrt{\frac{\pi}{2}} + \frac{1}{x}\int_0^x p_K(u)\,du - \int_0^x \frac{p_K(u)}{u}\,du \\ &= \sqrt{\frac{\pi}{2}} + \frac{K(x)}{x} - \left[\sqrt{\frac{\pi}{2}} - p(x)\right] = \frac{K(x)}{x} + p(x) = \frac{F(x)}{x}, \quad x > 0,\end{aligned}$$

wobei sich die letzte Gleichheit aus $F(x) = K(x) + x \cdot p(x)$ ergibt (vgl. (1.3.12)).

b) Ist andererseits $F(x)/x$ bis auf einen Faktor die eigene Sinustransformation, so liefert (6.2.4) die Beziehung

$$F(x) = x\left[\sqrt{\frac{\pi}{2}} + \sqrt{\frac{2}{\pi}}\frac{1}{x}\int_0^x Im\ k(u)\,du - \sqrt{\frac{2}{\pi}}\int_0^x \frac{Im\ k(u)}{u}\,du\right].$$

Wir können auf beiden Seiten differenzieren und erhalten

$$\begin{aligned}p(x) &= \frac{F(x)}{x} + \sqrt{\frac{2}{\pi}}x\left(\frac{Im\ k(x)}{x} - \frac{1}{x^2}\int_0^x Im\ k(u)\,du - \frac{Im\ k(x)}{x}\right) \\ &= \frac{F(x)}{x} - \sqrt{\frac{2}{\pi}}\frac{1}{x}\int_0^x Im\ k(u)\,du.\end{aligned}$$

Es ist also

$$F(x) - x\,p(x) = \sqrt{\frac{2}{\pi}}\int_0^x Im\ k(u)\,du.$$

Benutzen wir wieder (1.3.12), so bekommen wir

$$\sqrt{\frac{2}{\pi}}\int_0^x Im\ k(u)\,du = K(x), \quad x > 0.$$

Daher existiert p_K und ist eine selbstadjungierte Im-Dichte. □

Folgerung 6.2.3 *Es sei p eine Re-Dichte der Gestalt (6.2.1).*
p_K *ist genau dann eine selbstadjungierte Im-Dichte, wenn* $G = K_I$. *In diesem Fall gilt*

$$\int_0^\infty \frac{G(u) - F_I(u)}{u}\, du = 1.$$

Den Beweis überlassen wir den Leser (vgl. Aufgabe 6.2.3).

Korollar 6.2.4 *Es sei p eine Re-Dichte der Gestalt (6.2.1).*
p_K *ist genau dann eine selbstadjungierte Im-Dichte, wenn* $1 - F_I$ *bis auf einen Faktor die eigene Sinustransformation ist, d. h. wenn*

$$1 - F_I(x) = \sqrt{\frac{2}{\pi}} \int_0^\infty \sin\ xu\ [1 - F_I(u)]\, du. \tag{6.2.6}$$

Beweis: Wegen $Re\ f_I(x) = 1 - F(x)$ haben wir

$$\frac{F(x)}{x} = \int_0^\infty \sin\ xu\ [1 - F_I(u)]\, du. \tag{6.2.7}$$

a) Ist nun p_K eine selbstadjungierte Im-Dichte, so ist $F(x)/x$ nach Satz 6.2.2 bis auf einen Faktor die eigene Sinustransformation. Wegen (6.2.5) erhalten wir die Behauptung (6.2.6).

b) Es gelte (6.2.6). Dann impliziert (6.2.7) die Beziehung

$$F(x) = \sqrt{\frac{\pi}{2}} x\, [1 - F_I(x)].$$

Wir differenzieren die letzte Gleichung und bekommen

$$p(x) = \frac{F(x)}{x} - \sqrt{\frac{2}{\pi}} Im\ f(x), \quad x > 0.$$

Mit $F(x) = K(x) + x\, p(x)$ und der Formel von Chintchin folgt

$$\frac{K(x)}{x} = \sqrt{\frac{2}{\pi}} Im\ f(x) = \sqrt{\frac{2}{\pi}} \frac{1}{x} \int_0^x Im\ k(u)\, du, \quad x > 0,$$

woraus wir ablesen, daß p_K eine selbstadjungierte Im-Dichte ist. □

Wir beschäftigen uns nun mit der Dichte p_G und fragen, ob p_G eine selbstadjungierte Im-Dichte sein kann. Wegen (4.3.14) existiert in diesem Fall das Moment $m_{\hat{F},1}$. Wir betrachten die Vf. F_1, die zur Dichte

$$p_1(x) := \frac{1}{m_{\hat{F},1}} \left[1 - \hat{F}(x)\right], \quad x > 0,$$

gehört.

Satz 6.2.5 *Es sei p Re-Dichte der Gestalt (6.2.1), und weiter gelte $m_{\hat{F},1} < \infty$. p_G ist genau dann selbstadjungierte Im-Dichte, wenn $F_1(x)/x$ bis auf einen Faktor die eigene Sinustransformierte ist, d. h. wenn*

$$\frac{F_1(x)}{x} = \sqrt{\frac{2}{\pi}} \int_0^\infty \sin\, xu\, \frac{F_1(u)}{u}\, du.$$

Beweis: Mit dem Kriterium 4.3.8 und Satz 5.1.3 erhalten wir

$$\begin{aligned} p_1(x) &= \frac{1}{m_{\hat{F},1}} \int_x^\infty \hat{p}(u)\, du = \frac{1}{m_{\hat{F},1}} \frac{2}{\pi} \int_x^\infty \frac{Im\, g(u)}{u}\, du \\ &= \frac{1}{m_{\hat{F},1}} \frac{2}{\pi} m_{G,-1} \int_x^\infty \frac{\tilde{p}_G(u)}{u}\, du = \int_x^\infty \frac{\tilde{p}_G(u)}{u}\, du. \end{aligned}$$

Wenden wir nun Satz 6.2.2 auf die monotone Re-Dichte p_1 mit der Vf. $K := \tilde{G}$ an, so folgt die Behauptung. □

Beispiel 6.2.6 (1) Wir wählen in Satz 6.2.2 die selbstadjungierte Im-Dichte $p_K(x) = xe^{-x^2/2}$, und erhalten

$$p_G(x) = \sqrt{\frac{2}{\pi}} e^{-x^2/2}, \quad x > 0.$$

Deshalb erfüllt die in Null gestutzte Normalverteilung Φ_0 die Integralgleichung

$$\frac{1}{x} \int_0^x [1 - \Phi_0(u)]\, du = \sqrt{\frac{2}{\pi}} \int_0^\infty \sin\, xu \left\{ \int_0^u [1 - \Phi_0(v)]\, \frac{dv}{u} \right\} du.$$

(2) Wenden wir Satz 6.2.5 auf $F = \Phi_0$ an, so liefert die Integralgleichung (6.2.6) die Aussage

$$\int_x^\infty \frac{1 - e^{-u^2/2}}{u^2}\, du = \sqrt{\frac{2}{\pi}} \int_0^\infty \sin\, xu \left\{ \int_u^\infty \frac{1 - e^{-v^2/2}}{v^2}\, dv \right\} du. \qquad \square$$

Aufgaben

Aufgabe 6.1.1 *Beweisen Sie Satz 6.1.1 (1).*

Aufgabe 6.1.2 *Die Menge der selbstadjungierten Re-Dichten (Im-Dichten) ist konvex.*

Aufgabe 6.1.3 *Beweisen Sie Satz 6.1.3.*

Aufgabe 6.1.4 *Es sei p eine selbstadjungierte Re-Dichte mit endlichem Moment der Ordnung $n > 0$. Dann ist für $a > 0$ die Funktion $ap(ax)$, $x \geq 0$, eine Re-Dichte. Zeigen Sie mit Hilfe von Satz 6.1.1, daß selbstadjungierte Re-Dichten mit beliebig großem Moment der Ordnung n existieren.*

Aufgabe 6.2.1 *Ist p eine Re-Dichte der Gestalt (6.2.1), und besitzt G eine selbstadjungierte Im-Dichte, dann gilt für $\lambda > -1$: Es existiert $m_{F,\lambda}$ genau dann, wenn $m_{\hat{F},1+\lambda}$ existiert.*

Aufgabe 6.2.2 *Es sei $K = G_0$ die Rayleigh-Verteilung, und p sei durch (6.2.1) definiert. Bestimmen Sie den Realteil der c. F. f von p, und zeigen Sie, daß f bis auf einen Faktor die eigene Sinustransformation ist.*

Aufgabe 6.2.3 *Beweisen Sie die Folgerung 6.2.3.*

Aufgabe 6.2.4 *Beweisen Sie den Satz 6.2.1.*

Kapitel 7

Auftreten von positiv definiten Dichten, Re-Dichten und Im-Dichten

In vielen Anwendungen treten Summen, Differenzen, Produkte und Quotienten von unabhängigen Zufallsgrößen X und Y auf. Wir haben im Kapitel 0 bereits Beispiele dazu angegeben. Deshalb untersuchen wir folgende Probleme: Unter welchen Bedingungen haben solche Funktionen von X und Y eine pos. def. Dichte (Re-Dichte, Im-Dichte), wenn z. B. X eine pos. def. Dichte (Re-Dichte, Im-Dichte) besitzt.

7.1 Summen und Differenzen von Zufallsgrößen

Satz 7.1.1 *X und Y seien unabhängige Zufallsgrößen mit folgenden Eigenschaften:*

- *$X \sim F_X$ habe eine pos. def. Dichte p_X.*
- *$Y \sim F_Y$ besitze eine nichtnegative c. F. f_Y.*

Dann ist die Dichte

$$p(x) := \int_{-\infty}^{\infty} p_X(x-u)\, dF_Y(u)$$

der Summe $X+Y$ ebenfalls pos. def. Die zu p adjungierte Dichte ist

$$\hat{p}(x) := \hat{p}_0 \frac{\hat{p}_X(x)}{\hat{p}_{X0}} f_Y(x). \tag{7.1.1}$$

Beweis: Nach dem Faltungssatz ist $f_X\, f_Y$ die c. F. zu p. Wegen unserer Voraussetzungen ist $f_X\, f_Y \geq 0$ und $f_X \in L_1$. Da f_Y beschränkt ist, folgt die Integrierbarkeit von $f_X\, f_Y$, und nach Kriterium 3.2.1 ist p pos. def. Die Beziehung (7.1.1) folgt sofort aus

$$\hat{p}_X = \hat{p}_{X0} f_X, \quad \hat{p} = \hat{p}_0 f = \hat{p}_0 f_X f_Y. \qquad \square$$

Wenn Y auch eine Dichte besitzt, so erkennen wir aus Kriterium 3.2.5, daß p_Y entweder unbeschränkt in einer Nullpunktumgebung oder pos. def. ist. Weiter erhalten wir

Folgerung 7.1.2 *Zusätzlich zu den Voraussetzungen des Satzes 7.1.1 besitze die Zufallsgröße Y die pos. def. Dichte p_Y. Die zu p adjungierte Dichte $\hat{p}$ hat dann die Gestalt*

$$\hat{p} := \hat{p}_0 \frac{\hat{p}_X\, \hat{p}_Y}{\hat{p}_{X0}\, \hat{p}_{Y0}}.$$

Bemerkung. Diese Konstruktion zeigt insbesondere, daß Potenzen von pos. def. Dichten und Faltungen pos. def. Dichten mit sich selbst wieder pos. def. sind.

Beispiel 7.1.3 Wir betrachten eine Zufallsgröße $X \sim F_X$ mit der pos. def. Dichte p_X, die wir als fehlerfreie Beobachtung eines Merkmales interpretieren. Diese Beobachtung werde durch einen zufälligen Fehler Y verfälscht. Dann stellt $X+Y$ ein einfaches Modell für die Überlagerung des Merkmals mit einem Fehler dar. Als Vf. für den Fehler Y wählen wir die symmetrische Dreipunktverteilung

$$F_Y = (1-\alpha)\,\epsilon_0 + \frac{\alpha}{2}\,(\epsilon_{-z} + \epsilon_z), \quad 0 \leq \alpha \leq 1,$$

dabei sei $z > 0$. Ihre c. F. $f_Y(t) = 1 - \alpha\,(1 - \cos\ zt)$ ist für $0 \leq \alpha \leq 1/2$ nichtnegativ, d. h. wenn der Fehler genügend oft verschwindet.

Sind X und Y unabhängig, so hat $X+Y$ die Vf. $F_\alpha := F_X * F_Y$. Sie besitzt die Dichte

$$p_\alpha(x) = (1-\alpha)\,p_X(x) + \frac{\alpha}{2}\,(p_X(x-z) + p_X(x+z)), \quad 0 \leq \alpha \leq \frac{1}{2}.$$

Nach Satz 7.1.1 ist p_α pos. def. Die zu p_α adjungierte Dichte hat die Form

$$\hat{p}_\alpha(x) = \hat{p}_{\alpha 0}\,(1 - \alpha(1 - \cos\ zx))\,f_X(x),$$

dabei bezeichnet f_X die c. F. von F_X, und es gilt

$$2\pi\,\hat{p}_{\alpha 0}\,((1-\alpha)\,p_{X0} + \alpha\,p_X(z)) = 1. \qquad \square$$

Wir wenden uns nun der Differenz $D := Y - X$ zweier unabhängiger und identisch verteilter Zufallsgrößen X und Y mit Dichte q (c. F. g) zu; q_- sei die Dichte von $-X$. Die Differenz D hat dann die Dichte $p_D = q * q_-$. Für die c. F. f_D von p_D gilt

$$f_D(t) = g(t)\,g(-t) = |\,g(t)\,|^2 \geq 0. \tag{7.1.2}$$

p_D ist unter ziemlich allgemeinen Annahmen pos. def. Das Beispiel 3.5.7 läßt sich nämlich wie folgt verschärfen:

Satz 7.1.4 . *Folgende Aussagen sind gleichberechtigt.*

(1) Die Dichte p_D ist pos. def.

(2) Die Dichte p_D ist in einer Nullpunktumgebung beschränkt.

(3) Die c. F. g von q ist in L_2.

(4) Die Dichte q liegt in L_2.

Beweis. Die Aussagen (1) und (3) sind wegen (7.1.2) und Kriterium 3.2.1 äquivalent. — Es sind auch (1) und (2) gleichwertig; dabei ist nur „(2) $\Rightarrow$ (1)“ zu zeigen. Dies folgt aber sofort aus Kriterium 3.2.5. — Schließlich sind (3) und (4) gleichbedeutend, da die Fouriertransformierte g genau dann in L_2 ist, falls q in L_2 liegt (vgl. Satz 3.5.1). $\square$

Es gibt jedoch auch Dichten p_D, die nicht pos. def. sind, wie folgendes Beispiel zeigt.

Beispiel 7.1.5 Es sei $q = g_{a,1}$ die Dichte der Gamma-Verteilung mit den Parametern $a > 0$ und 1 (vgl. Anhang D). Dann gilt für die c. F. von D

$$f_D(t) = \frac{1}{(1+t^2)^a}.$$

Offenbar ist f_D für $a > 1/2$ integrierbar, und p_D ist somit pos. def. (vgl. Kriterium 3.2.1). Für $0 < a \leq 1/2$ dagegen ist f_D nicht integrierbar, d. h. für diese Parameterwerte ist p nicht pos. def. □

Die Differenz zweier unabhängiger Zufallsgrößen mit Re-Dichte (Im-Dichte) q besitzt ebenfalls eine pos. def. Dichte. Ist nämlich q eine Re-Dichte (Im-Dichte) mit c. F. g, so ist die Bedingung (4) aus Satz 7.1.4 erfüllt und liefert die Behauptung. p_D und $\hat{p}_D$ haben entsprechend die Darstellungen

$$p_D(x) = \int_0^\infty q(x+u)q(u)\,du = q_0^2 \int_0^\infty Re\;\hat{g}(x+u)\,Re\;\hat{g}(u)\,du, \quad x \geq 0,$$

$$\hat{p}_D(x) = \frac{1}{\int_{-\infty}^\infty |g(u)|^2\,du}|g(x)|^2.$$

Anstelle einer Re-Dichte q betrachten wir nun die pos. def. Dichte

$$q_s(x) = \begin{cases} \frac{1}{2}q(x) & \text{für} \quad x \geq 0 \\ \frac{1}{2}q(-x) & \text{für} \quad x < 0 \end{cases}. \tag{7.1.3}$$

Die Faltung $p = q_s^{2*}$ läßt sich auf interessante Weise darstellen. Wir haben nämlich

Satz 7.1.6 *Es sei q eine Re-Dichte mit c. F. g. Die Zufallsgrößen X und Y mögen die Dichte (7.1.3) besitzen. Dann hat $X - Y$ die pos. def. Dichte*

$$\begin{aligned} p(x) &= \frac{q_0^2}{4}\int_{-\infty}^\infty Re\;\hat{g}(x+u)\,Re\;\hat{g}(u)\,du \\ &= \frac{q_0^2}{4}\int_{-\infty}^\infty Im\;\hat{g}(x+u)\,Im\;\hat{g}(u)\,du. \end{aligned} \tag{7.1.4}$$

Ihre Adjungierte hat die Gestalt

$$\hat{p}(x) = \frac{1}{2}\frac{1}{\int_0^\infty \hat{q}^2(u)\,du}\hat{q}^2(x).$$

Bemerkung. Nach dem Kriterium von Wiener-Chintchin besitzt die c. F. $\hat{f}$ (von $\hat{p}$) die Darstellung

$$\hat{f}(x) = \int_{-\infty}^{\infty} u(x+t)\overline{u(t)}\, dt \quad \text{mit} \quad \int_{-\infty}^{\infty} |u(t)|^2\, dt = 1.$$

Wir erkennen aus (7.1.4), daß die Funktion u sehr verschieden gewählt werden kann, z. B. $u_1 = C_1\, Re\, \hat{g}$ und $u_2 = C_2\, Im\, \hat{g}$ mit passend gewählten Konstanten C_1 bzw. C_2.

Beweis. Die Dichte $p = q_s^{2*}$ ist nach Satz 7.1.4 pos. def. und besitzt die angegebene Adjungierte $\hat{p}$. Mit Satz 4.1.2 folgt die erste Gleichung von (7.1.4).
Wegen $q \in L_2$ ist auch $\hat{g}$ und somit $Im\, \hat{g}$ in L_2. Nach dem Satz von Wiener-Chintschin ist die Funktion

$$C \int_{-\infty}^{\infty} Im\, \hat{g}(t+u)\, Im\, \hat{g}(u)\, du \quad \text{mit} \quad 1/C := \int_{-\infty}^{\infty} [Im\, \hat{g}(u]^2\, du$$

die c. F einer absolutstetigen Vf. Ihre Dichte ist

$$p^*(x) = \frac{C}{2\pi} \left| \int_{-\infty}^{\infty} e^{ixu} Im\, \hat{g}(u)\, du \right|^2 = \frac{2C}{\pi} \left| \int_0^{\infty} \sin xu\, Im\, \hat{g}(u)\, du \right|^2.$$

Mit dem Fourierschen Umkehrtheorem folgt weiter $p^* = (C\pi/2)\, \hat{q}^2$. Folglich ist $p^* = \hat{p}$, und der zweite Teil von (7.1.4) ist nachgewiesen. □

Setzt man $x = 0$ in (7.1.4) und benutzt Satz 2.4.4, so erhält man den folgenden wichtigen Spezialfall.

Folgerung 7.1.7 *Ist q eine Re-Dichte mit c. F. g, so gilt*

$$\int_0^{\infty} [Im\; g(u)]^2\, du = \int_0^{\infty} [Re\; g(u)]^2\, du = \frac{\pi}{2} \int_0^{\infty} [q(u)]^2\, du.$$

Bemerkung. Die Gleichung zwischen q, $Re\; g$ und $Im\; g$ in Folgerung 7.1.7 ist eine spezielle Form der Parsevalschen Gleichung. Sie wird meistens für absolut integrierbare g abgeleitet, gilt hier also unter schwächeren Bedingungen (vgl. Satz 2.4.4).

Gehen wir von einer monotonen Re-Dichte aus, so erhalten wir

Satz 7.1.8 *Die Zufallsgrößen X und Y seien unabhängig und nach F verteilt, und die Vf. F besitze eine Re-Dichte p.*
Ist p oder $\hat{p}$ monoton, so hat $X + Y$ eine Im-Dichte.

Beweis: Es sei f die c. F. zu F. Nach Satz 4.3.3 ist $F \in \mathcal{F}_I$. Deshalb gilt

$$Im\ f^2(t) = 2Re\ f(t)\, Im\ f(t) \geq 0, \quad t \geq 0,$$

und $Im\ f^2 \in L_1$. Also ist p^{2*} eine Im-Dichte. □

7.2 Produkte und Quotienten von Zufallsgrößen

Wir untersuchen nun, unter welchen Bedingungen Produkte und Quotienten von Zufallsgrößen eine pos. def. Dichte (Re-Dichte, Im-Dichte) haben. Ihre Vf. sind dann Mischungen. In diesem Abschnitt gehen wir allgemein auf solche Mischungen ein, im nächsten speziell auf Mischungen von Normalverteilungen. In § 8.2 behandeln wir außerdem Mischungen von Exponentialverteilungen.

Zunächst benötigen wir folgendes Hilfsresultat über die Existenz der Dichte eines Produktes zweier Zufallsgrößen.

Lemma 7.2.1 *Die Zufallsgrößen X und Y seien unabhängig, $X \sim F_X$ besitze die Dichte p_X, $Y \sim F_Y$, und F_Y sei stetig in 0. Dann hat XY die Dichte*

$$p_{XY}(x) = \int_{-\infty}^{\infty} p_X(\frac{x}{u})\, \frac{1}{|u|}\, dF_Y(u). \tag{7.2.1}$$

Beweis: Für die c. F. f_{XY} von XY folgt aufgrund des Satzes der totalen Erwartung und wegen der Unabhängigkeit von X und Y,

$$\begin{aligned} f_{XY}(t) = Ee^{itXY} &= \int_{-\infty}^{\infty} E(e^{itXY} \mid Y = u)\, dF_Y(u) \\ &= \int_{-\infty}^{\infty} E(e^{itXu} \mid Y = u)\, dF_Y(u) = \int_{-\infty}^{\infty} f_X(tu)\, dF_Y(u), \end{aligned} \tag{7.2.2}$$

dabei ist f_X die c. F. von F_X. Da X die Dichte p_X besitzt, ergibt sich wegen der Stetigkeit von F_Y in 0

$$f_{XY}(t) = \int_{-\infty}^{\infty} \left(\int_{-\infty}^{\infty} e^{itux}\, p_X(x)\, dx \right) dF_Y(u)$$

$$= \int_{-\infty}^{0} \left(\int_{-\infty}^{\infty} e^{itux} p_X(x) \, dx \right) dF_Y(u)$$
$$+ \int_{0}^{\infty} \left(\int_{-\infty}^{\infty} e^{itux} p_X(x) \, dx \right) dF_Y(u).$$

Wir substituieren in den inneren Integralen $v := |u| \, x$ und erhalten

$$f_{XY}(t) = \int_{-\infty}^{0} \left(\int_{-\infty}^{\infty} e^{-itv} p_X(\frac{v}{|u|}) \frac{1}{|u|} dv \right) dF_Y(u)$$
$$+ \int_{0}^{\infty} \left(\int_{-\infty}^{\infty} e^{itv} p_X(\frac{v}{|u|}) \frac{1}{|u|} dv \right) dF_Y(u).$$

Setzen wir $t = 0$, so sehen wir wegen $p_X(v/|u|)/|u| \geq 0$, daß beide Doppelintegrale rechts existieren. Daher können wir die Reihenfolge der Integrationen vertauschen und erhalten

$$f_{XY}(t) = \int_{-\infty}^{\infty} \left(e^{-itv} \int_{-\infty}^{0} p_X(\frac{v}{|u|}) \, \frac{1}{|u|} \, dF_Y(u) \right) dv$$
$$+ \int_{-\infty}^{\infty} \left(e^{itv} \int_{0}^{\infty} p_X(\frac{v}{u}) \, \frac{1}{|u|} \, dF_Y(u) \right) dv$$
$$= \int_{-\infty}^{\infty} e^{itv} \left(\int_{-\infty}^{0} p_X(\frac{-v}{|u|}) \, \frac{1}{|u|} \, dF_Y(u) + \int_{0}^{\infty} p_X(\frac{v}{u}) \, \frac{1}{|u|} \, dF_Y(u) \right) dv$$
$$= \int_{-\infty}^{\infty} e^{itv} \left(\int_{-\infty}^{\infty} p_X(\frac{v}{u}) \, \frac{1}{|u|} \, dF_Y(u) \right) dv.$$

Wegen des Eindeutigkeitssatzes für c. F. besitzt somit das Produkt $X\,Y$ die Dichte (7.2.1). □

Die folgende Bezeichnung erweist sich als nützlich, um die nächsten Resultate übersichtlich zu formulieren. Es sei $X \neq 0$ eine Zufallsgröße, ihre Vf. F_X möge das absolute Moment $M_{F_X,n}$ besitzen. Wir setzen

$$F_{X,(n)}(x) := \frac{1}{M_{F_X,n}} \int_{-\infty}^{x} | \, u \, |^n \; dF_X(u). \qquad (7.2.3)$$

Satz 7.2.2 *Es seien $X \sim F_X$ und $Y \sim F_Y$ unabhängige Zufallsgrößen. Die Vf. F_X habe die pos. def. Dichte p_X.*

(1) Das Produkt XY besitzt genau dann eine pos. def. Dichte p_{XY}, wenn $M_{F_Y,-1} < \infty$ ist.
In diesem Fall hat p_{XY} die Darstellung (7.2.1). Die adjungierte Dichte hat die Gestalt

$$\hat{p}_{XY}(x) = \int_{-\infty}^{\infty} \hat{p}_{F_X}(xu)|u|dF_{Y,(-1)}(u). \tag{7.2.4}$$

(2) Der Quotient X/Y besitzt genau dann eine pos. def. Dichte $p_{X/Y}$, wenn $M_{F_Y,1} < \infty$ ist.
In diesem Fall ist

$$p_{X/Y}(x) = \int_{-\infty}^{\infty} p_X(xu)\,|u|\,dF_Y(u).$$

Die adjungierte Dichte hat die Gestalt

$$\hat{p}_{X/Y}(x) = \int_{-\infty}^{\infty} \hat{p}_X(\frac{x}{u})\frac{1}{|u|}\,dF_{Y,(1)}(u).$$

Beweis. (1) Die c. F. f von XY hat die Darstellung (7.2.2). Dabei ist wegen $f_X \geq 0$ auch $f \geq 0$. Nach dem Satz von Fubini folgt für $T > 0$

$$\begin{aligned} 0 \leq \int_0^T f(t)\,dt &= \int_{-\infty}^{\infty} \int_0^T f_X(t\,u)\,dt\,dF_Y(u) \\ &= \int_{-\infty}^{\infty} \int_0^T f_X(t\,|u|)\,dt\,dF_Y(u) \\ &= \int_{-\infty}^{\infty} \left(\int_0^{T|u|} f_X(v)\,dv \right) \frac{1}{|\,u\,|} dF_Y(u). \end{aligned} \tag{7.2.5}$$

a) Wenn $M_{F_Y,-1} < \infty$, so ist $f \in L_1$, d. h. f hat nach Kriterium 3.2.1 eine pos. def. Dichte p.

b) Gehört umgekehrt zu f eine pos. def. Dichte, so gilt $f \geq 0$, $f \in L_1$. Da das innere Integral von (7.2.5) nichtnegativ ist, folgt aus dem Lemma von Fatou

$$\begin{aligned} \infty > \int_0^{\infty} f(u)\,du &\geq \underline{\lim}_{T\to\infty} \int_{-\infty}^{\infty} \left(\int_0^{T|u|} f_X(v)\,dv \right) \frac{1}{|\,u\,|} dF_Y(u) \\ &\geq \int_0^{\infty} f_X(v)\,dv \int_{-\infty}^{\infty} \frac{1}{|\,u\,|} dF_Y(u), \end{aligned}$$

d. h. $M_{F_Y,-1}$ existiert.

c) Die Darstellung (7.2.1) für p folgt unmittelbar aus Lemma 7.2.1. Wegen (7.2.2), den Fundamentalrelationen und der Definition von $F_{Y,(-1)}$ erhalten wir

$$\begin{aligned}\hat{p}_{XY}(x) &= \frac{\hat{p}_0}{\hat{p}_{X0}} \int_{-\infty}^{\infty} \hat{p}_X(xu)\, dF_Y(u) \\ &= \frac{M_{F_Y,-1}\hat{p}_0}{\hat{p}_{X0}} \int_{-\infty}^{\infty} \hat{p}_{F_X}(xu)|u| dF_{Y,(-1)}(u).\end{aligned}$$

Integrieren wir die letzte Gleichung über $(-\infty,\infty)$, so folgt (7.2.4).

(2) Wählen wir $X_1 = X$ und $Y_1 = 1/Y$, so ergibt sich die Aussage (2) aus (1). □

Folgerung 7.2.3 *Das Produkt zweier unabhängiger Zufallsgrößen mit pos. def. Dichte ist niemals eine Zufallsgröße mit pos. def. Dichte.*

Die folgende Aussage liefert eine inhaltliche Interpretation des Dichtepaares $(p_{XY}, \hat{p}_{XY})$: Wir geben eine Zufallsgröße an, die nach $\hat{p}_{XY}$ verteilt ist.

Folgerung 7.2.4 *Es seien $X \sim F_X$ und $Y \sim F_Y$ unabhängige Zufallsgrößen. Die Vf. F_X habe die pos. def. Dichte p_X.*

(1) Es sei $M_{F_Y,-1} < \infty$. Ferner seien $\hat{X} \sim \hat{F}$ und $Y_{(-1)} \sim F_{Y,(-1)}$ unabhängige Zufallgrößen. Dann gilt

$$XY \sim p_{XY}, \qquad \frac{\hat{X}}{Y_{(-1)}} \sim \hat{p}_{XY}.$$

(2) Es sei $M_{F_Y,1} < \infty$. Weiter seien $\hat{X} \sim \hat{F}$ und $Y_{(1)} \sim F_{Y,(1)}$ unabhängige Zufallgrößen. Dann gilt

$$\frac{X}{Y} \sim p_{X/Y}, \qquad \hat{X}\,Y_{(1)} \sim \hat{p}_{X/Y}.$$

Beispiele 7.2.5 (1) Die Zufallsgrößen $X \sim F_X = N(0,1)$ und $Y(b) \sim F_Y = \Gamma(a,b)$ seien unabhängig. Für $b > 1$ besitzt $Y(b)$ das Moment der Ordnung -1, und es ist

$$M_{F_{Y(b)},-1} = m_{F_{Y(b)},-1} = \frac{1}{b-1}.$$

Weiter folgt nach einfacher Rechnung $F_{Y(b),(-1)} = \Gamma(a, b-1)$. Wir erhalten mit Satz 7.2.2, daß $XY(b)$ für alle $b \geq 1$ und $X/Y(b)$ für alle $b > 0$ pos. def. sind.

Folgerung 7.2.4 liefert schließlich die Aussage: Für $b > 0$ haben $X/Y(b)$ und $X\,Y(b+1)$ zueinander adjungierte pos. def. Dichten.

Die Zufallsgrößen $X/Y(b)$ und $X\,Y(b)$ besitzen beide Vf., die Mischungen von Normalverteilungen sind.

(2) Wir betrachten $n+1$ unabhängige standardisierte normalverteilte Zufallsgrößen X_0, X_1, ..., X_n. Dann ist

$$T := \frac{X_0}{\sqrt{\sum_{j=1}^{n} X_j^2/n}}$$

t-verteilt mit n Freiheitsgraden. Nach Satz 7.2.2 besitzt T eine pos. def. Dichte.

(3) Es seien X und Y unabhängige standardisierte normalverteilte Zufallsgrößen. Dann besitzt der Quotient X/Y bekanntlich die Cauchy-Verteilung $C(0,1)$ (vgl. Aufgabe 7.1.1). Sie hat nach Satz 7.2.2 eine pos. def. Dichte. Ihre adjungierte Dichte $\hat{p}$ ist nach Beispiel 3.1.2 die Dichte der Laplace-Verteilung $L(0,1)$. Dies ist somit die Vf. des Produktes $\hat{X}\,Y_{(1)}$ der unabhängigen Zufallsgrößen $\hat{X} \sim N(0,1)$ und $Y_{(1)}$ mit Vf.

$$F_{Y_{(1)}}(x) = \frac{1}{2}\left\{ \begin{array}{cl} e^{-x^2/2} & \text{für} \quad x < 0 \\ 2 - e^{-x^2/2} & \text{für} \quad x \geq 0 \end{array} \right. . \qquad \Box$$

Um weitere Beispiele zu konstruieren, benötigen wir das folgende Hilfsresultat.

Lemma 7.2.6 *(1) Es sei F_Y die Vf. einer nichtnegativen Zufallsgröße Y mit $m_{F_Y,-1} < \infty$. Weiter sei $Y_{(-1)} \sim F_{Y,(-1)}$.*

$Y \sim 1/Y_{(-1)}$ genau dann, wenn eine Vf. H auf $(0,1]$ mit endlichem Moment $m_{H,-1}$ existiert, so daß die Darstellung

$$F_Y(x) = \left\{ \begin{array}{ll} cH(x) & \text{für} \quad 0 \leq x \leq 1 \\ 1 - c\int_{(0,1/x]} \frac{1}{u}\,dH(u) & \text{für} \quad x > 1 \end{array} \right. \tag{7.2.6}$$

gilt. Dabei ist

$$\frac{1}{c} := \left(1 + \int_{(0,1)} \frac{1}{u}\, dH(u))\right). \tag{7.2.7}$$

Insbesondere gilt $m_{F_Y,-1} = 1$, *und* F_Y *hat im Punkt* 1 *einen Sprung der Höhe*

$$F_Y(1+) - F_Y(1) = 1 - c\left(\int_{(0,1)} \frac{1}{u}\, dH(u) + H(1)\right).$$

(2) *Es sei* F_Y *die Vf. einer nichtnegativen Zufallsgröße* Y *mit* $m_{F_Y,1} < \infty$. *Weiter sei* $Y_{(1)} \sim F_{Y,(1)}$.
$1/Y \sim Y_{(1)}$ *genau dann, wenn eine Vf.* H *auf* $[0,1]$ *existiert, so daß*

$$F_Y(x) = \begin{cases} C\,H(x) & \text{für } 0 \le x \le 1 \\ 1 - C\int_0^{1/x} u\, dH(u) & \text{für } x > 1 \end{cases}$$

gilt. Dabei ist C *durch*

$$C\left(1 + \int_{(0,1)} u\, dH(u)\right) = 1$$

definiert. Insbesondere gilt $m_{F_Y,1} = 1$. *Die Vf.* F_Y *hat im Punkt* 1 *einen Sprung der Höhe*

$$F_Y(1+) - F_Y(1) = 1 - C\left(\int_{(0,1)} u\, dH(u) + H(1)\right).$$

Beweis: (1) a) Es gelte $Y \sim 1/Y_{(-1)}$. Dies ist gleichwertig mit

$$\begin{aligned} F_Y(x+) &= 1 - F_{Y_{(-1)}}\left(\frac{1}{x}\right) \\ &= 1 - \frac{1}{m_{F_Y,-1}} \int_0^{1/x} \frac{1}{u}\, dF_Y(u), \quad x > 0. \end{aligned} \tag{7.2.8}$$

Aus unserer Voraussetzung folgt $Y^{-1/2} \sim Y_{(-1)}^{1/2}$. Wegen $m_{F_Y,-1} < \infty$ existiert auch $E\,Y^{-1/2} > 0$, und wir haben

$$E\,Y^{-1/2} = E\,Y_{(-1)}^{1/2} = \frac{1}{m_{F_Y,-1}} \int_0^{\infty} \frac{1}{u^{1/2}}\, dF_Y(u) = \frac{1}{m_{F_Y,-1}} E\,Y^{-1/2}.$$

Somit ist $m_{F_Y,-1} = 1$, und (7.2.8) vereinfacht sich zu

$$F_Y(x+) = 1 - \int_0^{1/x} \frac{1}{u}\, dF_Y(u), \quad x > 0. \tag{7.2.9}$$

Weiter haben wir $F_Y(1+) > 0$, da $F_Y(1+) = 0$ einen Widerspruch zu (7.2.9) ergibt. Wegen (7.2.9) gilt (7.2.6) mit $H = F_Y/F_Y(1+)$ und $c = F_Y(1+)$. Außerdem sind (7.2.7) und (7.2.8) erfüllt.

b) Es sei nun F_Y durch (7.2.6) mit (7.2.7) gegeben. Dann gilt auch (7.2.8). Wir erhalten $m_{F_Y,-1} = 1$, denn es ist

$$\begin{aligned} m_{F_Y,-1} &= c\int_{(0,1)} \frac{1}{u}\, dH(u) + F_Y(1+) - F_Y(1) + \int_{(1,\infty)} \frac{1}{u}\, dF_Y(u) \\ &= 1 - cH(1) + \int_{(0,1)} u\, dF_Y(\frac{1}{u}) = 1 - cH(1) + c\int_{(0,1)} dH(u) = 1. \end{aligned}$$

Für $x > 1$ gilt (7.2.8) wegen

$$F_Y(x) = 1 - c\int_{(0,x)} \frac{1}{u}\, dH(u) = 1 - \int_{(0,x)} \frac{1}{u}\, dF_Y(u).$$

Für $x \le 1$ folgt (7.2.8) aus

$$\begin{aligned} \int_{(0,1/x)} \frac{1}{u}\, dF_Y(u) &= \int_{(0,1/x)} \frac{1}{u}\, d\left(1 - \int_0^{1/u} \frac{1}{v}\, dF_Y(v)\right) \\ &= \int_{(0,1/x)} d\left(1 - F_Y(\frac{1}{u}+)\right) = 1 - F_Y(x+). \end{aligned}$$

Wir haben also $Y \sim 1/Y_{(-1)}$.

Der Teil (2) wird analog zu (1) nachgewiesen. □

Beispiel 7.2.7 Die Zufallsgrößen $X \sim F_X$ und $0 \le Y \sim F_Y$ seien unabhängig. Die Vf. F_X besitze eine selbstadjungierte pos. def. Dichte p_X, und es sei $m_{F_Y,-1} < \infty$. Nach Satz 7.2.2 besitzt die Vf. F_{XY} von XY eine pos. def. Dichte, und nach Folgerung 7.2.4 ist diese Dichte selbstadjungiert, wenn $Y \sim 1/Y_{(-1)}$. Durch Lemma 7.2.6 haben wir die komplette Beschreibung solcher Vf. F_Y. Ist z. B. $H(x) = x^2$, $0 \le x \le 1$, so ergibt sich $c = 1/3$ und

$$F_Y(x) = \begin{cases} \frac{1}{3}x^2 & \text{für } 0 \le x \le 1 \\ 1 - \frac{2}{3}\frac{1}{x} & \text{für } x > 1 \end{cases}. \qquad \square$$

Re-Dichten und pos. def. Dichten entsprechen sich eineindeutig, daher können die Resultate für pos. def. Dichten problemlos auf Re-Dichten übertragen werden (vgl. Aufgabe 7.2.4). Für Im-Dichten werden wir weitere Resultate ableiten. Besonders interessant sind auch Folgerungen, die wir bei der gleichzeitigen Betrachtung von Re- und Im-Dichten erhalten (vgl. Aufgabe 7.2.7).

Satz 7.2.8 *Die nichtnegativen Zufallsgrößen X und $\tilde{Y}$ seien unabhängig, $X \sim F$ mit Re-Dichte p_F und $\tilde{Y} \sim \tilde{G}$ mit Im-Dichte $\tilde{p}_G$.*

(1) Das Produkt $X\tilde{Y}$ hat die Re-Dichte

$$p_{X\tilde{Y}}(x) = m_{\tilde{G},-1} \int_0^\infty p_F(\frac{x}{u}) p_{G_I}(u)\, du.$$

Ihre Adjungierte hat die Gestalt

$$\hat{p}_{X\tilde{Y}}(x) = \frac{1}{m_{\tilde{G},-1}} \int_0^\infty \hat{p}_F(xu) p_{\tilde{G}}(u)\, du. \tag{7.2.10}$$

(2) Es seien weiter $\hat{X} \sim \hat{F}$ und $\tilde{Y}_{(-1)} \sim \tilde{G}_{(-1)}$ unabhängig. Dann gilt

$$X\tilde{Y} \sim p_{X\tilde{Y}}, \qquad \frac{\hat{X}}{\tilde{Y}_{(-1)}} \sim \hat{p}_{X\tilde{Y}}.$$

Satz 7.2.2 läßt sich problemlos auf Im-Dichten übertragen, wir erhalten

Satz 7.2.9 *Die nichtnegativen Zufallsgrößen $X \sim G$ und $Y \sim F$ seien unabhängig, G habe die Im-Dichte p_G. Dann gilt:*

(1) Das Produkt XY besitzt genau dann eine Im-Dichte p_{XY}, wenn F das Moment der Ordnung -1 hat. In beiden Fällen hat p_{XY} die Darstellung

$$p_{XY}(x) = \int_0^\infty p_G(\frac{x}{u}) \frac{1}{u}\, dF(u).$$

Ihre adjungierte Dichte hat die Gestalt

$$\tilde{p}_{XY}(x) = \int_0^\infty u\tilde{p}_G(xu)\, dF_{Y,(-1)}(u).$$

(2) Der Quotient X/Y besitzt genau dann eine Im-Dichte $p_{X/Y}$, wenn F das Moment der Ordnung 1 hat. Dabei hat p die Darstellung

$$p_{X/Y}(x) = \int_0^\infty p_G(xu)\, u\, dF(u).$$

Für ihre adjungierte Dichte gilt

$$\tilde{p}_{X/Y}(x) = \int_0^\infty \tilde{p}_G\left(\frac{x}{u}\right)\frac{1}{u}\, dF_{Y,(1)}(u).$$

Als Spezialfall erhalten wir

Korollar 7.2.10 *Das Produkt zweier unabhängiger Zufallsgrößen mit Im-Dichten hat wieder eine Im-Dichte.*

Ähnlich wie Satz 7.2.2 eine Interpretation gewisser pos. def. Dichtepaare $(p, \hat{p})$ liefert, können wir jetzt gewisse Im-Dichtepaare durch Zufallsgrößen beschreiben.

Folgerung 7.2.11 *Die nichtnegativen Zufallsgrößen $X \sim G$ und $Y \sim F$ seien unabhängig, G habe die Im-Dichte p_G.*

(1) Es sei $m_{F_Y,-1} < \infty$. Ferner seien $\tilde{X} \sim \tilde{G}$ und $Y_{(-1)} \sim F_{(-1)}$ unabhängige Zufallsgrößen. Dann gilt:

$$X\,Y \sim p_{XY}, \quad \frac{\tilde{X}}{Y_{(-1)}} \sim \tilde{p}_{XY}.$$

(2) Es sei $m_{F_Y,1} < \infty$ und $\tilde{X} \sim \tilde{G}$ und $Y_{(1)} \sim F_{(1)}$ seien unabhängige Zufallsgrößen. Dann gilt:

$$\frac{X}{Y} \sim p_{X/Y}, \quad \tilde{X}Y_{(1)} \sim \tilde{p}_{X/Y}.$$

Beispiel 7.2.12 Wir ändern das Beispiel 7.2.5 geringfügig ab. Die Zufallsgrößen $X \sim F = \Phi_0$ und $\tilde{Y} \sim \tilde{G} = G_0$ (Rayleigh-Verteilung) seien unabhängig. Dann ergibt sich aus Satz 7.2.8 für die Dichte p von $X\tilde{Y}$

$$\begin{aligned} p(x) &= m_{\tilde{G},-1} \int_0^\infty \sqrt{\frac{2}{\pi}} e^{-x^2/(2u^2)} \sqrt{\frac{2}{\pi}} e^{-u^2/2}\, du \\ &= \frac{2}{\pi} \int_0^\infty e^{-1/2[x^2/u^2 + u^2]}\, du \end{aligned}$$

und für ihre Adjungierte

$$\hat{p}(x) = \frac{2}{\pi} \int_0^\infty u e^{-u^2/2[x^2+1]} \, du = \frac{2}{\pi} \frac{1}{1+x^2}.$$

Somit ist $\hat{p}$ die Dichte der in 0 gestutzten Cauchy-Verteilung C_0, und deswegen ist p die Dichte der Exponentialverteilung $Exp(1)$. Vergleichen wir die letzten beiden Gleichungen, so erhalten wir insbesondere die Identität

$$\frac{2}{\pi} \int_0^\infty e^{-[t^2/u^2+u^2]/2} \, du = e^{-t}, \quad t > 0. \tag{7.2.11}$$

Der Quotient $\tilde{Y}/X$ hat nach Beispiel 5.2.2 eine Vf. aus $\mathcal{F}_I$. Nach Satz 7.2.9 besitzt er sogar die Im-Dichte

$$p_{\tilde{Y}/X}(x) = \int_0^\infty u\,(xu) \sqrt{\frac{2}{\pi}} e^{-(xu)^2/2} e^{-u^2/2} \, du = \frac{x}{(1+x^2)^{3/2}}.$$

Mit Beispiel 5.2.2 folgt für die adjungierte Dichte

$$\tilde{p}_{\tilde{Y}/X}(x) = x\, K_0(x), \quad x > 0,$$

dabei ist K_0 die modifizierte Bessel-Funktion zweiter Art der Ordnung 0. Wir erhalten damit eine weitere Eigenschaft dieser Bessel-Funktion, nämlich die Existenz von

$$\int_0^\infty u \, dK_0(u) < \infty. \qquad \square$$

Bemerkung. Besitzt $X \sim G$ eine Im-Dichte p_G und ist $Y \sim F$, so kann die Dichte des Produktes der unabhängigen Zufallsgrößen X und Y auch eine Re-Dichte sein. Ein Beispiel für diesen Sachverhalt liefert Kriterium 5.2.3. Ist nämlich $F = U_{[0,1]}$, so haben wir: Die Vf. des Produktes XY besitzt die Re-Dichte

$$p_J(x) = \frac{1}{m_{\tilde{G}_I,-1}} \left[1 - \tilde{G}_I(x)\right].$$

7.3 Mischungen von Normalverteilungen

Es seien $X \sim N(0,1)$ und $Y \sim F_Y$ unabhängige Zufallsgrößen, weiter sei $F_Y(0+) = 0$. Wir betrachten die Skalierungsmischung F von X bezüglich Y, d. h. die Vf. F von X/Y. Die Vf. F, die zugehörige Dichte p und die c. F. f haben die Gestalt (vgl. Anhang A)

$$F(x) = \int_0^\infty \frac{1}{\sqrt{2\pi}} \left(\int_{-\infty}^{xu} e^{-v^2/2}\, dv \right) dF_Y(u), \quad x \geq 0,$$

$$p(x) = \int_0^\infty \frac{1}{\sqrt{2\pi}} e^{-(xu)^2/2}\, u\, dF_Y(u), \quad x > 0, \tag{7.3.1}$$

bzw.

$$f(t) = \int_0^\infty e^{-t^2/(2u^2)}\, dF_Y(u).$$

Eine solche Mischung ist 0-unimodal. Das folgt aus Eigenschaft 9 unimodaler Verteilungen, da $N(0,\sigma^2)$ 0-unimodal ist.

Die c. F. f ist nichtnegativ, deshalb führen Kriterium 3.2.5 und Satz 7.2.2 sofort auf

Satz 7.3.1 *Die Dichte (7.3.1) ist genau dann pos. def., wenn eine der folgenden Bedingungen erfüllt ist:*

(i) $p_0 < \infty$.

(ii) $m_{F_Y,1} < \infty$.

In diesem Fall ist die Adjungierte ebenfalls eine Mischung von Normalverteilungen.

Bemerkung: Der Begriff einer Mischung von Normalverteilungen wird in der Literatur nicht einheitlich gefaßt. Neben den oben behandelten Skalierungsmischungen werden sogenannte *Varianzmischungen* von Normalverteilungen eingeführt. Hier wird anstelle des Quotienten X/Y das Produkt $X\sqrt{Y}$ betrachtet (vgl. Bondesson (1992)). Interessante Beispiele hat Gneiting (1997),(1998) angegeben.

Eine einfache Transformation zeigt, daß zwischen der Dichte (7.3.1) und einer vollmonotonen Funktion enge Beziehungen bestehen. Es gilt nämlich die Darstellung

$$p(\sqrt{x}) = \int_0^\infty e^{-xv} \sqrt{\frac{v}{\pi}}\, dF_Y(\sqrt{2v}), \quad x > 0.$$

Nach dem Eindeutigkeitssatz für Laplace-Transformationen ist somit die Vf. von X/Y eindeutig durch die Vf. von Y bestimmt.

Mit dem Satz von Bernstein ergibt sich sogar (vgl. Aufgabe 8.2.6 und Andrews und Mallows (1974)).

Satz 7.3.2 *Eine Dichte p ist genau dann Mischung von Normalverteilungen, wenn $p(\sqrt{x})$ auf $(0,\infty)$ vollmonoton ist.*

Viele in der Statistik benutzten Vf. sind Mischungen von Normalverteilungen. Wir führen einige Beispiele dazu an und untersuchen, welche dieser Mischungen pos. def. Dichten besitzen.

Beispiel 7.3.3 Die t-Verteilung ist nach Beispiel 7.2.5 (2) eine Mischung von Normalverteilungen mit pos. def. Dichte.

Für weitere Beispiele treffen wir die folgenden Vorbereitungen.

(i) Es sei F_a die symmetrisch stabile Vf. mit dem Exponenten a, $0 < a \leq 2$. Ihre c. F. f_a hat die Gestalt

$$f_a(t) = e^{-|t|^a},$$

daher besitzt F_a eine pos. def. Dichte p_a (vgl. Beispiel 3.2.2).

(ii) Wir benötigen weiter, daß

$$h_b(t) := e^{-t^b}, \quad t \geq 0, \quad 0 < b < 1,$$

die Laplace-Transformierte einer Vf. H_b auf $(0,\infty)$ ist. Wir bemerken dazu, daß e^{-t} und die Ableitung der Funktion t^b, $0 < b < 1$, vollmonotone Funktionen sind. Deshalb ist auch die Verkettung dieser Funktionen, h_b, vollmonoton (vgl. Aufgabe 7.3.2). Wegen $h_b(0) = 1$ existiert aufgrund des Satzes von Bernstein eine Vf. H_b, so daß gilt:

$$h_b(t) = \int_0^\infty e^{-tu} dH_b(u).$$

Es zeigt sich sogar, daß H_b eine stabile Vf. ist (vgl. z. B. Feller (1971)).

(iii) Mit der Weibull-Verteilung $G = W(1, c)$, $c > 0$, definieren wir die beschränkte und monotone Dichte

$$p_{L_c}(x) := \frac{1}{m_{G,1}} [1 - G(x)] = \frac{1}{\Gamma(1 + 1/c)} e^{-x^c}, \quad x \geq 0,$$

mit der Vf. L_c.

Über Produkte unabhängiger Zufallsgrößen mit symmetrisch stabiler Vf. F_a, stabiler Vf. H_b bzw. Vf. L_c lassen sich folgende Aussagen treffen.

Lemma 7.3.4 *(1) Es seien $X \sim F_a$, $0 < a \leq 2$, und $Y \sim H_b$, $0 < b < 1$, unabhängige Zufallsgrößen. Dann ist $X\, Y^{1/a} \sim F_{ab}$.*

(2) Es seien $X \sim F_a$ und $W \sim L_c$ unabhängige Zufallsgrößen. Dann hat $V := X\, W^{c/a}$ die c. F.

$$f_V(t) = \frac{1}{(1 + |t|^a)^{1/c}}. \tag{7.3.2}$$

Beweis: (1) Für die c. F. f von $S := X\, Y^{1/a}$ erhalten wir mit dem Satz von der totalen Erwartung

$$\begin{aligned} f(t) := E\, e^{itS} &= \int_0^\infty E(e^{it\, u^{1/a} X} | Y = u)\, dH_b(u) \\ &= \int_0^\infty E e^{it\, u^{1/a} X}\, dH_b(u) = \int_0^\infty e^{-t^a u}\, dH_b(u) = e^{-t^{ab}}. \end{aligned}$$

Somit hat S ebenfalls eine symmetrisch stabile Vf., und zwar ist $S \sim F_{ab}$.

(2) Wir bestimmen die c. F. f_V von $V := X\, W^{c/a}$. Der Satz von der totalen Erwartung liefert (vgl. Ryžik/Gradstejn (1957))

$$\begin{aligned} f_V(t) &= \int_0^\infty E e^{it\, u^{c/a} X}\, dL_c(u) = \int_0^\infty e^{-|t|^a u^c}\, dL_c(u) \\ &= \frac{1}{\Gamma(1 + 1/c)} \int_0^\infty e^{-(|t|^a + 1) u^c}\, du = \frac{\Gamma(1/c)}{c\Gamma(1 + 1/c)} \left(\frac{1}{1 + |t|^a} \right)^{1/c}. \end{aligned}$$

Wegen $x\, \Gamma(x) = \Gamma(x + 1)$ folgt (7.3.2). □

Beispiel 7.3.5 Es sei F_γ die symmetrisch stabile Vf. mit dem Exponenten γ, $0 < \gamma \leq 2$. Wir wenden Lemma 7.3.4 (1) mit $a = 2$ und $b = \gamma/2$ an. Dann ist F_γ die Vf. des Produktes $T := X\sqrt{Y}$ der unabhängigen Zufallsgrößen $X \sim N(0,1)$ und $Y \sim H_{\gamma/2}$, d. h. F_γ ist eine Mischung von Normalverteilungen. Insbesondere ist die Laplace-Verteilung eine Mischung von Normalverteilungen mit pos. def. Dichte (vgl. Aufgabe 7.3.6).

Außerdem gilt: (1) Nach Beispiel 3.2.2 besitzt F_γ für $0 \leq \gamma \leq 2$ eine pos. def. Dichte p_γ.

(2) Aufgrund von Satz 7.2.2 hat die stabile Vf. H_b, $0 < b < 1$, ein endliches Moment der Ordnung $-1/2$. □

In der robusten Statistik wird zur Modellierung vielfach die Klasse der *exponentiellen Potenz-Vf.* benutzt. Ihre Dichte besitzt mit einer passenden Konstanten $C = C(a)$ die Gestalt

$$q_a(x) = C\, e^{-|x|^a}, \quad a > 0,$$

(vgl. z. B. Box/Tiao(1992), Johnson/Kotz/Balakrishnan (1995), § 28). Für $a = 2$ ist q_a die Dichte der Normalverteilung $N(0,1)$ und für $a = 1$ die der Laplace-Verteilung $L(0,1)$. Nur im Fall $0 < a \leq 2$ ist q_a pos. def. Für diese Parameterwerte ist q_a die Adjungierte zu p_a (vgl. Aufgabe 7.3.3).

Beispiel 7.3.6 Aus Lemma 7.3.4 ist zu erkennen, daß

$$g_{\alpha,\beta}(t) = \frac{1}{(1+|t|^\alpha)^\beta}, \; 0 < \alpha \leq 2, \; \beta > 0,$$

eine c. F. ist. Damit wird die Aussage in Beispiel 2.5.2 verschärft. Da $g_{\alpha,\beta}$ die c. F. des Produktes $V := T\,W^{1/\alpha\beta}$ der unabhängigen Zufallsgrößen $T \sim F_\alpha$ und $W \sim L_{1/\beta}$ ist, folgt mit Beispiel 7.3.5: $V = X\sqrt{Y}W^{\beta/\alpha}$. Die zu $g_{\alpha,\beta}$ gehörige Vf. ist also eine Mischung von Normalverteilungen.

Die c. F. $g_{\alpha,\beta}$ ist offensichtlich für $\beta > \alpha$ integrierbar. Sie stellt also bis auf einen Faktor eine Dichte dar, die als Dichte der verallgemeinerten Cauchy-Verteilung bekannt geworden ist (vgl. z. B. Johnson/Kotz/Balakrishnan (1994), § 16):

$$p(x) := \frac{\alpha\Gamma(\beta)}{2\Gamma(1/\alpha)\Gamma(\beta - 1/\alpha)} \frac{1}{(1+|x|^\alpha)^\beta}, \; 0 < \alpha \leq 2, \; \beta > 1/\alpha.$$

p ist pos. def., und die zugehörige Vf. ist eine Mischung von Normalverteilungen. □

Die logistische Vf.

$$F_{log}(x) = \frac{1}{1+e^{-x}}$$

wird zur Beschreibung von Wachstumsvorgängen mit Sättigung benutzt. Offenbar ist ihre Dichte

$$p_{log}(x) = \frac{e^{-x}}{(1+e^{-x})^2} = \frac{1}{4\cosh^2(x/2)}$$

0-unimodal. Die Vf. F_{log} wird erfolgreich z. B. bei der Modellierung von Einkommen eingesetzt und hat wichtige Anwendungen in vielen verschiedenen Gebieten gefunden (vgl. Balakrishnan (1992)).

Beispiel 7.3.7 Wir zeigen, daß die logistische Vf. F_{log} eine Mischung von Normalverteilungen ist (vgl. Andrews und Mallows (1974)). Sie besitzt eine pos. def. Dichte.

Als erstes beweisen wir, daß F_{log} eine Mischung von Normalverteilungen ist. Dazu benutzen wir die Kolmogorov-Verteilung K, die in der Statistik eine große Rolle spielt:

$$\begin{aligned} K(x) &:= \sum_{k=-\infty}^{\infty} (-1)^k e^{-2k^2x^2} \\ &= 1 - 2\sum_{k=1}^{\infty}(-1)^{k-1} e^{-2k^2x^2}, \quad x > 0. \end{aligned} \tag{7.3.3}$$

Wir betrachten nun die unabhängigen Zufallsgrößen $X \sim N(0,1)$ und $Y \sim K$ und zeigen, daß $2XY \sim F_{log}$ ist.

Es sei F_+ die Vf. von $2|X|Y$. Die Zufallsgröße $|X|$ ist nach Φ_0 verteilt. Mit dem Satz der totalen Wahrscheinlichkeit erhalten wir

$$\begin{aligned} F_+(x) &= \sqrt{\frac{2}{\pi}} \int_0^{\infty} K\left(\frac{x}{2u}\right) e^{-u^2/2}\, du \\ &= \sum_{k=-\infty}^{\infty} (-1)^k \sqrt{\frac{2}{\pi}} \int_0^{\infty} e^{-(u^2+4k^2x^2/(2u)^2)/2}\, du. \end{aligned}$$

Das Integral auf der rechten Seite läßt sich mit der Identität (7.2.11) berechnen. Setzen wir dort $t = kx$, so entsteht

$$\sqrt{\frac{2}{\pi}} \int_0^\infty e^{-(u^2+k^2x^2/u^2)/2}\, du = e^{-kx}, \quad x > 0.$$

Damit ergibt sich

$$F_+(x) = 1 - 2\sum_{k=1}^{\infty}(-1)^{k-1}e^{-kx} = 1 - 2e^{-x}\frac{1}{1+e^{-x}} = \frac{1-e^{-x}}{1+e^{-x}},$$

die zugehörige Dichte ist

$$p_{F_+}(x) = \frac{2e^{-x}}{(1+e^{-x})^2}, \quad x > 0.$$

Bilden wir schließlich das Produkt der unabhängigen Zufallsgrößen $|X|$ und W, wobei W auf $\{-1,1\}$ gleichmäßig verteilt ist, so finden wir: $W|X| \sim X \sim N(0,1)$ und somit $2XY \sim F_{log}$, d. h. F_{log} ist Mischung von Normalverteilungen. Die zugehörige Dichte p_{log} ist nach Satz 7.3.1 pos. def.

Wir bestimmen nun noch die adjungierte Dichte. Zunächst stellen wir mit Satz 7.2.2 fest, daß die Kolmogorov-Verteilung K das Moment der Ordnung -1 besitzt, und zwar gilt $m_{K,-1} = \sqrt{\pi/2}$ (vgl. Aufgabe 7.3.5). Deshalb können wir die Zufallsgröße $Y_{(-1)}$ mit Vf.

$$K_{(-1)}(x) := \frac{1}{m_{K,-1}}\int_0^x \frac{1}{u}\, dK(u) = \sqrt{\frac{2}{\pi}}\int_0^x \frac{1}{u}\, dK(u)$$

einführen und die unabhängigen Zufallsgrößen X und $Y_{(-1)}$ betrachten. Nach Satz 7.2.2 gilt dann: $X/Y_{(-1)}$ besitzt die adjungierte Dichte $\hat{p}_{log}$. Zur Berechnung der c. F. f_{log} von F_{log} (und damit von $\hat{p}_{log}$) führen wir die Zufallsgröße $V \sim F_{log}$ ein und betrachten die Erwartung

$$Ee^{sV} = \int_{-\infty}^{\infty} e^{su}\, dF_{log}(u) = \int_{-\infty}^{0} \frac{e^{(s+1)u}}{(1+e^u)^2}\, du + \int_0^\infty \frac{e^{-(s-1)u}}{(1+e^{-u})^2}\, du.$$

Sie existiert für s, $-1 < s < 1$. Wir ersetzen u durch $v = 1/(1+e^u)$ und erhalten

$$Ee^{sV} = \int_0^1 v^{-s}(1-v)^s\, dv = \int_0^1 v^{(1-s)-1}(1-v)^{(1+s)-1}\, dv, \quad -1 < s < 1.$$

Benutzen wir die Beta-Funktion

$$B(a,b) = \int_0^1 u^{a-1}(1-u)^{b-1}\,du,\ a > 0\,, b > 0,$$

sowie die Identitäten

$$B(a,b) = \frac{\Gamma(a)\Gamma(b)}{\Gamma(a+b)},\ \Gamma(1+x) = x\Gamma(x),\ \Gamma(x)\Gamma(1-x) = \frac{\pi}{\sin \pi x},$$

so folgt

$$Ee^{sV} = B(1-s, 1+s) = \Gamma(1-s)\Gamma(1+s) = \frac{\pi s}{\sin \pi s}, \qquad -1 < s < 1.$$

Damit ergibt sich für die c. F. f_{log}

$$f_{log}(t) = Ee^{itV} = \frac{\pi t}{\sinh \pi t}.$$

Daraus erhalten wir die adjungierte Dichte

$$\hat{p}_{log}(x) = \frac{1}{2\pi p_{log}(0)} f_{log}(x) = \frac{2x}{\sinh \pi x}.$$

Wir haben somit das Paar pos. def. Dichten (vgl. Beispiel 3.1.5)

$$(p_{log}, \hat{p}_{log}) = \left(\frac{1}{4\cosh^2(x/2)}, \frac{2x}{\sinh \pi x} \right).$$

□

Da für F_{log} und $N(0,1)$ die Momente der Ordnungen $1, 2, \ldots$ existieren, gilt dies auch für K (vgl. Aufgabe 7.3.6). Wir erhalten also

Folgerung 7.3.8 *Die Kolmogorov-Verteilung K (vgl. 7.3.3) besitzt alle Momente der Ordnung ≥ -1.*

Die selbstadjungierten Mischungen von Normalverteilungen lassen sich mit Hilfe von Lemma 7.2.6 auf einfache Weise charakterisieren.

Satz 7.3.9 *Es seien $X \sim N(0,1)$ und $0 \le Y \sim F_Y$ unabhängige Zufallsgrößen. Der Quotient X/Y hat genau dann eine selbstadjungierte pos. def. Dichte, wenn eine Vf. H auf $[0,1]$ existiert, so daß die Darstellung*

$$F_Y(x) = \begin{cases} C\,H(x) & \textit{für} \quad 0 \le x \le 1 \\ 1 - C\int_0^{1/x} u\,dH(u) & \textit{für} \quad x > 1 \end{cases} \tag{7.3.4}$$

mit

$$\frac{1}{C} := 1 + \int_{(0,1)} u\,dH(u)$$

gilt.

Beweis: a) Die Mischung von X bezüglich Y besitze eine selbstadjungierte pos. def. Dichte p. Nach Satz 7.2.2 existiert $m_{F_Y,1}$, so daß $F_{Y,(1)}$ erklärt ist. Es seien weiter $X \sim N(0,1)$ und $Y_{(1)} \sim F_{Y,(1)}$ unabhängige Zufallsgrößen. Dann sind nach Folgerung 7.2.4 X/Y und $X\,Y_{(1)}$ identisch verteilt. Da die mischende Vf. einer Mischung von Normalverteilungen eindeutig bestimmt ist, erhalten wir $1/Y \sim Y_{(1)}$. Wir wenden nun Lemma 7.2.6 (2) auf die Vf. von $Y_{(1)}$ an und erhalten die Behauptung.

b) Gilt umgekehrt (7.3.4), so folgt mit Lemma 7.2.6 (1) die Beziehung $1/Y \sim Y_{(1)}$, also auch $X/Y \sim X\,Y_{(1)}$, d. h. X/Y besitzt eine selbstadjungierte pos. def. Dichte. □

Beispiel 7.3.10 Wir wählen in Satz 7.3.9 die Dichte

$$h(x) = \frac{\sqrt{2}}{(1+x^2)^{3/2}}, \quad 0 \le x \le 1.$$

Dann erhalten wir $C = 1/\sqrt{2}$ und somit die Re-Dichte

$$p_Y(x) = \frac{1}{(1+x^2)^{3/2}}, \quad x \ge 0,$$

(vgl. Beispiel 5.3.10). Somit besitzt X/Y eine selbstadjungierte pos. def. Dichte. □

Aufgaben

Aufgabe 7.1.1 *Es seien X und Y unabhängige standardisierte normalverteilte Zufallsgrößen. Zeigen Sie, daß X/Y eine pos. def. Dichte besitzt, und zwar die Cauchy-Dichte.*

Aufgabe 7.1.2 *Die Zufallsgrößen X und Y seien unabhängig mit der beschränkten Dichte q. Dann besitzt die Differenz $Y - X$ eine pos. def. Dichte.*

Aufgabe 7.2.1 *Sind $X \sim \Phi_0$ und $Y \sim G_0$ (Rayleigh-Verteilung) unabhängige Zufallsgrößen, so hat der Quotient X/Y die Re-Dichte*

$$p(x) = \frac{1}{(1+x^2)^{3/2}}, \quad x \geq 0.$$

(Dies ist die in 0 gestutzte t-Verteilung mit 2 Freiheitsgraden.)

Aufgabe 7.2.2 *Es seien $X \sim F_X$ und $Y \sim F_Y$ unabhängige Zufallsgrößen, es besitze F_X eine pos. def. Dichte p_X und F_Y das Moment der Ordnung -1. Nach Satz 7.2.2 hat die Vf. F von XY eine pos. def. Dichte p. Zeigen Sie: $p_0 = p_{X0} m_{F_Y,-1}$.*

Aufgabe 7.2.3 *Es seien $X \sim F_X$ und $Y \sim F_Y$ unabhängige Zufallsgrößen. Es gelte für $r > 0$*

$$F_X(x) = \begin{cases} 0 & , \text{ wenn } \quad x \leq 0 \\ x^r & , \text{ wenn } \quad 0 < x \leq 1 \\ 1 & , \text{ wenn } \quad x > 1 \end{cases} .$$

a) Bestimmen Sie die Dichte p und c. F. f von XY.
b) Für welche r ist p unimodal?
c) Wann ist p pos. def.?

Aufgabe 7.2.4 *Formulieren und beweisen Sie den Satz 7.2.2 für Re-Dichten.*

Aufgabe 7.2.5 *Besitzt X eine Re-Dichte und Y eine Re-Dichte, so besitzt das Produkt XY niemals eine Re-Dichte.*

Aufgabe 7.2.6 *Beweisen Sie das Lemma 7.2.6 (2).*

Aufgabe 7.2.7 *Beweisen Sie den Satz 7.2.8.*

Aufgabe 7.2.8 *Es sei $(p, \hat{p})$ ein Re-Dichtepaar mit monotonen Komponenten. Die Zufallsgröße X mit Dichte p und $Y \sim F_Y$ mit $m_{F_Y,1} < \infty$ seien unabhängig. Zeigen Sie: Dann ist das Paar $(p_{X/Y}, \hat{p}_{X/Y})$ wieder ein Re-Dichtepaar mit zwei monotonen Komponenten.*

Aufgabe 7.3.1 *Es seien $X \sim N(0,1)$ und $Y \geq 0$ unabhängige Zufallsgrößen. Zeigen Sie, daß die Vf. F von $X\sqrt{Y}$ die Darstellung $F = \alpha\epsilon_0 + (1-\alpha)F_1$ mit $\alpha = P\{Y = 0\})$ besitzt. Dabei ist F_1 eine (Skalierungs-) Mischung von Normalverteilungen.*

Aufgabe 7.3.2 *Ist eine Funktion h auf $(0, \infty)$ vollmonoton und besitzt eine Funktion k eine vollmonotone Ableitung, so ist die Funktion $h(k)$ vollmonoton.*

Aufgabe 7.3.3 *Zeigen Sie, daß für $a > 2$ die Funktion $q_a(x) = e^{-|x|^a}$ keine c. F. ist.*
Hinweis: *Betrachten Sie die Funktion $(1 - q_a(x))/x^2$.*

Aufgabe 7.3.4 *Die Laplace-Verteilung mit der Dichte $p(x) = e^{-|x|}/2$ ist eine Mischung von Normalverteilungen. Bestimmen Sie die mischende Vf.*

Aufgabe 7.3.5 *Für die Kolmogorov-Verteilung K gilt:*

$$m_{K,-1} = \sqrt{\frac{\pi}{2}}, \quad m_{K,1} = \sqrt{\frac{\pi}{2}} \ln 2.$$

Aufgabe 7.3.6 *Es seien X und Y unabhängige, nichtnegative Zufallsgrößen, und es gelte $0 < EX < \infty$. Zeigen Sie: Existiert $E\,XY$, so auch EY.*

Aufgabe 7.3.7 *Es seien X und Y unabhängige Zufallsgrößen und ihre Vf. seien Mischungen von Normalverteilungen. Zeigen Sie: Die Vf. von $X+Y$ ist ebenfalls eine Mischung von Normalverteilungen.*

Aufgabe 7.3.8 *Es seien $X \sim N(0,1)$ und $0 < Y_n \sim G_n$, $n \geq 1$, unabhängige Zufallsgrößen und die Vf. von X/Y_n sei F_n. Zeigen Sie: Die Folge $\{F_n\}$ konvergiert genau dann vollständig gegen eine Vf. F, wenn die Folge $\{G_n\}$ vollständig gegen eine Vf. G konvergiert. In diesem Fall ist F eine Mischung von Normalverteilungen mit mischender Vf. G.*

Aufgabe 7.3.9 *Es seien X und Y unabhängige Zufallsgrößen mit der Dichte*

$$p(x) = \frac{1}{\cosh(\pi x)}.$$

a) Berechnen Sie die Dichte und die c. F. der Summe $X+Y$.
b) Zeigen Sie damit, daß die c. F. f von p die Gestalt

$$f(t) = \frac{1}{\cosh(t/2)}$$

besitzt, d. h. p besitzt eine pos. def. Dichte.
c) Bestimmen Sie die positive Konstante a so, daß aX eine selbstadjungierte Dichte besitzt.
d) Zeigen Sie, daß die Dichte der Summe $X+Y$ die Dichte $\hat{p}_{log}$ ist.

Kapitel 8

Charakterisierungen von Verteilungen

Wir zeigen in diesem Abschnitt, wie Re- und Im-Dichten dazu verwendet werden können, Verteilungen zu charakterisieren. Unsere Untersuchungen betreffen

- die in Null gestutzte Normalverteilung (Φ_0),
- die Rayleigh-Verteilung (G_0),
- die Exponentialverteilung ($Exp(1)$),
- Mischungen von Exponentialverteilungen (E_F).

8.1 In Null gestutzte Normalverteilung und Rayleigh-Verteilung

In der Zuverlässigkeitstheorie spielt der Begriff der Alterung eine große Rolle. Er wird mit Hilfe der Ausfallrate beschrieben. Bezeichnet die Zufallsgröße $X \sim F$ die Lebensdauer eines Gerätes, so heißt der Ausdruck

$$r_F(x) := \lim_{t \to 0+} \frac{P(X \leq x + t | X > x)}{t}$$

Ausfallrate von F, falls der rechts stehende Grenzwert existiert. Für kleine $t > 0$ ist $r_F(x)\,t$ näherungsweise die Wahrscheinlichkeit, daß das Gerät, das bereits x Zeiteinheiten gearbeitet hat, noch weitere t Zeiteinheiten arbeiten wird.

Ist F absolut stetig, so haben wir $r_F(x) = p(x)/(1 - F(x))$ fast überall (vgl. Aufgabe 8.1.1). Wir können also solch eine Version der Dichte p wählen, daß gilt:

$$r_F(x) = \frac{p(x)}{1 - F(x)}, \quad x > 0, \quad F(x) < 1. \tag{8.1.1}$$

Umgekehrt läßt sich die Vf. F aus der Ausfallrate r_F eindeutig bestimmen, denn es gilt

$$1 - F(x) = e^{-\int_0^x r_F(u)\,du}$$

(vgl. Aufgabe 8.1.2).

Wir benutzen die Ausfallrate zur Charakterisierung der Verteilung Φ_0.

Satz 8.1.1 *Es sei p eine Re-Dichte der Gestalt*

$$p(x) = \frac{1}{m_{G,1}}[1 - G(x)] = \int_x^\infty \frac{dK(u)}{u}, \quad x > 0. \tag{8.1.2}$$

In diesem Fall ist

$$p(x) = \varphi_0(x) = \sqrt{\frac{2}{\pi}} e^{-x^2/2}, \quad x \geq 0,$$

genau dann, wenn die folgenden Bedingungen erfüllt sind.

(i) Die Vf. G besitzt eine selbstadjungierte Im-Dichte.

(ii) $r_G(x) \leq x$, $x \geq 0$.

Beweis: a) Gilt $p = \varphi_0$, so ist p eine selbstadjungierte Re-Dichte und aus der Darstellung (8.1.2) folgt

$$p_G(x) = x\,e^{-x^2/2}, \quad x \geq 0.$$

Somit ist $r_G(x) = x$, und p_G ist eine selbstadjungierte Im-Dichte.

b) Es mögen nun die Bedingungen (i) und (ii) erfüllt sein. Aus (i) folgt wegen Satz 6.1.5, daß $G(x) < 1$ für alle $x \geq 0$ gilt. Mit (ii) erhalten wir die Beziehung

$$1 - G(x) = e^{-\int_0^x r_G(u)\,du} \geq e^{-x^2/2}, \quad x \geq 0.$$

Wegen (8.1.2) folgt

$$m_{G,1}\, p(x) \geq e^{-x^2/2}, \quad x \geq 0,$$

woraus sich durch Integration $m_{G,1} \geq \sqrt{\pi/2}$ ergibt. Wir beweisen sogar $m_{G,1} = \sqrt{\pi/2}$. Dazu haben wir noch $m_{G,1} \leq \sqrt{\pi/2}$ zu zeigen. Setzen wir (i) in (ii) ein, so folgt

$$\sqrt{\frac{2}{\pi}} \frac{Im\ g(x)}{x} \leq 1 - G(x), \quad x > 0.$$

Lassen wir hierin x gegen Null streben, so erhalten wir mit Satz 2.4.6 die gewünschte Ungleichung $m_{G,1} \leq \sqrt{\pi/2}$.

Die Dichte p läßt sich mit $m_{G,1} = \sqrt{\pi/2}$ durch

$$p(x) \geq \sqrt{\frac{2}{\pi}} e^{-x^2/2}, \quad x \geq 0,$$

abschätzen. Da auf beiden Seiten dieser Ungleichung eine stetige Dichte einer nichtnegativen Zufallsgröße steht, muß das Gleichheitszeichen gelten. □

Folgerung 8.1.2 *Es sei p eine Re-Dichte der Gestalt (8.1.2). In diesem Fall ist $p = \varphi_0$ genau dann, wenn die folgenden Bedingungen erfüllt sind:*

(i) p ist eine selbstadjungierte Re-Dichte.*

(ii) Die Vf. G besitzt eine selbstadjungierte Im-Dichte.*

Beweis: Aufgrund von Satz 8.1.1 genügt es zu zeigen: Die Bedingungen (i*) und (ii*) implizieren die Bedingung (ii).

Mögen also die Bedingungen (i*) und (ii*) gelten. Wegen (i*) folgt aus Kriterium 4.3.8 die Beziehung

$$\frac{1}{m_{G,1}}[1 - G(x)] = \frac{2}{\pi}\frac{Im\ g(x)}{x}, \quad x > 0.$$

Lassen wir hierin x gegen Null streben, so erhalten wir (vgl. Satz 2.4.6) $m_{G,1} = \sqrt{\pi/2}$. Nun nutzen wir die Voraussetzung (ii*), d. h. wir ersetzen $Im\ g$ durch $\sqrt{\pi/2}\,p_G$. Dann folgt

$$r_G(x) = \frac{p_G(x)}{1 - G(x)} = x, \quad x > 0,$$

d. h. insbesondere gilt (ii). □

Ersetzen wir die Bedingung (i) von Satz 8.1.1 durch „p ist eine selbstadjungierte Re-Dichte", so kommen wir zu demselben Ergebnis (vgl. Aufgabe 8.1.5).

Folgerung 8.1.3 *Es sei p eine Re-Dichte der Form (8.1.2). In diesem Fall ist $p = \varphi_0$ genau dann, wenn die folgenden Bedingungen erfüllt sind:*

(i) p ist eine selbstadjungierte Re-Dichte.

(ii) $r_G(x) \leq x$, $x \geq 0$.

Um weitere Charakterisierungen vorzubereiten, erinnern wir an das Re-Dichtepaar

$$(p_H(x), \hat{p}_H(x)) := \left(\frac{1}{m_{\tilde{G},1}}\left[1 - \tilde{G}(x)\right], \frac{2}{\pi}\frac{Im\ \tilde{g}(x)}{x}\right) \tag{8.1.3}$$

aus Satz 5.3.4. Zwischen p, $\hat{p}$, p_H und $\hat{p}_H$ bestehen enge Zusammenhänge. Wir formulieren sie in den folgenden beiden Lemmata.

Lemma 8.1.4 *Es sei p eine Re-Dichte der Gestalt (8.1.2), und die adjungierte Dichte $\hat{p}$ besitze das zweite Moment. Dann gelten die Beziehungen*

$$\frac{x\,\hat{p}_H(x)}{m_{\hat{H},1}} = -\frac{p'(x)}{p_0}, \quad x > 0, \tag{8.1.4}$$

und

$$\frac{x\,\hat{p}(x)}{m_{\hat{F},1}} = -\,\frac{p'_H(x)}{p_{H0}}, \quad x > 0. \tag{8.1.5}$$

Beweis: Wir betrachten die Adjungierte

$$\hat{p}(x) = \frac{2}{\pi}\,\frac{Im\ g(x)}{x}, \quad x > 0.$$

Da $m_{\hat{F},1}$ existiert, ist $Im\ g$ integrierbar, d. h. G besitzt eine Im-Dichte p_G. Folglich existiert die Ableitung p'. Außerdem ist mit $m_{\hat{F},2} < \infty$ auch $m_{\tilde{G},1} < \infty$ (vgl. (5.3.3)). Deshalb existiert das Re-Dichtepaar $(p_H, \hat{p}_H)$. Wegen (8.1.3) und Satz 5.1.3 erhalten wir

$$\hat{p}_H(x) = \frac{2}{\pi}\,m_{\tilde{G},-1}\,\frac{p_G(x)}{x}.$$

Wir differenzieren (8.1.2) und bekommen

$$p'(x) = -\,\frac{1}{m_{G,1}}\,p_G(x),$$

woraus

$$\hat{p}_H(x) = -\frac{2}{\pi}\,m_{\tilde{G},-1}\,m_{G,1}\,\frac{p'(x)}{x} \tag{8.1.6}$$

folgt. Multiplizieren wir nun die letzte Gleichung mit x und integrieren über $(0, \infty)$, so erhalten wir

$$m_{\hat{H},1} = \frac{2}{\pi}\,m_{\tilde{G},-1}\,m_{G,1}\,p_0. \tag{8.1.7}$$

Aus (8.1.6) und (8.1.7) ergibt sich unmittelbar (8.1.4).
In analoger Weise kann man (8.1.5) nachweisen. □

Lemma 8.1.5 *Es sei p eine Re-Dichte der Gestalt (8.1.2), und die Dichte $\hat{p}$ besitze das zweite Moment.*

(1) p besitzt für $x > 0$ die Darstellung

$$\frac{p(x)}{p_0} = \frac{1}{m_{\hat{H},1}}\left[\int_x^\infty (1 - \hat{H}(u))\,du + x(1 - \hat{H}(x))\right], \quad x > 0. \tag{8.1.8}$$

(2) Die Vf. G besitzt genau dann eine selbstadjungierte Im-Dichte p_G, wenn

$$\frac{p(x)}{p_0} = \sqrt{\frac{\pi}{2}}\left[\int_x^\infty (1-\hat{F}(u))\,du + x(1-\hat{F}(x))\right], \quad x > 0, \quad (8.1.9)$$

erfüllt ist.

Bemerkung. Ist p_G selbstadjungiert, so läßt sich die Dichte p also durch die Vf. $\hat{F}$ ihrer Adjungierten $\hat{p}$ ausdrücken. In diesem Fall lassen sich leicht Eigenschaften von p auf solche von $\hat{p}$ übertragen. Insbesondere gilt für die Momente von p und $\hat{p}$ (vgl. Aufgabe 8.1.4): $m_{F,\mu} < \infty$ genau dann, wenn $m_{\hat{F},\mu+2} < \infty$, $\mu > -1$. In beiden Fällen haben wir

$$m_{F,\mu} = \sqrt{\frac{\pi}{2}}\,\frac{1}{\mu+1}\,p_0\,m_{\hat{F},\mu+2}.$$

Beweis: (1) Integrieren wir (8.1.4) über (x,∞), so folgt die Darstellung (8.1.8).

(2) a) Ist p_G selbstadjungiert, so ergibt sich mit Formel (8.1.3) sofort $\hat{F} = \hat{H}$. Außerdem haben wir $m_{G,-1} = \sqrt{\pi/2}$ und aus (8.1.7) erhalten wir wegen $m_{G,1}\,p_0 = 1$

$$m_{\hat{H},1} = m_{\hat{F},1} = \frac{2}{\pi} m_{G,-1} = \sqrt{\frac{2}{\pi}},$$

hieraus folgt die Darstellung (8.1.9).

(2) b) Es gelte (8.1.9). Differentation ergibt

$$\frac{p'(x)}{p_0} = -\sqrt{\frac{\pi}{2}}\,x\,\hat{p}(x) = -\sqrt{\frac{2}{\pi}}\,Im\ g(x).$$

Andererseits ist

$$p'(x) = -p_0\,p_G(x).$$

Folglich ist p_G eine selbstadjungierte Im-Dichte. □

Wir kommen nun zu dem angekündigten Charakterisierungssatz.

Satz 8.1.6 *Es sei p eine Re-Dichte der Gestalt (8.1.2). Weiter existiere $m_{\hat{F},2}$. In diesem Fall ist $p = \varphi_0$ genau dann, wenn die folgenden Bedingungen erfüllt sind:*

(i) p ist eine selbstadjungierte Re-Dichte.

(ii) p_H (definiert durch (8.1.3)) ist eine selbstadjungierte Re-Dichte.

Beweis: a) Falls $p = \varphi_0$, ist die Behauptung trivial.
b) Es seien also die Bedingungen (i) und (ii) erfüllt. Mit Lemma 8.1.4 erhalten wir

$$x\,\hat{p}(x) = x\,p(x) = -\sqrt{\frac{\pi}{2}}\,m_{F,1}\,p'_H(x)$$
$$= \frac{\pi}{2}\,m_{H,1}\,m_{F,1}\left(\frac{p'(x)}{x}\right)' =: C\,\frac{xp''(x) - p'(x)}{x^2}. \tag{8.1.10}$$

Dabei gilt $C = 1$, denn es ist

$$m_{H,1} = m_{\hat{H},1} = \frac{2}{\pi}\int_0^\infty Im\ \tilde{g}(u)\,du = \frac{2}{\pi}\,m_{\tilde{G},-1}$$

und analog

$$m_{F,1} = m_{\hat{F},1} = \frac{2}{\pi}\,m_{G,-1}.$$

Wegen $m_{G,-1}\,m_{\tilde{G},-1} = \pi/2$ folgt schließlich $C = 1$. Damit vereinfacht sich (8.1.10) zu der Differentialgleichung

$$x^3 p(x) + p'(x) - xp''(x) = 0, \quad x > 0. \tag{8.1.11}$$

Mit dem Ansatz

$$p(x) := \sqrt{\frac{2}{\pi}}\,e^{-x^2/2}\,q(x), \quad q(0) = 1, \tag{8.1.12}$$

erhalten wir nach elementaren Rechnungen die Differentialgleichung

$$q''(x) = q'(x)\left(2x + \frac{1}{x}\right), \quad x > 0. \tag{8.1.13}$$

Es ist leicht nachzuprüfen, daß ihre allgemeine Lösung mit der Nebenbedingung $q(0) = 1$ die Gestalt

$$q(x) = De^{x^2} + 1 - D, \quad x \geq 0,$$

besitzt, wobei D beliebig ist. Da aber p eine Dichte ist, folgt wegen (8.1.12) $D = 0$, und der Satz ist bewiesen. □

Wir geben nun eine Charakterisierung der Normalverteilung Φ_0 an, die mit derselben Grundidee wie Satz 8.1.6 bewiesen wird. Dazu betrachten wir ein Re-Dichtepaar, in welchem beide Dichten monoton sind. Dies trifft z. B. zu, wenn p die Dichte einer Mischung von Normalverteilungen ist, deren mischende Vf. L das Moment $m_{L,-1}$ besitzt (vgl. Aufgabe 8.1.9). Wir verwenden für die Dichte $\hat{p}$ die Darstellung

$$\hat{p}(x) = \frac{1}{m_{J,1}} [1 - J(x)], \quad x \geq 0, \tag{8.1.14}$$

dabei ist J eine Vf. aus $\mathcal{F}_I$ mit endlichem ersten Moment $m_{J,1}$.

Satz 8.1.7 *Es seien p und $\hat{p}$ zueinander adjungierte Re-Dichten der Gestalt (8.1.2) bzw. (8.1.14). In diesem Fall ist $p = \varphi_0$ genau dann, wenn die folgenden Bedingungen erfüllt sind:*

(i) Die Vf. G besitzt eine selbstadjungierte Im-Dichte.

(ii) Die Vf. J besitzt eine selbstadjungierte Im-Dichte.

Beweis: Wir gehen von der Gültigkeit von (i) und (ii) aus, die andere Beweisrichtung ist wieder trivial. Wir zeigen, daß p der Integralgleichung

$$p(x) = \int_x^\infty u \left(\int_u^\infty v\, p(v)\, dv \right) du, \quad x \geq 0, \tag{8.1.15}$$

genügt. Wegen Kriterium 4.3.8 und (8.1.14) haben wir

$$p(x) = \frac{1}{m_{G,1}} [1 - G(x)] = \frac{2}{\pi} \frac{Im\ j(x)}{x}$$

und

$$\hat{p}(x) = \frac{1}{m_{J,1}} [1 - J(x)] = \frac{2}{\pi} \frac{Im\ g(x)}{x}.$$

Da p_G und p_J selbstadjungierte Im-Dichten sind, erhalten wir

$$\begin{aligned} p(x) &= \frac{1}{m_{G,1}} \int_x^\infty p_G(u)\,du = \frac{1}{m_{G,1}} \sqrt{\frac{2}{\pi}} \int_x^\infty Im\; g(u)\,du \\ &= \frac{1}{m_{G,1} m_{J,1}} \sqrt{\frac{\pi}{2}} \int_x^\infty u\,[1 - J(u)]\,du \\ &= \frac{1}{m_{G,1} m_{J,1}} \int_x^\infty u \left(\int_u^\infty Im\; j(v)\,dv \right) du \\ &= \frac{1}{m_{G,1} m_{J,1}} \frac{\pi}{2} \int_x^\infty u \left(\int_u^\infty v\,p(v)\,dv \right) du, \quad x \geq 0. \end{aligned}$$

Wegen

$$p_0\, \hat{p}_0 = \frac{1}{m_{G,1} m_{J,1}} = \frac{2}{\pi}$$

folgt aus der letzten Beziehung (8.1.15).

Differenzieren wir (8.1.15) zweifach nach x, so erhalten wir die Differentialgleichung (8.1.11), und wie im Beweis von Satz 8.1.6 folgt die Behauptung. □

Wir geben nun eine Charakterisierung von Φ_0 an, die auf Momenten basiert.

Satz 8.1.8 *Es sei p eine Re-Dichte der Gestalt (8.1.2), und es existiere das Moment $m_{\hat{F},1}$. In diesem Fall ist $p = \varphi_0$ genau dann, wenn die folgenden Bedingungen erfüllt sind:*

(i) Für alle λ, $-1 < \lambda < 1$, existieren die Momente $m_{F,\lambda}$.

(ii) $m_{F,-\lambda} = \sqrt{\frac{2}{\pi}}\Gamma(1-\lambda) \sin \frac{\lambda\pi}{2}\, m_{F,-(1-\lambda)}$, $0 < \lambda < 1$.

(iii) $m_{F,\lambda} = \sqrt{\frac{2}{\pi}}\Gamma(\lambda) \sin \frac{\lambda\pi}{2}\, m_{F,1-\lambda}$, $0 < \lambda < 1$.

Beweis: a) Die Bedingungen (i), (ii) und (iii) seien erfüllt. Wegen (ii) ist F nach Kriterium 6.1.6 selbstadjungiert. Bekanntlich zieht die Existenz von $m_{\hat{F},1}$ nach sich, daß p_G existiert und eine Im-Dichte ist. Deshalb haben wir mit Kriterium 4.3.8 und Satz 5.1.3

$$\hat{p}(x) = \frac{2}{\pi} \frac{Im\; g(x)}{x} = \frac{2}{\pi} m_{G,-1} \frac{\tilde{p}_G(x)}{x}, \quad x > 0.$$

Hieraus folgt die Relation

$$m_{\hat{F},\lambda} = m_{F,\lambda} = \frac{2}{\pi} m_{G,-1}\, m_{\tilde{G},-(1-\lambda)}.$$

Damit können wir (iii) in der Form

$$m_{\tilde{G},-(1-\lambda)} = \sqrt{\frac{2}{\pi}}\Gamma(\lambda)\, \sin\, \frac{\lambda\pi}{2}\, m_{\tilde{G},-\lambda}, \quad 0 < \lambda < 1,$$

schreiben. Ersetzen wir nun λ durch $1-t$, so folgt nach Kriterium 6.1.6, daß $\tilde{p}_G$ selbstadjungiert ist. Folgerung 8.1.2 liefert die Behauptung.

b) Umgekehrt sei $F = \Phi_0$. Die Bedingung (i) ist dann erfüllt. Nach Folgerung 8.1.2 sind p und p_G selbstadjungiert. Dies führt wie oben zu den Aussagen (ii) und (iii). □

Es gilt weiter der folgende Charakterisierungssatz.

Satz 8.1.9 *Es sei p eine Re-Dichte der Gestalt (8.1.2). In diesem Falle ist $G = \Phi_0$ genau dann, wenn die folgenden beiden Bedingungen erfüllt sind:*

(i) Die Vf. K besitzt eine selbstadjungierte Im-Dichte.

(ii) Die Vf. G besitzt eine selbstadjungierte Re-Dichte.

Beweis: a) Aus $G = \Phi_0$ ist sofort zu sehen, daß p_G eine selbstadjungierte Re-Dichte ist. Hieraus folgt weiter $K = G_0$ (Rayleigh-Verteilung, vgl. Anhang D), und somit ist K eine selbstadjungierte Im-Dichte.

b) Es mögen nun die Bedingungen (i) und (ii) gelten. Wegen

$$x\, p_G(x) = \frac{1}{m_{K,-1}} p_K(x) \qquad \text{und} \qquad m_{K,-1} = \sqrt{\frac{\pi}{2}} \tag{8.1.16}$$

erhalten wir

$$(Re\ g)'(x) = -\int_0^\infty u\, \sin xu\, p_G(u)\, du = -\sqrt{\frac{2}{\pi}}\, Im\ k(x). \tag{8.1.17}$$

Da p_K und p_G selbstadjungiert sind, folgt aus (8.1.17)

$$p_G'(x) = -\frac{2}{\pi} Im\ k(x) = -\sqrt{\frac{2}{\pi}} p_K(x).$$

Mit (8.1.16) entsteht die Differentialgleichung $p'_G(x) = -x\,p_G(x)$. Die einzige Dichte, die diese Gleichung befriedigt, ist $p_G = \varphi_0$. □

Die Rayleigh-Verteilung G_0 läßt sich auf ähnliche Art wie die Normalverteilung Φ_0 beschreiben, wie die nächsten Charakterisierungen zeigen.

Satz 8.1.10 *Die Vf. G besitze eine Im-Dichte p_G. Es ist*

$$G(x) = G_0(x) := 1 - e^{-x^2/2}, \quad x > 0,$$

genau dann, wenn die folgenden Bedingungen erfüllt sind:

(i) p_G ist selbstadjungiert und

(ii) p_{G_I} ist eine selbstadjungierte Re-Dichte.

Beweis: a) Es sei $G = G_0$. Dann gilt

$$p_G(x) = x\,e^{-x^2/2} \qquad \text{und} \qquad Im\ g(x) = \sqrt{\frac{\pi}{2}} x e^{-x^2/2},$$

so daß (i) erfüllt ist. Die Dichte p_{G_I} ist gegeben durch

$$p_{G_I}(x) = \frac{2}{\pi}\frac{Im\ g(x)}{x} = \sqrt{\frac{2}{\pi}} e^{-x^2/2} = \varphi_0(x),$$

ist also die Dichte der in Null gestutzen Normalverteilung. Damit ist p_{G_I} selbstadjungierte Re-Dichte.

b) Es seien die Bedingungen (i) und (ii) erfüllt. Dann ist $\hat{p}_{G_I} = p_{G_I}$ eine monotone Re-Dichte, die den Bedingungen der Folgerung 8.1.2 genügt. Es folgt $p_{G_I} = \varphi_0$ und $p_G = p_{G_0}$. □

Satz 8.1.11 *Die Vf. G besitze eine Im-Dichte p_G, und es existiere das erste Moment $m_{G,1}$. In diesem Fall ist $G = G_0$ genau dann, wenn die folgenden Bedingungen erfüllt sind:*

(i) Für alle λ, $-1 < \lambda < 1$, existieren die Momente $m_{G,\lambda}$.

(ii) $m_{G,-(1-\lambda)} = \sqrt{\frac{2}{\pi}}\Gamma(\lambda) \sin \frac{\lambda\pi}{2}\, m_{G,-\lambda}$, $0 < \lambda < 1$.

(iii) $m_{G,1-\lambda} = \sqrt{\frac{2}{\pi}}\frac{\Gamma(2-\lambda)}{\lambda} \sin \frac{\lambda\pi}{2}\, m_{G,\lambda}$, $0 < \lambda < 1$.

Beweis a) Die Bedingungen (i), (ii) und (iii) seien erfüllt. Die Vf. F sei durch die Dichte (8.1.2) definiert.

Nach Kriterium 6.1.6 ist (ii) notwendig und hinreichend dafür, daß p_G eine selbstadjungierte Im-Dichte ist. Weiter sind die Momente von F und G durch die Beziehung

$$m_{G,1-\lambda} = (1-\lambda) m_{G,-1} m_{F,-\lambda} \tag{8.1.18}$$

miteinander verknüpft. Deshalb führt (iii) auf

$$m_{F,-\lambda} = \sqrt{\frac{2}{\pi}} \Gamma(1-\lambda) \sin \frac{\lambda\pi}{2} m_{F,-(1-\lambda)},$$

und diese Bedingung ist damit äquivalent, daß p selbstadjungiert ist. Da p_G selbstadjungierte Im-Dichte und p selbstadjungierte Re-Dichte ist, ergibt sich mit Folgerung 8.1.2 die Behauptung.

b) Umgekehrt sei $G = G_0$. F sei wieder durch die Dichte (8.1.2) definiert. Dann gilt $p = \varphi_0$ Nach Satz 8.1.8 und (8.1.18) sehen wir, daß auch die Bedingungen (i), (ii) und (iii) erfüllt sind. □

8.2 Mischungen von Exponentialverteilungen

In der Zuverlässigkeitstheorie werden Vf. F mit Dichte p, deren Ausfallrate r_F monoton wachsend ist, häufig benutzt. Solche Vf. heißen *vom Typ IFR* (increasing failure rate). Sie haben die Eigenschaft, daß alle Momente positiver Ordnung existieren (vgl. Aufgabe 8.1.3). Neben Vf. vom Typ IFR werden auch Vf. vom Typ DFR (decreasing failure rate) untersucht. Eine Vf. F heißt *vom Typ DFR*, wenn ihre Ausfallrate r_F monoton fallend ist. Exponentialverteilungen gehören sowohl zur Klasse der IFR-Vf. als auch der DFR-Vf., da ihre Ausfallrate konstant ist. Wir befassen uns zunächst mit der Charakterisierung der Exponentialverteilung, wenden diese Ergebnisse auf Re-Dichten an und charakterisieren schließlich Mischungen von Exponentialverteilungen. Hilfsmittel ist unter anderem die Theorie vollmonotoner Funktionen (vgl. Anhang B).

Satz 8.2.1 *Es sei p eine Dichte mit der Darstellung (8.1.2). Die Vf. F ist genau dann eine Exponentialverteilung, wenn F vom Typ IFR ist und*

$$m_{F,1} = m_{G,1} \tag{8.2.1}$$

erfüllt ist.

Beweis: a) Ist F die Dichte der Exponentialverteilung mit dem Parameter $a > 0$, so ist $r_F(x) = a$, $x \geq 0$, und somit ist F vom Typ IFR. Außerdem gilt $F = G$, und (8.2.1) ist erfüllt.

b) F sei vom Typ IFR, und (8.2.1) sei erfüllt. Wegen (8.1.2) erhalten wir

$$m_{F,1} = \frac{1}{m_{G,1}} \int_0^\infty u(1 - G(u))\, du = \frac{1}{m_{G,1}} \int_0^\infty \int_u^\infty (1 - G(v))\, dv\, du.$$

Folglich ist (8.2.1) gleichwertig mit

$$\begin{aligned} &\int_0^\infty \int_u^\infty (1 - G(v))\, dv\, du - m_{G,1}^2 \\ &= \int_0^\infty \left[\frac{\int_u^\infty (1 - G(v)\, dv}{1 - G(u)} - m_{G,1} \right] (1 - G(u))\, du = 0. \end{aligned} \tag{8.2.2}$$

Gemäß unserer Voraussetzung ist die Funktion

$$h(x) := \begin{cases} \frac{1}{r_F(x)} = \frac{\int_x^\infty (1-G(u))\, du}{1-G(x)} & , \quad \text{falls} \quad G(x) < 1 \\ 0 & , \quad \text{sonst} \end{cases}$$

monoton fallend mit $h(0) = m_{G,1}$. Nach (8.2.2) ergibt sich

$$\int_0^\infty [h(u) - m_{G,1}]\, (1 - G(u))\, du = 0,$$

woraus $h(x) = m_{G,1}$ für $G(x) < 1$ folgt. Dies ist gleichwertig mit

$$r_F(x) := \frac{p(x)}{1 - F(x)} = \frac{1}{m_{G,1}}, \quad F(x) < 1.$$

Also ist F wegen (8.1.2) die Exponentialverteilung mit dem Parameter $1/m_{G,1}$. □

Ersetzen wir (8.2.1) durch die Bedingung, daß die Standardabweichung und das erste Moment der Vf. F übereinstimmen, so erhalten wir aus Satz 8.2.1 das

Korollar 8.2.2 *Die Vf. F ist genau dann eine Exponentialverteilung, wenn F vom Typ IFR ist und*

$$m_{F,2} = 2m_{F,1}^2 \tag{8.2.3}$$

gilt.

Beweis: Eine Exponentialverteilung erfüllt (8.2.3) und ist vom Typ IFR.

Umgekehrt sei F eine Vf. vom Typ IFR, und es gelte (8.2.3). Wir betrachten die Dichte

$$p_1(x) := \frac{1}{m_{F,1}} [1 - F(x)], \quad x \geq 0.$$

Die zugehörige Vf. F_1 ist dann ebenfalls vom Typ IFR (vgl. Aufgabe 8.2.1), und wegen (8.2.3) erhalten wir

$$m_{F_1,1} = \frac{m_{F,2}}{2m_{F,1}} = m_{F,1}.$$

Damit erfüllt F_1 die Bedingung (8.2.1) und ist nach Satz 8.2.1 eine Exponentialverteilung. Dasselbe gilt auch für F. □

Wir wenden jetzt diese Charakterisierungen auf Re-Dichten an.

Folgerung 8.2.3 *Es sei p eine Re-Dichte mit der Darstellung (8.1.2), ihre Vf. sei vom Typ IFR, und es gelte $m_{F,1} = 1/p_0$. Dann ist p die Dichte einer Exponentialverteilung.*

Beweis: Aus $m_{F,1} = 1/p_0$ und (8.1.2) folgt sofort $m_{F,1} = m_{G,1}$. Damit ist (8.2.1) erfüllt, und die Behauptung ist richtig. □

Bemerkung. Satz 8.2.1, Korollar 8.2.2 und Folgerung 8.2.3 gelten allgemeiner: Die Voraussetzung „F ist vom Typ IFR“ kann abgeschwächt werden durch „$r_F(x) - r_F(0)$ hat konstantes Vorzeichen für $x > 0$“.

Wir ziehen nun die Vf. F_I aus $\mathcal{F}_I$ mit der Dichte

$$p_{F_I}(x) = \frac{2}{\pi} \frac{Im\ f(x)}{x}, \quad x > 0,$$

zur Charakterisierung von $Exp(\cdot)$ heran.

Satz 8.2.4 *Es sei p eine Re-Dichte mit der Darstellung (8.1.2). Ihre Vf. F ist genau dann eine Exponentialverteilung, wenn F vom Typ IFR ist und die Funktion*

$$h(x) := \frac{\hat{p}(x)}{p_{F_I}(x)}, \quad x > 0,$$

monoton wachsend ist.

Beweis: a) Es sei p die Dichte der Exponentialverteilung mit dem Parameter $a > 0$. Dann gelten $r_F = a$ und $h = 1$.

b) Es sei F eine Vf. vom Typ IFR, und weiter sei h monoton wachsend. Wir beweisen $p_0\, m_{F,1} = 1$. Wegen $p_0 = 1/m_{G,1}$ folgt dann $m_{F,1} = m_{G,1}$, und wir erhalten die Behauptung aufgrund von Satz 8.2.1.

Dazu zeigen wir: $p_0\, m_{F,1} \leq 1$ und $p_0\, m_{F,1} \geq 1$. Da r_F monoton wächst, haben wir $r_F(0) \leq r_F(x)$, d. h.

$$p_0\,[1 - F(x)] \leq p(x), \quad x \geq 0.$$

Integrieren wir bezüglich x von 0 bis ∞, so ergibt sich die Beziehung

$$p_0\, m_{F,1} \leq 1. \tag{8.2.4}$$

Um die entgegengesetzte Ungleichung abzuleiten, betrachten wir

$$\begin{aligned} 1 - \hat{F}(x) &= \int_x^\infty \hat{p}(u)\, du = \int_x^\infty h(u) p_{F_I}(u)\, du \\ &\geq h(x) \int_x^\infty p_{F_I}(u)\, du = h(x)\,[1 - F_I(x)]\,. \end{aligned}$$

Somit gilt aufgrund von Formel (2.4.12)

$$1 \geq \lim_{x \to 0} h(x) = \frac{\hat{p}_0}{(2/\pi) m_{F,1}}.$$

Wegen $\hat{p}_0\, p_0 = 2/\pi$ erhalten wir die Ungleichung $p_0\, m_{F,1} \geq 1$. Zusammen mit (8.2.4) ergibt sich $p_0\, m_{F,1} = 1$. □

Weitere Charakterisierungen der Exponentialverteilungen sind in Azlarov/Volodin (1986) enthalten.

Wir betrachten nun Mischungen von Exponentialverteilungen. Eine erste Charakterisierung ist bereits in Satz 4.3.6 enthalten. Im Beispiel 4.1.3 (2) haben wir gesehen, daß eine Mischung von Exponentialverteilungen genau dann eine Re-Dichte besitzt, wenn das erste Moment der mischenden Vf. L existiert. Ist dies der Fall, so ist die Vf. G aus der Darstellung (8.1.2), wie die folgende Rechnung zeigt, ebenfalls eine Mischung von Exponentialverteilungen. Mit der Abkürzung (vgl. (7.2.3))

$$L_{(1)}(x) := \frac{1}{m_{L,1}} \int_0^x u\, dL(u)$$

können wir nämlich schreiben

$$p(x) = m_{L,1} \int_0^\infty e^{-xu}\, dL_{(1)}(u) = m_{L,1} \left\{1 - \int_0^\infty (1 - e^{-xu})\, dL_{(1)}(u)\right\}.$$

Folglich erhalten wir

$$G(x) = \int_0^\infty (1 - e^{-xu})\, dL_{(1)}(u).$$

Damit ergibt sich eine zweite Charakterisierung.

Satz 8.2.5 *Es sei p (Vf. F) eine Dichte der Gestalt (8.1.2). Dann gilt: $F \in \mathcal{F}_E$ genau dann, wenn $G \in \mathcal{F}_E$. In beiden Fällen ist p Re-Dichte.*

Beweis: a) Es sei $F \in \mathcal{F}_E$. Da F nach Voraussetzung eine beschränkte Dichte

$$p(x) = \int_0^\infty u e^{-xu}\, dL(u)$$

besitzt, ist insbesondere $p(0+) = m_{L,1} < \infty$. Nach obiger Bemerkung ist p dann Re-Dichte, und $G \in \mathcal{F}_E$.

b) Es sei $G \in \mathcal{F}_E$ mit mischender Vf. N. Da nach Voraussetzung $m_{G,1}$ existiert, ist auch das Moment $m_{N,-1}$ endlich, und es gilt $m_{G,1} = m_{N,-1}$ (vgl. Aufgabe 8.2.4). Mit der Vf.

$$N_{(-1)}(x) = \frac{1}{m_{N,-1}} \int_0^x \frac{1}{u}\, dN(u)$$

erhalten wir

$$p(x) = \frac{1}{m_{G,1}} [1 - G(x)] = \frac{1}{m_{G,1}} \int_0^\infty e^{-xu}\, dN(u),$$

$$= \frac{m_{N,-1}}{m_{G,1}} \int_0^\infty u e^{-xu}\, dN_{(-1)}(u) = \int_0^\infty u e^{-xu}\, dN_{(-1)}(u).$$

p ist also ebenfalls Dichte einer Mischung von Exponentialverteilungen. Da die mischende Vf. $N_{(-1)}$ ein endliches erstes Moment hat, ist p sogar Re-Dichte. □

Bemerkungen. 1. Ist p vollmonotone Re-Dichte (vgl. Anhang B), so ist nach Satz 8.2.5 auch p_G vollmonoton. Wegen $p_G(0+) > 0$ existiert nicht $m_{G,-1}$, also gilt $m_{\hat{F},1} = \infty$.
2. Die Vf. G aus Satz 8.2.5 besitzt eine monotone Re-Dichte, wenn das Moment $m_{L,2}$ der mischenden Vf. L von p existiert. Dann gilt

$$p_G(x) = \frac{1}{m_{G_1,1}} \left[1 - G_1(x)\right], \quad x \geq 0,$$

mit

$$G_1(x) = \frac{1}{m_{L,2}} \int_0^\infty (1 - e^{-xu})\, u^2\, dL(u) = \int_0^\infty (1 - e^{-xu})\, dL_{(2)}(u).$$

Diese Überlegung läßt sich fortsetzen: Existiert $m_{L,n}$, so sind durch p n monotone Re-Dichten definiert (vgl. Aufgabe 8.2.5).

In Satz 5.3.1 haben wir bereits eine Bedingung dafür angegeben, wann sich die Monotonie von p auf $\hat{p}$ überträgt. Setzen wir voraus, p ist vollmonoton, so gibt es ein einfaches Kriterium, wann auch $\hat{p}$ vollmonoton ist.

Satz 8.2.6 *Die Re-Dichte p sei die Dichte einer Mischung von Exponentialverteilungen mit mischender Vf. L.*
$\hat{p}$ ist genau dann Dichte einer Mischung von Exponentialverteilungen, wenn die Vf. $L_{(1)}$ eine Im-Dichte besitzt.
In beiden Fällen hat die mischende Vf. M von $\hat{p}$ die folgenden Eigenschaften:

- *M besitzt eine Dichte p_M der Gestalt*

$$p_M(x) = -\frac{2}{\pi} \frac{1}{m_{L,1}} \frac{(Re\ l(x))'}{x}, \quad x \geq 0. \tag{8.2.5}$$

- *Es existiert $m_{M,1}$.*

Beweis: Aufgrund der Voraussetzung haben wir für p die Darstellung

$$p(x) = \int_0^\infty ue^{-xu}\, dL(u), \quad x \geq 0,$$

und es existiert $m_{L,1}$. Mit der Vf. $L_{(1)}$ (c. F. $l_{(1)}$) folgt

$$Re\ f(x) = \int_0^\infty \frac{u^2}{x^2+u^2}\, dL(u) = m_{L,1} \int_0^\infty \frac{u}{x^2+u^2}\, dL_{(1)}(u).$$

Nutzen wir die Beziehung

$$\frac{u}{x^2+u^2} = \int_0^\infty e^{-xv} \sin\, uv\, dv,$$

so erhalten wir nach dem Satz von Fubini

$$Re\ f(x) = m_{L,1} \int_0^\infty e^{-xu} Im\ l_{(1)}(u)\, du. \tag{8.2.6}$$

a) Nun sei $\hat{p}$ die Dichte einer Mischung von Exponentialverteilungen, d. h. es existiere eine Vf. M, so daß

$$\hat{p}(x) = \int_0^\infty ue^{-xu}\, dM(u).$$

Da $\hat{p}_0$ endlich ist, muß M das erste Moment besitzen. Mit Satz 4.1.2 ergibt sich

$$\frac{\hat{p}(x)}{\hat{p}_0} = Re\ f(x) = \frac{1}{\hat{p}_0} \int_0^\infty ue^{-xu}\, dM(u). \tag{8.2.7}$$

Vergleichen wir (8.2.6) mit (8.2.7), so folgt aus dem Eindeutigkeitssatz für Laplace-Transformationen (vgl. Anhang B), daß M eine Dichte p_M besitzt, die der Beziehung

$$x\, p_M(x) = \hat{p}_0\, m_{L,1}\, Im\ l_{(1)}(x) \geq 0, \quad x \geq 0, \tag{8.2.8}$$

genügt. Folglich besitzt $L_{(1)}$ eine Im-Dichte. Außerdem haben wir aufgrund von (8.2.8)

$$\begin{aligned} m_{L,1}\, Im\ l_{(1)}(x) &= \int_0^\infty u \sin\ xu\ dL(u) \\ &= -(Re\ l(x))' \geq 0, \quad x \geq 0, \end{aligned} \tag{8.2.9}$$

und somit ist (8.2.5) erfüllt.

b) $L_{(1)}$ möge eine Im-Dichte besitzen. Mit der Dichte

$$p_M(x) := \frac{2}{\pi}\frac{Im\ l_{(1)}(x)}{x}, \quad x > 0,$$

bilden wir die Mischung E_M. Ihre Dichte hat wegen (8.2.6) die Gestalt

$$\int_0^\infty ue^{-xu}\, p_M(u)\, du = \frac{2}{\pi}\int_0^\infty e^{-xu}\, Im\ l_{(1)}(u)\, du$$

$$= \frac{2}{\pi}\frac{1}{m_{L,1}}\, Re\ f(x) = \hat{p}_0\, Re\ f(x) = \hat{p}(x).$$

Also ist $\hat{p}$ die Dichte von E_M, und es existiert $m_{M,1}$. Wegen (8.2.9) ist auch (8.2.5) erfüllt. □

Beispiel 8.2.7 Die Vf. G (c. F. g) habe eine Im-Dichte. Wir betrachten unabhängige Zufallsgrößen $X \sim G$, $\tilde{X} \sim \tilde{G}$ und $Y \sim C_0$. Nach Satz 4.3.6 besitzen X/Y und $\tilde{X}/Y$ die Vf. E_{G_I} bzw. $E_{\tilde{G}_I}$. Da sowohl die Vf. G_I (c. F. g_I) als auch $\tilde{G}_I$ das erste Moment besitzen, haben die Vf. E_{G_I} und $E_{\tilde{G}_I}$ eine Re-Dichte. Wegen $(G_I)_{(1)} = \tilde{G}$ besitzt $(G_I)_{(1)}$ eine Im-Dichte. Nach Satz 8.2.6 ist dann die adjungierte Dichte zu $p_{E_{G_I}}$ eine Mischung von Exponentialverteilungen mit mischender Vf. M. Um die Dichte p_M aus (8.2.8) zu bestimmen, benutzen wir $L := G_I$ (c. F. l) und $Re\ l = 1 - G$ (vgl. Lemma 4.3.5). Dann erhalten wir mit $m_{L,1} = (2/\pi)m_{G,-1}$ die Beziehung

$$p_M(x) = \frac{1}{m_{G,-1}}\frac{p_G(x)}{x} = \frac{2}{\pi}\frac{Im\ \tilde{g}(x)}{x} = p_{\tilde{G}_I}(x), \quad x > 0.$$

Somit besitzten X/Y und $\tilde{X}/Y$ zueinander adjungierte Dichten, die Mischungen von Exponentialverteilungen sind. Es folgt: p_{E_G} ist genau dann eine selbstadjungierte Re-Dichte, wenn p_G eine selbstadjungierte Im-Dichte ist. □

Aufgaben

Aufgabe 8.1.1 *Die Zufallsgröße X mit Vf. F habe eine stetige Dichte p. Dann existiert die Ausfallrate r_F, und es gilt*

$$r_F(x) = \frac{p(x)}{1 - F(x)}, \quad x > 0, \quad F(x) < 1.$$

Aufgabe 8.1.2 *Zeigen Sie: a) Ist r die Ausfallrate der Vf. F auf $[0, \infty)$, so gelten folgende Bedingungen:*

(1) $r(x) \geq 0,\ x \geq 0,$

(2) $\lim_{x \to \infty} \int_0^x r(u)\, du = \infty,$

(3) $F(x) = 1 - e^{-\int_0^x r(u)\, du}, \quad x \geq 0.$

b) Eine Funktion r erfülle die Bedingungen (1) und (2). Die Vf. F sei durch (3) definiert. Dann existiert die Ausfallrate r_F fast überall, und es gilt $r_F = r$ fast überall.

Aufgabe 8.1.3 *Zeigen Sie, daß für eine IFR-Verteilung alle Momente positiver Ordnung existieren.*

Aufgabe 8.1.4 *Es sei p_G eine selbstadjungierte Im-Dichte, p sei durch (8.1.2) gegeben, und es sei $\mu > -1$. Zeigen Sie: $m_{F,\mu} < \infty$ genau dann, wenn $m_{\hat{F},\mu+2} < \infty$. In beiden Fällen haben wir*

$$m_{F,\mu} = \sqrt{\frac{\pi}{2}} \frac{p_0}{\mu + 1} m_{\hat{F},\mu+2}.$$

Aufgabe 8.1.5 *Beweisen Sie die Folgerung 8.1.3.*

Aufgabe 8.1.6 *In den Folgerungen 8.1.2 und 8.1.3 kann die Bedingung (ii) ersetzt werden durch „$r_G(x) \geq x,\ x \geq 0$“.*

Aufgabe 8.1.7 *Leiten Sie (8.1.5) her.*

Aufgabe 8.1.8 *Bestimmen Sie die allgemeine Lösung von (8.1.13).*

Aufgabe 8.1.9 *Für eine Vf. L mit $L(0) = 0$ und $m_{L,-1} < \infty$ ist*

$$p(x) = \int_0^\infty \frac{1}{\sqrt{2\pi}s} e^{-x^2/(2s^2)}\, dL(s),$$

eine monotone Re-Dichte. Zeigen Sie, daß $\hat{p}$ ebenfalls monoton ist.

Aufgabe 8.2.1 *Die Vf. F gehöre zum Typ IFR. Dann gehört die Vf. F_1 mit Dichte*

$$p_1(x) := \frac{1}{m_{F,1}} [1 - F(x)], \quad x \geq 0,$$

ebenfalls zum Typ IFR.

Aufgabe 8.2.2 *Die Dichte p der Vf. F habe die Gestalt (8.1.2). Beweisen Sie folgende Charakterisierung: F ist genau dann eine Exponentialverteilung, wenn $F = G$.*

Aufgabe 8.2.3 *Die Dichte p der Vf. F habe die Gestalt (8.1.2). r_G sei die Ausfallrate von G. Beweisen Sie die folgenden Charakterisierungen:*
a) $m_{G,1}\, r_G(x) \leq 1$, $x \geq 0$, genau dann, wenn F eine Exponentialverteilung ist.
b) $m_{G,1}\, r_G(x) \geq 1$, $x \geq 0$, genau dann, wenn F eine Exponentialverteilung ist.

Aufgabe 8.2.4 *Es sei G eine Mischung von Exponentialverteilungen mit mischender Vf. L. Zeigen Sie, daß $m_{G,1} < \infty$ genau dann erfüllt ist, wenn $m_{L,-1}$ existiert.*

Aufgabe 8.2.5 *Es sei p die Dichte einer Mischung von Exponentialverteilungen mit mischender Vf. L. Ist $m_{L,k} < \infty$, $k \geq 1$, so definieren wir*

$$L_{(j)}(x) := \frac{1}{m_{L,j}} \int_0^x u^j\, dL(u), \quad j = 1, 2, ..., k,$$

und

$$G_j(x) := \begin{cases} G(x) & \text{für} \quad j = 0 \\ \int_0^\infty [1 - e^{-xu}]\, dL_{(j)}(u) & \text{für} \quad j = 1, 2, ..., k \end{cases}.$$

Zeigen Sie: Die Vf. G_j, $j = 0, ..., k-2$, *besitzen monotone Re-Dichten der Gestalt*

$$p_{G_j}(x) = \frac{1}{m_{G_{j+1},1}}[1 - G_{j+1}(x)], \quad x \geq 0,\ j = 0, 1, 2, ...k-2.$$

Aufgabe 8.2.6 *Zeigen Sie mit Hilfe des Satzes von Bernstein (vgl. Anhang B): Eine Dichte p einer nichtnegativen Zufallsgröße ist genau dann die Dichte einer Mischung von Exponentialverteilungen, wenn p eine vollmonotone Dichte ist.*

Kapitel 9

Unschärferelationen

In vielen Fällen benötigen wir nicht die gesamte Verteilung einer Zufallsgröße, sondern nur gewisse Kenngrößen, z. B. Erwartungswert und Varianz. Wir befassen uns daher zunächst mit allgemeinen Beziehungen zwischen Momenten. Für pos. def. Dichten, Re- und Im-Dichten lassen sie sich zum Teil verschärfen.

Untersuchen wir Kenngrößen von Dichtepaaren $(p, \hat{p})$ $((p_G, \tilde{p}_G))$, so zeigt es sich, daß sich der enge Zusammenhang zwischen p und $\hat{p}$ (p_G und $\tilde{p}_G$) auch durch Momente ausdrücken läßt: Z. B. kann das Varianzprodukt $\sigma^2\,\hat{\sigma}^2$ nicht beliebig klein werden (vgl. Roßberg (1988)). Dies ist ein ähnlicher Effekt wie er von Heisenberg in seiner Unschärferelation festgehalten wurde. Wir werden diesbezügliche Resultate daher ebenfalls Unschärferelationen nennen.

9.1 Moment-Ungleichungen

Es sei X eine Zufallsgröße mit Vf. F. Die Existenz und die Größe der absoluten Momente $M_{F,r} = E|X|^r$, $r > 0$, einer Zufallsgröße X haben eine praktische Bedeutung: Sie schränken die Wahrscheinlichkeit großer Werte von $|X|$ ein. Das sieht man sofort aus der Ungleichung

$$M_{F,r} \geq \int_{|u|\geq x} |u|^r \, dF(u) \geq x^r \, P(|X| \geq x), \quad x > 0,$$

die sich zur Markovschen Ungleichung

$$P(|X| \geq x) \leq \frac{M_{F,r}}{x^r}, \quad x^r \geq M_{F,r}, \tag{9.1.1}$$

umschreiben läßt. Ist $M_{F,r}/x^r << 1$, so wird man hiernach mit dem Auftreten des zufälligen Ereignisses $\{|X| \geq x\}$ bei *einem* Versuch nicht rechnen.

Von besonderem Interesse ist der Fall $r = 2$. Dann folgt nämlich aus (9.1.1), wenn X durch $X - EX$ ersetzt wird, die Tschebyschevsche Ungleichung

$$P(|X - EX| \geq x) \leq \frac{\sigma^2}{x^2}, \quad x \geq \sigma.$$

Sie ist aus zwei Gründen bemerkenswert: Einerseits erscheinen hier — im Gegensatz zu (9.1.1) — Abweichungen zwischen X und EX, die für die Praxis sehr wichtig sind, andererseits tritt rechts als Moment die Varianz auf, für die es besonders einfache Rechenregeln gibt.

Absolute Momente negativer Ordnung $M_{F,-r}$, $r > 0$, haben analoge Bedeutung. Wenden wir die Markovsche Ungleichung auf $Y := 1/X$ an, so folgt nämlich

$$P(|X| \leq x) \leq M_{F,-r}\, x^r, \quad x > 0.$$

Existenz und Größe solcher Momente haben also ebenfalls eine klare Bedeutung. Dadurch werden die Wahrscheinlichkeiten sehr kleiner Werte von $|X|$ eingeschränkt: Wenn $M_{F,-r}\, x^r << 1$, so wird man mit dem zufälligen Ereignis $\{|X| \leq x\}$ bei *einem* Versuch nicht rechnen.

Neben den Momenten besitzt z. B. der Exzeß,

$$Exz(X) := \frac{E(X - EX)^4}{\sigma^4} - 3,$$

großes praktisches Interesse. Er ändert sich nicht, wenn X durch $aX+b$, $a \neq 0$, ersetzt wird, d. h. der Exzeß ist lokationsinvariant (vgl. Aufgabe 9.1.3). Wir können also $EX = 0$ und $\sigma^2 = Var(X) = 1$ wählen. Der Exzeß beschreibt dann das Verhalten der Vf. von X in einer Umgebung des Erwartungswertes $EX = 0$, genauer gesagt, kennzeichnet er die Abweichung zwischen F und der Normalverteilung Φ in einer Nullpunktumgebung (vgl. Cramér (1946), § 17.6).

Als Maß für die Asymmetrie einer Vf. dient oft die Schiefe

$$s := \frac{E(X - EX)^3}{\sigma^3}.$$

Sie verschwindet trivialerweise für symmetrische Vf. Intuitiv erwartet man für unimodale Vf. einer nichtnegativen Zufallsgröße, daß $s > 0$ ist. Dieser Effekt ist erst in neuerer Zeit ohne Einschränkungen bewiesen worden. Darüber hinaus sind alle zentralen Momente ungerader Ordnung positiv (vgl. Rösler (1995)).

Aus der Vielzahl bekannter Ungleichungen, die zwischen den Momenten einer Vf. bestehen, wollen wir zwei herausgreifen: Die eine ist ein Spezialfall der Schwarzschen Ungleichung, die andere wird vielfach Ljapunovsche Ungleichung genannt. Diese beiden Ungleichungen sind gut zu handhaben und führen schnell zu ersten Abschätzungen; nachteilig ist, daß sie oft sehr grob sind. Für unimodale pos. def. Dichten und monotone Re-Dichten werden wir sie verschärfen.

Die Schwarzsche Ungleichung liefert sofort den

Satz 9.1.1 (Schwarzsche Moment-Ungleichung) *Die Vf. F möge die absoluten Momente $M_{F,2r}$ und $M_{F,2s}$ besitzen, $r, s \in \mathcal{R}$. Dann existiert auch das Moment $M_{F,r+s}$, und es gilt*

$$M_{F,r+s}^2 \leq M_{F,2r} M_{F,2s}.$$

Zwischen Momenten mit Ordnungen gleichen Vorzeichens existieren noch einfachere Beziehungen

Satz 9.1.2 (Ljapunovsche Ungleichung)

(1) Die Vf. F möge das absolute Moment $M_{F,s}$, $s > 0$, besitzen. Dann gilt

$$M_{F,r}^{1/r} \leq M_{F,s}^{1/s}, \quad 0 < r \leq s. \tag{9.1.2}$$

(2) Wenn das Moment $M_{F,-s}$ existiert, dann gilt

$$M_{F,-r}^{1/r} \leq M_{F,-s}^{1/s}, \quad 0 < r \leq s. \tag{9.1.3}$$

Beweis: (1) Es sei $X \sim F$. Nichttrivial ist nur der Fall $F \neq \epsilon_0$. Dann ist $M_{F,t} > 0$, $0 \leq t \leq s$, und durch

$$u(t) := \log M_{F,t}, \quad 0 \leq t \leq s, \tag{9.1.4}$$

ist eine stetige Funktion definiert. Wir setzen in der Schwarzschen Moment-Ungleichung $r := (t-h)/2$, $s := (t+h)/2$ und erhalten

$$M_{F,t}^2 \leq M_{F,t+h}\, M_{F,t-h}.$$

Mit (9.1.4) können wir dies durch

$$u(t) \leq \frac{1}{2}\left(u(t+h) + u(t-h)\right)$$

ausdrücken. Somit ist die Funktion u auch konvex (vgl. Satz 1.1.3). Nach der Sehneneigenschaft konvexer Funktionen ist

$$\frac{u(t)-u(0)}{t-0} = \frac{u(t)}{t} = \log\left(M_{F,t}\right)^{1/t}, \quad 0 < t \leq s,$$

monoton wachsend, und daraus folgt (9.1.2).
(2) Wenden wir (1) auf $1/X$ an, so ergibt sich (9.1.3). □

Folgerung 9.1.3 *Es bestehen die Ungleichungsketten*

$$M_{F,1} \leq M_{F,2}^{1/2} \leq M_{F,3}^{1/3} \leq \ldots \tag{9.1.5}$$

und

$$M_{F,-1} \leq M_{F,-2}^{1/2} \leq M_{F,-3}^{1/3} \leq \ldots,$$

soweit die hier erscheinenden Momente existieren.

Wir kommen nun zu einem Gegenstück der Schwarzschen Moment-Ungleichung, einer Abschätzung des Moments $M_{F,r+s}$ nach unten.

Folgerung 9.1.4 *Es seien r und s reelle Zahlen mit gleichem Vorzeichen. Wenn die Vf. F das Moment $M_{F,r+s}$ besitzt, dann existieren auch die Momente $M_{F,r}$ und $M_{F,s}$, und es gilt*

$$M_{F,r+s} \geq M_{F,r}\, M_{F,s}. \tag{9.1.6}$$

Beweis: a) Die erste Behauptung ist trivial.

b) Wir zeigen die Ungleichung (9.1.6) zunächst für $0 < r \leq s$. Dazu wenden wir (9.1.2) zweimal an und erhalten

$$M_{F,r+s} \geq M_{F,s}^{(r+s)/s} = M_{F,s} M_{F,s}^{r/s} \geq M_{F,s} M_{F,r}.$$

c) Im Fall $r \leq s < 0$ folgt (9.1.6), wenn wir Teil b) auf $1/X$ anwenden.

□

Schließlich fügen wir noch eine Ungleichung an, die wegen ihrer Allgemeinheit von Interesse ist (vgl. Aufgabe 9.1.7).

Satz 9.1.5 *Es seien $X \sim F_X$, $Y \sim F_Y$ nichtnegative Zufallsgrößen, und es gelte*

$$F_X(x) \leq F_Y(x), \quad x > 0. \tag{9.1.7}$$

Weiter sei $h \geq 0$ eine beliebige monoton wachsende reelle Funktion. Dann gilt

$$Eh(Y) \leq Eh(X), \tag{9.1.8}$$

falls $Eh(X)$ existiert.

Da pos. def. Dichten, Re- und Im-Dichten beschränkt sind, erhalten wir aus Satz 9.1.5 folgende Beziehung zwischen dem Maximalwert und den Momenten.

Folgerung 9.1.6 *Die nichtnegative Zufallsgröße $X \sim F_X$ besitze eine beschränkte Dichte p_X, und es sei*

$$C := sup\{p_X(x) : \; x \geq 0\}. \tag{9.1.9}$$

Existiert das Moment $m_{F,a}$ mit $a > 0$, so gilt die Ungleichung

$$C^a m_{F,a} \geq \frac{1}{a+1}. \tag{9.1.10}$$

Beweis: Da p_X eine Dichte ist, ist offenbar $C > 0$. Wir betrachten eine Zufallsgröße $Y \sim U_{(0,1/C)}$. Für ihre Dichte p_Y gilt dann

$$\begin{array}{ll} p_Y(x) \geq p_X(x) & \text{für } \; 0 \leq x \leq 1/C \\ p_Y(x) \leq p_X(x) & \text{für } \; x > 1/C \end{array}.$$

Wegen $F_Y(1/C) = 1$ besteht dann die Ungleichung (9.1.7), und nach Satz 9.1.5 erhalten wir für eine reelle monotone Funktion $h \geq 0$

$$C \int_0^{1/C} h(u)\, du \leq Eh(X).$$

Hieraus ergibt sich für $h(x) = x^a$, $a > 0$, die Ungleichung (9.1.10). □

9.2 Verschärfungen für Re-, Im-Dichten und unimodale Verteilungen

Wir fügen noch Verschärfungen der vorhergehenden Resultate hinzu. Sie ergeben sich aus Zusatzbedingungen, die z. B. auf Zufallsgrößen mit Re- bzw. Im-Dichten zutreffen. Wir formulieren sie daher für nichtnegative Zufallsgrößen und beachten dabei, daß für diese die absoluten und gewöhnlichen Momente zusammenfallen. Ferner gehen wir auf Ungleichungen für 0-unimodale Vf. ein.

Satz 9.2.1 *Falls F eine Re-Dichte besitzt, so gilt*

$$p_0^2 m_{F,2} \geq \frac{32}{9\pi^2}. \tag{9.2.1}$$

Beweis: Für $x > 0$ gilt nach Voraussetzung

$$\begin{aligned} 0 \leq \int_x^\infty Re\ f(u)\, du &= \int_0^\infty Re\ f(u)\, du - \int_0^x Re\ f(u)\, du \\ &= \frac{\pi}{2} p_0 - \int_0^\infty \frac{\sin xv}{v} p(v)\, dv. \end{aligned}$$

Schätzen wir $\sin x$ durch

$$\sin x \geq x - \frac{x^3}{3!} \tag{9.2.2}$$

ab, so erhalten wir weiter

$$0 \leq \int_x^\infty Re\ f(u)\, du = \frac{\pi}{2} p_0 - x + m_{F,2} \frac{x^3}{3!},$$

woraus nach elementaren Rechnungen (9.2.1) folgt. □

Wir gehen nun auf die Ljapunovsche und Schwarzsche Ungleichung ein.

Satz 9.2.2 *(1) Die Vf. F einer nichtnegativen Zufallsgröße besitze das Moment $m_{F,4}$, und für ihre c. F. gelte Re $f \geq 0$. Dann ist*

$$2\,m_{F,2}^2 \leq m_{F,4}. \tag{9.2.3}$$

(2) Die Vf. F mit $F(0+) = 0$ und c. F. f habe das dritte Moment $m_{F,3}$. Besitzt F eine Im-Dichte, so gilt

$$m_{F,1}^2 \leq \frac{2}{3}\, m_{F,-1}\, m_{F,3}. \tag{9.2.4}$$

Bemerkungen. 1. Die Ungleichung (9.2.3) ist eine Verschärfung der Ljapunovschen Ungleichung im Falle $r = 2$ und $s = 4$; sie wurde von Dreier (1998) angegeben.

2. Die Ungleichung (9.2.4) ist eine Verschärfung der Schwarzschen Ungleichung, falls $r = -1/2$ und $s = 3/2$ gewählt werden.

Beweis: (1) Da *Re f* eine nichtnegative c. F. ist, können wir Folgerung 3.3.3 anwenden und erhalten

$$0 \leq Re\ f(t) \leq 1 - \frac{m_{F,2}^2}{m_{F,4}}\left[1 - \cos\left(\sqrt{\frac{m_{F,4}}{m_{F,2}}}\,t\right)\right], \quad \sqrt{\frac{m_{F,4}}{m_{F,2}}}\,|t| \leq \pi.$$

Setzen wir $t = \sqrt{m_{F,2}/m_{F,4}}\,\pi$, so ergibt sich (9.2.3).

(2) Da *Im f* nach Voraussetzung integrierbar ist, erhalten wir mit Satz 5.1.3

$$\begin{aligned} 0 \leq \int_x^\infty Im\ f(u)\,du &= \int_0^\infty Im\ f(u)\,du - \int_0^x Im\ f(u)\,du \\ &= m_{F,-1} - \int_0^\infty [1 - \cos xu]\,\frac{p(u)}{u}\,du. \end{aligned}$$

Die Kosinus-Abschätzung

$$\cos x \leq 1 - \frac{x^2}{2!} + \frac{x^4}{4!}$$

führt auf

$$0 \leq \int_x^\infty Im\ f(u)\,du \leq m_{F,-1} - \frac{x^2}{2!} m_{F,1} + \frac{x^4}{4!} m_{F,3}, \quad x > 0.$$

Hieraus folgt die Behauptung. □

Eine wesentliche Grundlage für die folgenden Ausführungen ist der Zusammenhang, der zwischen den Momenten einer unimodalen Vf. F und der ihr zugeordneten Vf. K besteht.

Lemma 9.2.3 *Es sei $r > -1$. Das Moment $M_{F,r}$ der 0-unimodalen Vf. F existiert genau dann, wenn $M_{K,r}$ existiert, und in beiden Fällen gilt*

$$M_{F,r} = \frac{1}{r+1} M_{K,r}. \tag{9.2.5}$$

Beweis: Nach Satz 1.3.5 existieren unabhängige Zufallsgrößen $Z \sim K$ und $U \sim U_{(0,1)}$, so daß $X = UZ \sim F$. Existiert $M_{K,r}$, so folgt aus

$$M_{F,r} = E|X|^r = E|U|^r \, E|Z|^r = \frac{1}{r+1} M_{K,r}$$

die Existenz von $M_{F,r}$ und die Darstellung (9.2.5).
Die Gegenrichtung ergibt sich sofort aus Aufgabe 7.3.6. □

Wir kommen nun zu der folgenden Verschärfung der Markovschen Ungleichung für 0-unimodale Verteilungen.

Satz 9.2.4 *Die Zufallsgröße X habe eine 0-unimodale Vf., und für $r > 0$ existiere das r-te absolute Moment. Dann gilt*

$$P(|X| \geq x) \leq \left(\frac{r}{r+1}\right)^r \frac{M_{F,r}}{x^r}, \quad x > 0. \tag{9.2.6}$$

Beweis: Wir verwenden wieder die Darstellung $X = UZ$.
a) Wir zeigen zunächst (9.2.6) für U. Wegen

$$P(|U| \geq x) = P(U \geq x) = 1 - min(1,x), \quad x > 0,$$

und

$$E|U|^r = \frac{1}{r+1}$$

ist (9.2.6) gleichwertig mit

$$(1 - min(1,x))x^r \leq \left(\frac{r}{r+1}\right)^r \frac{1}{r+1}, \quad x > 0.$$

Man kann mühelos zeigen, daß die rechte Seite das Maximum der links stehenden Funktion ist.

b) Wegen Lemma 9.2.3 existiert das Moment $M_{K,r}$. Wir benutzen (9.2.6) für U und $x := t/y$ und erhalten

$$P(|Uy| \geq t) \leq \left(\frac{r}{r+1}\right)^r \frac{E|Uy|^r}{t^r}, \quad t > 0.$$

Nun integrieren wir diese Ungleichung bezüglich K und bekommen mit dem Satz von der totalen Wahrscheinlichkeit und (9.2.5)

$$P(|X| \geq t) = \int_{-\infty}^{\infty} P(|Uy| \geq t)\, dK(y)$$

$$\leq \left(\frac{r}{r+1}\right)^r \frac{\int_{-\infty}^{\infty} E|Uy|^r\, dK(y)}{t^r} = \left(\frac{r}{r+1}\right)^r \frac{E|U|^r\, M_{K,r}}{t^r}$$

$$= \left(\frac{r}{r+1}\right)^r \frac{E|X|^r}{t^r};$$

damit ist (9.2.6) im allgemeinen Fall gezeigt. □

Bemerkung. Dieser Satz findet sich mit einem anderen Beweis in Dharmadhikari und Joag-dev (1988). Der bekannteste Spezialfall betrifft $r = 2$; er geht auf Gauß zurück.

Besitzt X eine unimodale Vf. mit dem Modalwert EX und der Varianz σ^2, so erhalten wir aus (9.2.6)

$$P(|X - EX| \geq 3\sigma) \leq \frac{4}{81} < 0,05.$$

Die letzte Ungleichung heißt *3σ-Regel für unimodale Vf.* (Ist die Vf. F nicht unimodal, so muß die Schranke durch $1/9$ ersetzt werden, wie aus der Tschebyschevschen Ungleichung sofort folgt.)

Wir wenden jetzt die Schwarzsche Moment-Ungleichung auf $M_{K,r}$ an und erhalten mit (9.2.5) unmittelbar den

Satz 9.2.5 *Es sei F eine 0-unimodale Vf., und für $r, s > -1/2$ mögen die Momente $M_{F,2s}$, $M_{F,2r}$ existieren. Dann existiert auch $M_{F,r+s}$, und es gilt*

$$M_{F,r+s}^2 \leq \frac{(2r+1)(2s+1)}{(r+s+1)^2} M_{F,2r}\, M_{F,2s}.$$

Der erste Teil von Satz 9.1.2 liefert dementsprechend den

Satz 9.2.6 (Gauß-Winckler-Ungleichungen) *Es sei F eine 0-unimodale Vf. und $s > 0$. Wenn das Moment $M_{F,s}$ existiert, dann gilt*

$$(r+1)^{1/r} M_{F,r}^{1/r} \leq (s+1)^{1/s} M_{F,s}^{1/s}, \quad 0 < r < s.$$

Für Momente ganzzahliger Ordnung — soweit sie existieren — bestehen daher die Ungleichungen

$$\frac{1}{2} M_{F,1} \leq \frac{1}{3^{1/2}} M_{F,2}^{1/2} \leq \frac{1}{4^{1/3}} M_{F,3}^{1/3} \leq \dots$$

9.3 Unschärferelationen

Betrachten wir noch einmal die Ungleichung (9.2.1), so erkennen wir, daß das Produkt $m_{F,2} m_{\hat{F},2}$ der zweiten Momente eines Re-Dichtepaares eine positive untere Schranke besitzt. Gehen wir zu den entsprechenden pos. def. Dichten über (mit Varianzen σ^2 bzw. $\hat{\sigma}^2$), so erhalten wir

$$\sigma^2 \hat{\sigma}^2 = m_{F,2}\, m_{\hat{F},2} \geq \frac{1}{p_0 \hat{p}_0} \left(\frac{32}{9\pi^2}\right)^2 = 0,3202.$$

Es existiert also eine positive untere Schranke Λ für die Varianzprodukte,

$$\Lambda := inf_{(p,\hat{p})}\, \sigma^2 \hat{\sigma}^2 \geq 0,3202. \tag{9.3.1}$$

Bemerkung. Die Existenz einer unteren Schranke für das Produkt der zweiten Momente bei pos. def. Dichten, Re- und Im-Dichten läßt sich einheitlich aus Folgerung 9.1.6 ableiten. Für solche Dichten ist nämlich das Produkt der Maximalwerte einer Dichte und ihrer Adjungierten nach oben beschränkt. Für Im-Dichtepaare $(p_G, \tilde{p}_G)$ mit zweitem Moment erhalten wir z. B. mit Satz 5.1.3

$$sup\{\tilde{p}_G\, p_G(x) :\ x \geq 0\} \leq \frac{2}{\pi}.$$

Wenden wir nun Folgerung 9.1.6 an, so ergibt sich

$$m_{G,2} m_{\tilde{G},2} \geq \left(\frac{2}{3\pi}\right)^2.$$

Pfannschmidt (1995) hat bewiesen, daß es eine selbstadjungierte pos. def. Dichte gibt, für die dieses Infimum angenommen wird. Sein Resultat ist in dem folgenden Satz enthalten, der auf Dreier (1996) zurückgeht.

Satz 9.3.1 *Für alle $\lambda \geq \Lambda$ existiert eine selbstadjungierte Dichte p mit Varianz σ^2, so daß gilt:*

$$\sigma^4 = \lambda. \tag{9.3.2}$$

Beweis: a) Wir betrachten ein Paar $(p, \hat{p})$ pos. def. Dichten mit den Varianzen σ^2 und $\hat{\sigma}^2$. Wir zeigen, daß es eine selbstadjungierte pos. def. Dichte p_1 mit der Varianz σ_1^2 gibt, so daß

$$\sigma_1^4 = \sigma^2 \hat{\sigma}^2 \tag{9.3.3}$$

ist. Nach Korollar 3.1.4 sind die pos. def. Dichten

$$p_b(\tau) := b\, p(b\,\tau),\ \hat{p}_b(\tau) := \frac{1}{b}\hat{p}\,(\frac{\tau}{b}), \quad b > 0$$

ebenfalls zueinander adjungiert; ihre Varianzen bezeichnen wir mit $\sigma_b^2 = b^2\,\sigma^2$ bzw. $\hat{\sigma_b}^2 = \hat{\sigma}^2/b^2$. Wir wählen b durch

$$\sigma_b^2 = \hat{\sigma_b}^2$$

und haben $\sigma^2\hat{\sigma}^2 = \sigma_b^2\hat{\sigma_b}^2 = \sigma_b^4$. Ist p_b selbstadjungiert, so ist nichts zu beweisen. Andernfalls existiert nach Satz 6.1.1 eine selbstadjungierte pos. def. Dichte

$$p_1 := \alpha p_b + (1 - \alpha)\hat{p}_b$$

mit Varianz $\sigma_1^2 = \sigma_b^2 = \hat{\sigma_b}^2$. Es gilt also $\sigma_1^4 = \sigma_b^2\hat{\sigma_b}^2 = \sigma^2\hat{\sigma}^2$, d. h. (9.3.3).
b) Wir zeigen nun, daß es eine selbstadjungierte pos. def. Dichte gibt, deren Varianzprodukt σ^4 gleich Λ ist. Nach Definition von Λ gibt es eine Folge pos. def. Dichtepaare $(q_n, \hat{q}_n)$, so daß ihre Varianzprodukte den Grenzwert Λ haben. Aufgrund von Beweisteil a) gibt es daher eine Folge von Vf. F_n mit selbstadjungierten pos. def. Dichten p_n und Varianzen σ_n^2, so daß

$$\lim_{n\to\infty} \sigma_n^4 = \Lambda$$

gilt. Wie der Satz von Helly und Aufgabe 3.4.2 lehren, existiert eine Teilfolge $\{F_{n'}\}$, die vollständig gegen eine Vf. F_∞ mit pos. def. Dichte p_∞ konvergiert. Nach Folgerung 3.4.5 folgt deshalb

$$lim_{n'\to\infty} p_{n'}(x) = p_\infty(x).$$

Mit dem Lemma von Fatou schließen wir

$$\Lambda = \lim_{n'\to\infty} \sigma_{n'}^4 = \lim_{n'\to\infty} \left(\int_{-\infty}^{\infty} u^2 p_{n'}(u)\, du\right)^2 \geq \left(\int_{-\infty}^{\infty} u^2 p_\infty(u)\, du\right)^2 = \sigma^4.$$

Hieraus folgt als erstes die Existenz der Varianz σ^2 von p_∞, sodann aber wegen der Definition von Λ auch die Beziehung (9.3.2) für den Spezialfall $\lambda = \Lambda$.

c) Wir zeigen nun (9.3.2) für ein beliebiges $\lambda > \Lambda$. Dazu wählen wir ein Paar $(p, \hat{p})$ mit dem Varianzprodukt $\sigma^2\hat{\sigma}^2 > \lambda$; nach Aufgabe 6.1.4 ist dies möglich. Mit ihm konstruieren wir wie im Beweisteil a) eine selbstadjungierte Dichte p_2 mit Varianz $\sigma_2^2 = \sigma\hat{\sigma} > \sqrt{\lambda}$. Nun bilden wir die selbstadjungierten Dichten $q = \beta p_2 + (1-\beta)p_\infty$, $0 \leq \beta \leq 1$. Ihre Varianzen $\sigma^2(\beta) := \beta\sigma_2^2 + (1-\beta)\sqrt{\Lambda}$ sind stetig in β und nehmen alle Werte des Intervalls $[\sqrt{\Lambda}, \sigma_2^2]$ an. Deshalb existiert ein β mit der Eigenschaft $\sigma^2(\beta) = \sqrt{\lambda}$, d. h. es gilt (9.3.2). □

Wie aus Satz 9.3.1 hervorgeht, enthält die Menge der pos. def. Dichten mit $\sigma^2\hat{\sigma}^2 = \Lambda$ insbesondere ein selbstadjungiertes Element. Diese Dichte p hat folgende Eigenschaft: Es existiert nach Satz 9.1.5 keine pos. def. Dichte $p_1 \neq p$ (Vf. F_1), so daß

$$F(x) \leq F_1(x), \quad x > 0,$$

gilt. Außerdem besteht zwischen dem zweiten und vierten Moment von p folgender Zusammenhang (vgl. Dreier (1998, 1999)).

Satz 9.3.2 *Jede selbstadjungierte Dichte p mit $\sigma^4 = \Lambda$ besitzt das Moment $m_{F,4}$, dabei gilt*

$$m_{F,4} \leq \sigma^4 + 2.$$

Es ist bisher nicht gelungen, die Zahl Λ exakt zu bestimmen. Wir werden daher untere und obere Abschätzungen angeben. Der folgende Satz verbessert die oben angegebene Schranke für das *Varianzprodukt* $\sigma^2\,\hat{\sigma}^2$. Er beruht auf der Ungleichung

$$f(t) \geq \cos\sigma t, \quad |t| \leq \frac{\pi}{2\sigma}, \tag{9.3.4}$$

für reelle c. F. (vgl. Satz 3.3.1).

Satz 9.3.3 *Es seien p, $\hat{p}$ pos. def. Dichten mit endlichen Varianzen σ^2 bzw. $\hat{\sigma}^2$. Dann genügt das Varianzprodukt der Ungleichung*

$$\sigma^2\hat{\sigma}^2 > 0,4542. \tag{9.3.5}$$

Beweis: Es sei f die c. F zu F. Da $f \geq 0$ ist, gilt wegen (9.3.4) die folgende Abschätzung für $\hat{\sigma}^2$

$$\begin{aligned}\hat{\sigma}^2 &= \int_{-\infty}^{\infty} u^2\hat{p}(u)\,du = 2\hat{p}_0\int_0^{\infty} u^2 f(u)\,du \\ &> 2\hat{p}_0\int_0^{\pi/(2\sigma)} u^2 f(u)\,du > \frac{2\hat{p}_0}{\sigma^3}\left[\left(\frac{\pi}{2}\right)^2 - 2\right].\end{aligned}$$

Wir erhalten folglich

$$\hat{\sigma}^2\sigma^3 > 2\,\hat{p}_0\left[\left(\frac{\pi}{2}\right)^2 - 2\right].$$

Analog ergibt sich

$$\hat{\sigma}^3\sigma^2 > 2\,p_0\left[\left(\frac{\pi}{2}\right)^2 - 2\right].$$

Aus beiden Ungleichungen folgt schließlich

$$\hat{\sigma}^2\sigma^2 > \left\{\frac{2}{\pi}\left[\left(\frac{\pi}{2}\right)^2 - 2\right]^2\right\}^{2/5} \approx 0,4542,$$

d. h. es gilt (9.3.5). □

Pfannschmidt (1995) hat auf anderem Weg $\Lambda > 0,4840$ errechnet, Dreier (1999) gibt $\Lambda > 0,5430$ an. Diese beiden Autoren haben zur Approximation der Schranke Λ Mathematica benutzt. Die letztere Ungleichung erhält Dreier mit der soeben vorgeführten Methode; nur benutzt sie anstelle der Ungleichung (9.3.4) eine schärfere, die ebenfalls aus Lemma 3.3.2 folgt.

Wir werden nun für eine Teilklasse von pos. def. Dichtepaaren zeigen, daß das Varianzprodukt höchstens 6/7 ist. Dazu benötigen wir eine Aussage, die wir schon in Beispiel 3.5.7 vorbereitet haben.

Lemma 9.3.4 *Es sei Q eine Vf. mit Dichte q und c. F. $g \in L_2$. Weiter existiere die beschränkte und stetige Ableitung $q' \in L_1$, und es gelte $m_{Q,2} < \infty$.*
Dann ist das Varianzprodukt der pos. def. Dichte

$$p(x) = \int_{-\infty}^{\infty} q(x+y)q(y)\,dy$$

und ihrer adjungierten Dichte $\hat{p}$ gegeben durch

$$\sigma^2\hat{\sigma}^2 = 2\,\frac{\int_{-\infty}^{\infty}(q'(u))^2\,du\;\int_{-\infty}^{\infty}u^2q(u)\,du}{\left(\int_{-\infty}^{\infty}q^2(u)\,du\right)}. \tag{9.3.6}$$

Beweis: Wir betrachten zwei unabhängige Zufallsgrößen X und Y, die nach Q verteilt sind. Die Differenz $D := X - Y$ hat dann die pos. def. Dichte p (vgl. Satz 7.1.4). Für die Varianz von p erhalten wir

$$\sigma^2 = Var(X) + Var(Y) = 2\int_{-\infty}^{\infty} u^2 q(u)\,du. \tag{9.3.7}$$

Die c. F. von $\hat{p}$ ist bekanntlich $\hat{f} = p/p_0$. Somit erhalten wir

$$\hat{\sigma}^2 = -\hat{f}''(0) = -\frac{p''(0)}{p_0}. \tag{9.3.8}$$

Da die erste Ableitung von q nach Voraussetzung beschränkt und stetig ist, folgt mit dem Satz von der majorisierten Konvergenz

$$p'(x) = \int_{-\infty}^{\infty} q'(x+u)q(u)\,du = \int_{-\infty}^{\infty} q'(t)q(t-x)\,dt.$$

Wegen $q' \in L_1$ erhalten wir analog

$$p''(x) = -\int_{-\infty}^{\infty} q'(t)q'(t-x)\,dt.$$

Aufgrund von (9.3.8) ergibt sich also

$$\hat{\sigma}^2 = \frac{\int_{-\infty}^{\infty} (q')^2(u)\,du}{\int_{-\infty}^{\infty} q^2(t)\,dt}. \tag{9.3.9}$$

Daraus folgt die Behauptung. □

Wir kommen nun zu einem Satz, den Gneiting (1998) auf anderem Weg bewiesen hat.

Satz 9.3.5 *Es ist* $\Lambda \leq 6/7 = 0,8572$.

Beweis: Wir betrachten das in Lemma 9.3.4 behandelte Paar $(p, \hat{p})$ und benutzen die Formel (9.3.6). Wir zeigen, daß sie in einem Spezialfall den Wert 6/7 annimmt. Die Schwarzsche Ungleichung liefert nämlich

$$\sigma^2\hat{\sigma}^2 \geq \frac{2}{\int_{-\infty}^{\infty} q^2(t)\,dt} \left[\int_{-\infty}^{\infty} q'(u)u\sqrt{q(u)}\,du\right]^2. \tag{9.3.10}$$

Dabei gilt die Gleichheit, wenn q' und $x\sqrt{q}$ linear abhängig sind, d. h. wenn für ein $A \neq 0$

$$q'(x) = Ax\sqrt{q(x)} \tag{9.3.11}$$

gilt. Wie man leicht nachrechnet, hat die Differentialgleichung (9.3.11) Lösungen der Gestalt

$$q(x) = \begin{cases} \frac{15}{16b^5}(b^2 - x^2)^2 & \textit{für} \quad |x| < b \\ 0 & \textit{für} \quad |x| \geq b \end{cases}, \quad b > 0. \tag{9.3.12}$$

Dies sind offensichtlich Dichten. Da das Varianzprodukt unabhängig von der Skalierung ist, können wir $b = 1$ wählen. Eine elementare Rechnung zeigt dann (eventuell mit Mathematica oder Derive unterstützt), daß die rechte Seite von (9.3.10) gleich 6/7 ist. □

Inzwischen hat Dreier (1999) diese Schranke geringfügig auf 0,8508 verbessert. Ihre Idee können wir anhand von Beispiel 7.1.3 beschreiben: Die Dichte $p := q^{2*}$ mit q aus (9.3.12) ist pos. def. Mit ihrer Adjungierten $\hat{p}$ bilden wir wie in Beispiel 7.1.3 die pos. def. Dichte

$$p_\alpha(x) = (1-\alpha)\,\hat{p}(x) + \frac{\alpha}{2}\,(\hat{p}(x-z) + \hat{p}(x+z)), \quad 0 \leq \alpha \leq \frac{1}{2}.$$

Das Varianzprodukt von $(p_\alpha(x), \hat{p}_\alpha(x))$ nimmt den Wert $0,8508$ für $\alpha = 1/2$ und $z = 5,16$ an, wie man z. B. mit Mathematica zeigen kann.

Wir zeigen jetzt, daß sich das Varianzprodukt durch Mischungsbildung vergrößert.

Satz 9.3.6 *Es seien X und Y unabhängige Zufallsgrößen, und sie mögen folgende Bedingungen erfüllen:*

(i) X besitze eine pos. def. Dichte p. Außerdem mögen p und $\hat{p}$ endliche Varianzen σ^2 bzw. $\hat{\sigma}^2$ haben.

(ii) $Y \sim F_Y$ habe das absolute Moment $M_{F_Y,-1}$.

Dann besitzt $XY \sim F$ eine pos. def. Dichte. Für ihre Varianz σ_F^2 und die Varianz $\sigma_{\hat{F}}^2$ ihrer Adjungierten gilt die Ungleichung

$$\sigma_F^2\, \sigma_{\hat{F}}^2 \geq \sigma^2\, \hat{\sigma}^2. \tag{9.3.13}$$

Die Gleichheit in (9.3.13) wird nur für den Fall $Y = 1$ angenommen.

Bemerkung. Ist $X \sim N(\mu, \sigma^2)$, so gilt wegen $\sigma^2\, \hat{\sigma}^2 = 1$ für die Mischung

$$\sigma_F^2\, \sigma_{\hat{F}}^2 \geq 1.$$

Dieses Resultat leitete Gneiting (1998) mit wesentlich stärkeren Hilfsmitteln her; (9.3.13) ist eine Verallgemeinerung.

Beweis: Es sei $XY \sim F$. Nur der Fall $\sigma_F^2 < \infty$ und $\sigma_{\hat{F}}^2 < \infty$ ist von Interesse. Mit $M_{F,2}$ existiert auch $M_{F_Y,2}$ (vgl. Aufgabe 7.3.6). Weiter seien $\hat{X} \sim \hat{F}_X$ mit Dichte $\hat{p}_X$ und $Y_{(-1)} \sim F_{Y,(-1)}$ unabhängige Zufallsgrößen, wobei (vgl. (7.2.3))

$$F_{Y_{(-1)}}(x) = \frac{1}{m_{F_Y,-1}} \int_{-\infty}^{x} \frac{1}{|u|}\, dF_Y(u).$$

Nach Folgerung 7.2.4 gilt $\hat{X}/Y_{(-1)} \sim \hat{F}$. Daraus folgt

$$\sigma_F^2 = \sigma^2\, EY^2 \quad \text{und} \quad \sigma_{\hat{F}}^2 = \hat{\sigma}^2\, EY_{(-1)}^{-2}.$$

Die Ungleichung (9.3.13) ist somit gleichwertig mit $EY^2\, EY^{-2}_{(-1)} \geq 1$. Aufgrund der Definition von $F_{Y,(-1)}$ erhalten wir

$$EY^{-2}_{(-1)} = \frac{M_{F_Y,-3}}{M_{F_Y,-1}}.$$

Setzen wir dies in obige Ungleichung ein und wenden danach nacheinander die Ljapunovsche und die Schwarzsche Ungleichung an, so erhalten wir

$$\begin{aligned} EY^2\, EY^{-2}_{(-1)} = M_{F_Y,2}\frac{M_{F_Y,-3}}{M_{F_Y,-1}} &\geq M_{F_Y,2}\frac{M_{F_Y,-2}M_{F_Y,-1}}{M_{F_Y,-1}} \\ &= M_{F_Y,2}M_{F_Y,-2} \geq 1. \end{aligned}$$

Die Gleichheit gilt in der Schwarzschen Ungleichung, wenn Y^2 und Y^{-2} linear abhängig sind, woraus leicht $Y = 1$ folgt. Dann besteht aber auch in der Ljapunovschen Ungleichung Gleichheit. □

Ist $(p, \hat{p})$ ein Re-Dichtepaar, so erhalten wir für das Produkt $m_{F,2}m_{\hat{F},2}$ natürlich die gleichen Schranken. Betrachten wir dagegen ein Im-Dichtepaar $(p_G, \tilde{p}_G)$, so liefert die Beziehung

$$m_{G,-1}m_{\tilde{G},-1} = \frac{\pi}{2}$$

zusammen mit der Schwarzschen Moment-Ungleichung ($r = 1/2$, $s = -1/2$) $m_{G,1}m_{\tilde{G},-1} \geq 1$ sofort

$$m_{G,1}m_{\tilde{G},1} \geq \frac{1}{m_{G,-1}m_{\tilde{G},-1}} = \frac{2}{\pi}. \tag{9.3.14}$$

Wegen $m_{G,2} \geq m^2_{G,1}$ folgt weiter

$$m_{G,2}m_{\tilde{G},2} \geq \left(\frac{2}{\pi}\right)^2.$$

Eine etwas tiefliegendere Betrachtung liefert die Aussage

Satz 9.3.7 *G sei eine Vf. mit einer Im-Dichte p_G. Dann gilt die Unschärferelation*

$$m_{G,3}m_{\tilde{G},3} \geq 9\frac{\pi}{2}\Lambda^2. \tag{9.3.15}$$

Beweis: Es sei g die c. F. von G. Wir betrachten nur den Fall $m_{G,3} < \infty$ und $m_{\tilde{G},3} < \infty$. Hat G keine selbstadjungierte Dichte, so konstruieren wir eine Vf. G^* mit selbstadjungierter Dichte und gleichem Produkt der dritten Momente $m_{G,3}\, m_{\tilde{G},3}$. Für $a > 0$ ist dann das Paar

$$(q_a(x), \tilde{q}_a(x)) := \left(ap_G(ax), \frac{1}{a}\tilde{p}_G\left(\frac{x}{a}\right)\right), \quad x > 0,$$

ebenfalls ein Im-Dichtepaar mit den Vf. G_a bzw $\tilde{G}_a$. Wir wählen nun a so, daß $m_{G_a,3} = m_{\tilde{G}_a,3}$ ist. Nach Satz 6.1.1 existiert eine Zahl β, $0 < \beta < 1$, so daß $G^* = \beta G_a + (1-\beta)\tilde{G}_a$ eine selbstadjungierte Im-Dichte p_{G^*} hat. Dann gilt $m_{G^*,3} = m_{G_a,3} = m_{\tilde{G}_a,3}$. Wir können also o. B. d. A. voraussetzen, daß G eine selbstadjungierte Im-Dichte hat. Wegen $G \in \mathcal{F}_I$ ist

$$p(x) := \frac{1}{m_{G,1}}\left[1 - G(x)\right], \; \hat{p}(x) := \frac{2}{\pi}\frac{Im\; g(x)}{x}, \; x > 0,$$

ein Re-Dichtepaar mit den Vf. F bzw. $\hat{F}$. Außerdem existieren die zweiten Momente von F und $\hat{F}$. Dann gilt wegen $G = \tilde{G}$

$$\begin{aligned}\Lambda \le m_{F,2}m_{\hat{F},2} &= \frac{1}{m_{G,1}}\frac{m_{G,3}}{3}\frac{2}{\pi}\int_0^\infty u\, Im\; g(u)\, du \\ &= \frac{1}{m_{G,1}}\frac{m_{G,3}}{3}\frac{2}{\pi}m_{G,-1}\int_0^\infty u\tilde{p}_G(u)\, du \\ &= \frac{1}{m_{G,1}}\frac{m_{G,3}}{3}\frac{2}{\pi}m_{G,-1}m_{\tilde{G},1} = \sqrt{\frac{2}{\pi}}\frac{m_{G,3}}{3}.\end{aligned}$$

Hieraus folgt die Behauptung. □

9.4 Unschärferelationen der Ordnung < 2

Wie aus der Ungleichung (9.3.14) zu ersehen ist, tritt der Unschärfe-Effekt auch für Momente der Ordnung < 2 auf. Solche Beziehungen sind besonders dann interessant, wenn eines der beiden Momente $m_{F,2}$, $m_{\hat{F},2}$ nicht existiert. Ein einfaches Beispiel hierfür ist das Re-Dichtepaar

$$p(x) = e^{-x}, \quad \hat{p}(x) = \frac{2}{\pi}\frac{1}{1+x^2}, \quad x \ge 0.$$

Wir geben nun solche Unschärferelationen an. Sie gelten für Momentordnungen, die in einem bestimmen Bereich variieren können. Sie sind naturgemäß für einige Ordnungen gut, für andere weniger gut.

Satz 9.4.1 *(1) F sei eine Vf. mit einer Re-Dichte p. Dann gelten die Unschärferelationen*

$$\left(m_{F,t} m_{\hat{F},t}\right)^{|1-2t|/t} \geq \begin{cases} \frac{2}{\pi}\left[\cos\frac{t\pi}{2}\Gamma(1-t)\right]^2 & , \quad 0 < t < \frac{1}{2} \\ \frac{2}{\pi}\left[\sin\frac{t\pi}{2}\Gamma(1-t)\right]^2 & , \quad \frac{1}{2} < t < 1. \end{cases} \tag{9.4.1}$$

(2) G sei eine Vf. mit einer Im-Dichte p_G. Dann gelten die Unschärferelationen

$$\left(m_{G,t} m_{\tilde{G},t}\right)^{|1-2t|/t} \geq \begin{cases} \frac{2}{\pi}\left[\cos\frac{t\pi}{2}\Gamma(1-t)\right]^2 & , \quad 0 < t < \frac{1}{2} \\ \frac{2}{\pi}\left[\sin\frac{t\pi}{2}\Gamma(1-t)\right]^2 & , \quad \frac{1}{2} < t < 1. \end{cases} \tag{9.4.2}$$

Beweis: Die Beweise für (1) und (2) verlaufen völlig analog. Im Fall (1) wird dabei Satz 4.2.4 (2) benutzt. Deswegen beschränken wir uns auf den Beweis von (2).

a) Es sei $0 < t < 1/2$, d. h. $1-t > t > 0$. Die Ljapunovsche Ungleichung (9.1.3) liefert uns dann

$$m_{G,-t}^{(1-t)/t} \leq m_{G,-(1-t)}, \quad m_{\tilde{G},-t}^{(1-t)/t} \leq m_{\tilde{G},-(1-t)}. \tag{9.4.3}$$

Nach Satz 5.2.6 (1) haben wir

$$m_{\tilde{G},-t} = \frac{t}{\Gamma(1+t)\sin\frac{t\pi}{2}} m_{G,-(1-t)}\, m_{\tilde{G},-1}. \tag{9.4.4}$$

Eine anloge Beziehung gilt für $m_{G,-t}$. Multiplizieren wir beide Gleichungen miteinander, so folgt wegen $m_{G,-1} m_{\tilde{G},-1} = \pi/2$

$$m_{\tilde{G},-t} m_{G,-t} = \frac{\pi}{2}\left[\frac{t}{\Gamma(1+t)\sin\frac{t\pi}{2}}\right]^2 m_{G,-(1-t)} m_{\tilde{G},-(1-t)}.$$

Mit (9.4.3) erhalten wir

$$\left(m_{\tilde{G},-t} m_{G,-t}\right)^{(2t-1)/t} \geq \frac{\pi}{2}\left[\frac{t}{\Gamma(1+t)\sin\frac{t\pi}{2}}\right]^2. \tag{9.4.5}$$

Aus der Schwarzschen Moment-Ungleichung ergibt sich $1 \leq m_{G,t}\, m_{G,-t}$, $1 \leq m_{\tilde{G},t}\, m_{\tilde{G},-t}$ und somit

$$\frac{1}{m_{G,-t}\, m_{\tilde{G},-t}} \leq m_{G,t}\, m_{\tilde{G},t}. \tag{9.4.6}$$

Hieraus und aus (9.4.5) folgt

$$\left(m_{\tilde{G},t} m_{G,t}\right)^{(1-2t)/t} \geq \frac{\pi}{2}\left[\frac{t}{\Gamma(1+t)\sin\frac{t\pi}{2}}\right]^2. \tag{9.4.7}$$

Dies ist (9.4.2), wenn man die rechte Seite von (9.4.7) mit Hilfe der Identitäten

$$\Gamma(1+x) = x\Gamma(x), \quad \Gamma(x)\Gamma(1-x) = \frac{\pi}{\sin \pi x}$$

umschreibt.

b) Der Fall $1/2 < t < 1$ läßt sich auf den oben behandelten Fall zurückführen (vgl. Aufgabe 9.4.1). □

Bemerkung. Für Momente negativer Ordnung erhalten wir aus (9.4.2) und (9.4.6) die Unschärferelation

$$\left(m_{G,-t} m_{\tilde{G},-t}\right)^{|1-2t|/t} \leq \begin{cases} \frac{2}{\pi}\left[\cos\frac{t\pi}{2}\Gamma(1-t)\right]^2 &, \ 0 < t < \frac{1}{2} \\ \frac{2}{\pi}\left[\sin\frac{t\pi}{2}\Gamma(1-t)\right]^2 &, \ \frac{1}{2} < t < 1 \end{cases}. \tag{9.4.8}$$

Somit können $m_{G,-t}$ und $m_{\tilde{G},-t}$ nicht gleichzeitig sehr groß werden.

Schließlich leiten wir für monotone Re-Dichten Unschärferelationen her.

Satz 9.4.2 *F sei eine Vf. mit einer Re-Dichte p der Gestalt*

$$p(x) = \frac{1}{m_{G,1}}\left[1 - G(x)\right], \quad x > 0. \tag{9.4.9}$$

Dann gelten die Ungleichungen

$$m_{F,t} m_{\hat{F},t} \leq \frac{\Gamma(t+1)}{t+1}\frac{\sin \pi t/2}{\pi t/2}, \quad -1 < t < 0, \tag{9.4.10}$$

und

$$m_{F,t} m_{\hat{F},t} \geq \frac{\Gamma(t+1)}{t+1}\frac{\sin \pi t/2}{\pi t/2}, \quad 0 < t < 2. \tag{9.4.11}$$

Bemerkung. Hat die Vf. F eine monotone Re-Dichte, so gelten die Unschärferelationen (9.4.1) und (9.4.11). Es ist leicht zu sehen, daß dann die untere Schranke von (9.4.1) für kleine t-Werte, $0 < t < 0.183$, besser ist als die untere Schranke von (9.4.11).

Beweis: Es existiere $m_{F,t}$. Multiplizieren wir (9.4.9) mit x^t und integrieren von 0 bis ∞, so folgt

$$m_{F,t} = \frac{1}{1+t} \frac{m_{G,1+t}}{m_{G,1}}, \tag{9.4.12}$$

insbesondere existiert das Moment $m_{G,1+t}$.

a) Zunächst sei $-1 < t < 0$. Re-Dichten besitzen Momente dieser Ordnung (vgl. Satz 4.2.4). Mit Kriterium 4.3.8 und Aufgabe 5.1.2 erhalten wir

$$m_{\hat{F},t} = \frac{2}{\pi} \int_0^\infty \frac{Im\ g(u)}{u^{1-t}} du = \frac{2}{\pi} \frac{\Gamma(1+t)}{t} \sin \frac{t\pi}{2} m_{G,-t}. \tag{9.4.13}$$

Aus (9.4.12) und (9.4.13) ergibt sich

$$m_{F,t} m_{\hat{F},t} = \frac{\Gamma(1+t)}{1+t} \frac{\sin \frac{t\pi}{2}}{t\pi/2} \frac{m_{G,1+t} m_{G,-t}}{m_{G,1}}. \tag{9.4.14}$$

Die Momente $m_{G,1+t}$ und $m_{G,-t}$ lassen sich mit der Ljapunovschen Ungleichung durch

$$m_{G,1+t} \leq m_{G,1}^{1+t} \quad \text{bzw.} \quad m_{G,-t} \leq m_{G,1}^{-t}$$

abschätzen. Aus den letzten Ungleichungen folgt (9.4.10).

b) Es sei $0 \leq t < 1$, und es mögen $m_{F,t}$ und $m_{\hat{F},t}$ existieren. Dann können wir die gleiche Schlußweise wie in a) anwenden und erhalten (9.4.14). Aus der Ljapunovschen Ungleichung ergibt sich

$$m_{G,1+t} \geq m_{G,1}^{1+t} = m_{G,1} m_{G,1}^{t} \geq m_{G,1} m_{G,t}.$$

c) Für $1 \leq t < 2$ gilt nach Aufgabe 5.3.1 ebenfalls (9.4.13). Mit der Abschätzung

$$m_{G,1+t} \geq m_{G,t}^{(1+t)/t} = m_{G,t} m_{G,t}^{1/t} \geq m_{G,t} m_{G,1}$$

erhalten wir schließlich in diesem Fall die Behauptung. □

Aufgaben

Aufgabe 9.1.1 *Zeigen Sie, daß in der Schwarzschen Ungleichung und in (9.1.2) die Gleichheitszeichen nicht gelten, wenn die Vf. F eine Dichte besitzt.*

Aufgabe 9.1.2 *Die Zufallsgröße X besitze das vierte absolute Moment. Zeigen Sie, daß dann* $Exz(X) \geq -2$ *gilt.*

Aufgabe 9.1.3 *Zeigen Sie:* $Exz(aX + b) = Exz(X)$, $a \neq 0$.

Aufgabe 9.1.4 *Zeigen Sie, daß für unimodale pos. def. Dichten der Exzeß* ≥ -1 *ist.*

Aufgabe 9.1.5 *Es sei F eine Vf., und es existiere* $M_{F,n}$, $n > 0$. *Gilt für ein* $k > 0$ *mit* $n - k \geq 2$

$$M_{F,k}^{1/k} = M_{F,n}^{1/n},$$

so ist F eine symmetrische Zweipunktverteilung.
Hinweis: *Betrachten Sie die Varianz der Vf.*

$$\frac{1}{M_{F,k}} \int_{-\infty}^{x} |u|^k \, dF(u).$$

Aufgabe 9.1.6 *Es sei F eine symmetrische Vf. mit einer Dichte p, die auf* $(0, \infty)$ *vollmonoton ist. Dann gilt*

$$\left(\frac{M_{F,2r}}{(2r)!}\right)^{1/(2r)} \leq \left(\frac{M_{F,2s}}{(2s)!}\right)^{1/(2s)}, \quad 1 \leq r \leq s,$$

falls diese Momente existieren.
Hinweis: *Benutzen Sie den Satz von Bernstein und Beispiel 4.3.4.*

Aufgabe 9.1.7 *Beweisen Sie Satz 9.1.5.*
Hinweis: *Ist F eine Vf. einer nichtnegativen Zufallsgröße mit erstem Moment* $m_{F,1}$, *so gilt*

$$m_{F,1} = \int_0^\infty (1 - F(u)) \, du.$$

Aufgabe 9.2.1 *Benutzen Sie genauere Abschätzungen von* $\sin x$ *bzw.* $\cos x$ *und die Beweismethodik der Sätze 9.2.1 und 9.2.2, um Momentungleichungen abzuleiten.*

Aufgabe 9.2.2 *Die Vf. F mit* $F(0+) = 0$ *und c. F. f besitze das dritte Moment. Zeigen Sie: Ist* $Im\ f(t) \geq 0$, $t \geq 0$, *so gilt*

$$m_{F,3} \geq \frac{32}{3\pi^2} m_{F,1}^3.$$

Aufgabe 9.3.1 *Zeigen Sie, daß das Varianzprodukt* $\sigma^2 \hat{\sigma}^2$ *eines Paares* $(p, \hat{p})$ *pos. def. Dichten unabhängig von der Skalierung ist.*

Aufgabe 9.3.2 *Es sei p eine monotone Re-Dichte und* $m_{\hat{F},2} < \infty$. *Für bestimmte Ordnungen kann der Schlupf in der Schwarzschen Ungleichung exakt beschrieben werden, denn es gilt die Identität*

$$m_{\hat{F},\mu+1}^2 + \frac{1}{m_{\tilde{G},2\mu}} \left[m_{\tilde{G},2\mu} - m_{\tilde{G},\mu}^2 \right] = m_{\hat{F},1} \, m_{\hat{F},2\mu+1}, \qquad \mu > 0.$$

Aufgabe 9.3.3 *Ist p eine Re-Dichte der Gestalt (9.4.9), und besitzt die Vf. G eine selbstadjungierte Im-Dichte* p_G, *so gilt*

$$m_{\hat{F},\mu+\nu-1} \geq \sqrt{\frac{\pi}{2}} m_{\hat{F},\mu} \, m_{\hat{F},\nu}, \qquad \mu + \nu > 0.$$

Aufgabe 9.4.1 *Beweisen Sie den Satz 9.4.1(2) für* $1/2 < t < 1$.

Aufgabe 9.4.2 *Ist p eine selbstadjungierte Re-Dichte der Gestalt (9.4.9), so ist*

$$m_{G,1} \, m_{\tilde{G},1} \geq \frac{\pi}{3}.$$

Aufgabe 9.4.3 *Die Re-Dichte p sei Mischung von Exponentialverteilungen. Dann ist* $m_{\hat{F},1} = \infty$ *(vgl. Bemerkung 1 nach Satz 8.2.5). Zeigen Sie, daß für* $0 \leq \lambda < 1$ *gilt*

$$m_{F,\lambda} \, m_{\hat{F},\lambda} \geq \frac{\Gamma(1+\lambda)}{\cos \lambda\pi/2}.$$

Aufgabe 9.4.4 *Es sei p eine Dichte der Gestalt (9.4.9). Darüber hinaus sei Re g monoton. Zeigen Sie:*
a) p ist eine Re-Dichte.
b) $m_{\hat{F},1} = \infty$.
c) Für $0 < \lambda < 1$ *haben wir die Unschärferelation*

$$m_{F,\lambda} m_{\hat{F},\lambda} \geq \frac{1}{\lambda+1} \frac{\tan \lambda\pi/2}{\lambda\pi/2} \left(\frac{2}{\pi}\right)^{\lambda}.$$

Aufgabe 9.4.5 *Es sei p eine Re-Dichte der Gestalt (9.4.9). Darüber hinaus existiere* $m_{\hat{F},2}$ *und* $\hat{H}$ *sei die Vf. mit der Dichte*

$$\hat{p}_H(x) := \frac{2}{\pi} \frac{Im\ \tilde{g}(x)}{x}, \quad x > 0,$$

(vgl. Satz 5.3.4). Zeigen Sie:

$$m_{G,\lambda+1} m_{\tilde{G},\lambda+1} > \frac{2}{\pi} m_{G,\lambda} m_{\tilde{G},\lambda} > m_{\hat{F},\lambda} m_{\hat{H},\lambda}, \quad \lambda > -1.$$

Aufgabe 9.4.6 *Benutzen Sie den Satz 3.3.4, um das Momentenprodukt* $m_{F,\lambda} m_{\hat{F},\lambda}$ *eines Re-Dichtepaares abzuschätzen.*

Kapitel 10

Anwendungen

10.1 Zuverlässigkeitstheorie

Wir werden in diesem Abschnitt zeigen, daß die von uns untersuchten Dichten sehr häufig zu Vf. vom Typ IFR gehören (vgl. § 8.2) und deshalb als Dichten von Lebensdauerverteilungen eine Bedeutung haben. Weiter stellen wir dar, wie sich gewisse Voraussetzungen über die Ausfallrate (vgl. § 8.1) einer Vf. F mit Re-Dichte p auf $\hat{p}$ auswirken.

Zuerst beschäftigen wir uns mit dem Auftreten von IFR- und DFR-Vf. in der Menge der Vf. mit Re- bzw. Im-Dichten.

Satz 10.1.1 *(1) Ist die Vf. G mit Dichte p_G und $m_{G,1} < \infty$ vom Typ DFR, so ist*

$$p(x) := \frac{1}{m_{G,1}} [1 - G(x)], \quad x \geq 0, \tag{10.1.1}$$

eine Re-Dichte, deren Vf. F ebenfalls vom Typ DFR ist. Die Ausfallraten von G und F genügen der Beziehung

$$r_G(x) \geq r_F(x), \quad x \geq 0. \tag{10.1.2}$$

(2) Ist $G \in \mathcal{F}_I$ vom Typ IFR, so ist durch (10.1.1) eine Re-Dichte gegeben, deren Vf. F vom Typ IFR ist. Zwischen den Ausfallraten besteht dann die Beziehung:

$$r_G(x) \leq r_F(x), \quad x \geq 0. \tag{10.1.3}$$

Außerdem gilt

$$\frac{p_0}{2} \leq \int_0^\infty p(u)^2\,du \leq p_0. \tag{10.1.4}$$

Beweis: (1) Ist G vom Typ DFR, so folgt sofort, daß

$$p_G(x) = r_G(x)(1 - G(x))$$

monoton fallend ist (vgl. (8.1.1)). Dies wiederum hat $G \in \mathcal{F}_I$ zur Folge (vgl. Aufgabe 4.3.5). Deshalb ist p wegen Kriterium 4.3.8 eine monotone Re-Dichte.

Wir zeigen nun (10.1.2). Aus der Monotonie von r_G erhalten wir

$$\begin{aligned} r_F(x) &= \frac{r_G(x)(1-G(x))}{r_G(x)\int_x^\infty [1-G(u)]\,du} \\ &\leq \frac{p_G(x)}{\int_x^\infty r_G(u)\,[1-G(u)]\,du} = r_G(x). \end{aligned} \tag{10.1.5}$$

Schließlich bilden wir

$$r'_F(x) = \frac{-p_G(x)\int_x^\infty [1-G(u)]\,du + [1-G(x)]^2}{\left[\int_x^\infty (1-G(u)]\,du\right]^2}.$$

Wegen (10.1.5) ist $r'_F(x) \leq 0$, so daß F eine DFR-Verteilung ist.

(2) Da G eine IFR-Vf. ist, existiert $m_{G,1}$ (vgl. Aufgabe 8.1.3). Folglich ist durch (10.1.1) aufgrund des Kriteriums 4.3.8 eine monotone Re-Dichte definiert.

Die Ungleichung (10.1.3) wird wie (10.1.2) gezeigt. Daraus folgt, daß F zur Klasse IFR gehört.

Aus (10.1.3) und (10.1.1) erhalten wir

$$\int_0^\infty p_G(u)(1-F(u))\,du \leq \int_0^\infty p(u)(1-G(u))\,du = \frac{1}{p_0}\int_0^\infty p^2(u)\,du.$$

Integrieren wir die linke Seite partiell, so ergibt sich

$$\begin{aligned} \int_0^\infty p_G(u)(1-F(u))\,du &= 1 - \int_0^\infty p(u)(1-G(u))\,du \\ &= 1 - \frac{1}{p_0}\int_0^\infty p^2(u)\,du, \end{aligned}$$

so daß wir die Ungleichung

$$\frac{1}{2} \leq \frac{1}{p_0} \int_0^\infty p^2(u)\, du$$

bekommen. Dies ist die linke Ungleichung (10.1.4); die rechte ist trivial. □

Studiert man allgemein monotone und beschränkte Dichten, so läßt sich mit der eben geführten Beweistechnik das folgende Kriterium zeigen. Es ist sehr gut geeignet zu überprüfen, ob solch eine Dichte vom Typ IFR (DFR) ist.

Korollar 10.1.2 *Es sei p eine Dichte der Gestalt (10.1.1).*
r_F ist genau dann monoton wachsend (fallend), wenn gilt:

$$r_G(x) \underset{(\geq)}{\leq} r_F(x), \quad x \geq 0.$$

Beispiel 10.1.3 Wir benutzen das Korollar, um zu zeigen, daß die in Null gestutzte Normalverteilung Φ_0 vom Typ IFR ist. Es ist

$$\varphi_0(x) = \sqrt{\frac{2}{\pi}}\left[1 - (1 - e^{-x^2/2})\right] = \sqrt{\frac{2}{\pi}}\,[1 - G_0(x)], \quad x \geq 0.$$

Die Rayleigh-Verteilung G_0 hat die Ausfallrate $r_G(x) = x$. Wegen

$$x \int_x^\infty e^{-u^2/2}\, du \leq \int_x^\infty u\, e^{-u^2/2}\, du = e^{-x^2/2}$$

gilt

$$r_{\Phi_0}(x) = \frac{e^{-x^2/2}}{\int_x^\infty e^{-u^2/2}\, du} \geq x = r_{G_0}(x),$$

so daß mit r_{G_0} auch r_{Φ_0} monoton wachsend ist. □

Wir fragen nun nach weiteren Konsequenzen, die Voraussetzungen der Art „G ($F, \hat{F}$) ist vom Typ IFR (DFR)“ nach sich ziehen. Ein wichtiges Resultat ist, daß DFR-Verteilungen nur selten auftreten; denn dann dürfen die Momente $m_{F,1}$ bzw. $m_{\hat{F},1}$ nicht existieren.

Satz 10.1.4 *Es sei p eine Re-Dichte. Ist $m_{F,1} < \infty$, so ist die Ausfallrate $r_{\hat{F}}(x)$ wenigstens für kleine Argumente streng monoton wachsend.*

Beweis: Da $m_{F,1}$ endlich ist, existiert

$$\int_0^\infty u \sin xu\, p(u)\, du = p_0 \int_0^\infty u \sin xu\, Re\, \hat{f}(u)\, du$$
$$= -p_0 \Big(\int_0^\infty \cos xu\, Re\, \hat{f}(u)\, du\Big)' = -p_0 \frac{\pi}{2} \hat{p}'(x), \quad x \geq 0.$$

Hieraus folgt $\hat{p}'(0) = 0$. Weiter sind $\hat{p}'$ und $\hat{F}$ stetige Funktionen, also folgt aus

$$[\hat{p}(0)]^2 > -\hat{p}'(0)[1 - \hat{F}(0)] = 0$$

für hinreichend kleine positive x

$$[\hat{p}(x)]^2 > -\hat{p}'(x)[1 - \hat{F}(x)], \quad 0 \leq x \leq x_0.$$

Dies ist gleichbedeutend mit $r'_{\hat{F}}(x) > 0$, $0 \leq x \leq x_0$. □

Bemerkungen: 1. Für monotone Re-Dichten folgt darüber hinaus: Falls $m_{\hat{F},1}$ existiert, besitzt G eine Im-Dichte p_G. Also ist $p_G(0) = 0$, so daß G nicht vom Typ DFR ist. Ist $m_{\hat{F},2}$ endlich, so folgt sogar: r_G ist für kleine x streng monoton wachsend (vgl. Aufgabe 10.1.2).

2. Die Bedingung $m_{F,1} < \infty$ ist nicht notwendig dafür, daß $r_{\hat{F}}$ monoton wachsend ist, wie das Beispiel $\hat{F} = Exp(c)$ zeigt.

Satz 10.1.5 *Es sei p eine Re-Dichte mit der Darstellung (10.1.1). Dann ist $\hat{F}$ weder vom Typ IFR noch vom Typ DFR, wenn eine der folgenden Bedingungen erfüllt ist.*

(1) G ist vom Typ IFR, hat eine Dichte, und es ist $m_{G,-1} = \infty$.

(2) G ist vom Typ DFR, und es ist $m_{G,2} < \infty$.

Beweis (1) Aus $m_{G,-1} = \infty$ folgt, wenn wir Lemma 4.3.12 beachten, $m_{\hat{F},1} = \infty$. Deshalb kann $\hat{F}$ nicht von Typ IFR sein (vgl. Aufgabe 8.1.3). Da nach Satz 10.1.1 mit r_G auch r_F monoton wachsend ist, existiert $m_{F,1}$. Gemäß Satz 10.1.4 ist dann auch $r_{\hat{F}}$ zumindestens in einer Nullpunktumgebung streng monoton wachsend. Deshalb kann $\hat{F}$ nicht vom Typ DFR sein.

(2) Da $m_{G,2} < \infty$ gleichbedeutend mit $m_{F,1} < \infty$ ist, erhalten wir mit

Satz 10.1.4, daß $r_{\hat{F}}$ wenigstens für kleine Argumente streng wächst. Also ist $\hat{F}$ nicht vom Typ DFR.

Wäre $\hat{F}$ eine IFR-Verteilung, so wäre $m_{\hat{F},2} < \infty$. Mit der Bemerkung 1 zu Satz 10.1.4 können wir dann schließen: r_G ist in einer gewissen Nullpunktumgebung monoton wachsend. Das widerspricht unserer Voraussetzung, also ist $\hat{F}$ nicht vom Typ IFR. □

Für eine Re-Dichte p der Gestalt (10.1.1) sind das Verhalten der Ausfallrate r_G und die Existenz der Momente der Adjungierten $\hat{p}$ eng miteinander verknüpft.

Satz 10.1.6 *Es sei p eine Re-Dichte der Gestalt (10.1.1).*

(1) Es existiert $m_{\hat{F},2}$ genau dann, wenn der Grenzwert

$$\lim_{x \downarrow 0} \frac{r_G(x)}{x} \tag{10.1.6}$$

existiert. In beiden Fällen gilt

$$\lim_{x \downarrow 0} \frac{r_G(x)}{x} = m_{\hat{F},2}. \tag{10.1.7}$$

(2) Existiert $m_{\hat{F},1+\lambda}$ für ein λ, $0 \leq \lambda < 1$, so gilt

$$\underline{\lim}_{x \downarrow 0} \frac{r_G(x)}{x^\lambda} = 0. \tag{10.1.8}$$

Beweis: (1) Es gelte $m_{\hat{F},2} < \infty$. Dann besitzt G eine Im-Dichte, und es ist $m_{\hat{F},2} = m_{\tilde{G},1}/m_{\tilde{G},-1}$ (vgl. Aufgabe 5.3.2). Wegen

$$\frac{r_G(x)}{x} = \frac{1}{1-G(x)} \frac{p_G(x)}{x} = \frac{1}{m_{\tilde{G},-1}} \frac{1}{1-G(x)} \frac{Im\, \tilde{g}(x)}{x} \tag{10.1.9}$$

folgt mit Satz 2.4.6

$$\lim_{x \downarrow 0} \frac{r_G(x)}{x} = \frac{m_{\tilde{G},1}}{m_{\tilde{G},-1}} = m_{\hat{F},2},$$

d. h. (10.1.7).

Existiert der Grenzwert (10.1.6), so ist $m_{G,-1} < \infty$, d. h. p_G ist Im-Dichte. Wegen (10.1.9) muß also $m_{\tilde{G},1}$ endlich sein. Damit existiert auch $m_{\hat{F},2}$.

(2) Da $m_{\hat{F},1+\lambda}$ endlich ist, ist p_G Im-Dichte. Wegen

$$m_{\tilde{G},\lambda} = \frac{\lambda}{\Gamma(1-\lambda)\sin\frac{\lambda\pi}{2}} \int_0^\infty \frac{Im\ \tilde{g}(u)}{u^{1+\lambda}}\, du$$

(vgl. Aufgabe 5.1.2), muß

$$\underline{\lim}_{x\downarrow 0} \frac{Im\ \tilde{g}(x)}{x^\lambda} = 0$$

gelten. Mit (10.1.9) erhalten wir (10.1.8). □

Wenn $m_{\hat{F},2}$ endlich ist, so haben wir nach Satz 10.1.6 (1)

$$r_G(x) = m_{\hat{F},2}x + o(x), \quad x \downarrow 0.$$

Wir untersuchen deshalb den Fall

$$\frac{r_G(x)}{x} \leq m_{\hat{F},2}, \quad x > 0. \tag{10.1.10}$$

Aus dieser Bedingung ergibt sich

$$p(x) \geq \frac{1}{m_{G,1}} e^{-m_{\hat{F},2}x^2/2}, \quad x \geq 0.$$

Wir leiten damit Unschärferelationen für die Paare $(p_F, p_{\hat{F}})$ und $(p_H, p_{\hat{H}})$ her. Dabei gilt (vgl. (5.3.4))

$$(p_H(x), \hat{p}_H(x)) := \left(\frac{1}{m_{\tilde{G},1}}\left[1 - \tilde{G}(x)\right], \frac{2}{\pi}\frac{Im\ \tilde{g}(x)}{x}\right). \tag{10.1.11}$$

Satz 10.1.7 *Es sei p eine Re-Dichte der Gestalt (10.1.1). Existieren die Momente $m_{F,2}$, $m_{\hat{F},2}$ und gilt (10.1.10), so haben wir die Unschärferelationen*

$$m_{F,2}\, m_{\hat{F},2} \geq 1, \quad m_{H,2}\, m_{\hat{H},2} \geq \left(\frac{2}{\pi}\right)^2. \tag{10.1.12}$$

Beweis: a) Wir benutzen (10.1.10) in der Form

$$\frac{p_G(x)}{x} \leq m_{\hat{F},2}\,[1 - G(x)] = m_{\hat{F},2} m_{G,1} p(x), \quad x > 0.$$

Multiplizieren wir diese Ungleichung mit x^2 und integrieren von 0 bis ∞, so erhalten wir

$$m_{G,1} \leq m_{\hat{F},2} m_{G,1} m_{F,2},$$

so daß die erste Unschärferelation gültig ist.
b) Wegen (10.1.9) können wir (10.1.10) in der Form

$$\frac{1}{m_{\tilde{G},-1}} \frac{Im\ \tilde{g}(x)}{x} \leq m_{\hat{F},2}\,[1 - G(x)]$$

schreiben. Nutzen wir jetzt $m_{\hat{F},2} = m_{\tilde{G},1}/m_{\tilde{G},-1}$, so entsteht

$$Re\ h(x) = \frac{1}{m_{\tilde{G},1}} \frac{Im\ \tilde{g}(x)}{x} \leq 1 - G(x).$$

Hieraus erhalten wir mit Satz 2.4.6

$$m_{H,2} = 2 \lim_{x \to 0} \frac{1 - Re\ h(x)}{x^2} \geq 2 \lim_{x \to 0} \frac{G(x)}{x^2} = \lim_{x \to 0} \frac{p_G(x)}{x}$$

$$= \frac{1}{m_{\tilde{G},-1}} \lim_{x \to 0} \frac{Im\ \tilde{g}(x)}{x} = \frac{m_{\tilde{G},1}}{m_{\tilde{G},-1}} = m_{\hat{F},2}.$$

c) Zur Herleitung der rechten Unschärferelation in (10.1.12) betrachten wir die Vf. H. Aus (10.1.11) ergibt sich

$$m_{\hat{H},2} = \frac{2}{\pi} m_{\tilde{G},-1} m_{G,1} = \frac{2}{\pi} \frac{1}{m_{\hat{F},2}} m_{\tilde{G},1} m_{G,1}.$$

Wegen der Unschärferelation (9.3.14) für Im-Dichten folgt

$$\left(\frac{2}{\pi}\right)^2 \leq m_{\hat{F},2}\, m_{\hat{H},2},$$

und mit $m_{H,2} \geq m_{\hat{F},2}$ erhalten wir die Behauptung. □

10.2 Erzeugung von Zufallszahlen

Stochastische Modelle mit vielen Komponenten, wie sie z. B. in der Zuverlässigkeits- und Bedienungstheorie auftreten, lassen sich kaum analytisch untersuchen. Deshalb versucht man, sie mit Computersimulationen zu analysieren. Dabei werden durch einen Algorithmus Zahlenfolgen erzeugt, die als Realisierungen von Folgen unabhängiger, identisch verteilter Zufallsgrößen mit einer bestimmten Verteilung gedeutet werden. Solche nach einer Gesetzmäßigkeit berechneten Zahlen können natürlich nur näherungsweise Realisierungen von Zufallsgrößen sein. Daher heißen sie *Pseudozufallszahlen* oder kürzer *Zufallszahlen.*

Um sie zu erzeugen, geht man folgendermaßen vor:

- Zunächst werden Folgen von Zufallszahlen zur Vf. $U_{[0,1]}$ erzeugt.
- Danach werden einfache Algorithmen angewendet, um Folgen von Zufallszahlen zu einer anderen vorgegebenen Verteilung zu berechnen.

Zu den grundlegenden Verfahren gehören die *Inversions-*, die *Eliminations-* und die *Zerlegungsmethode.* Bevor wir diese Methoden beschreiben, geben wir zwei wichtige Lemmata an. Wir benötigen dazu den Begriff der (verallgemeinerten) *Inversen* einer Vf. F. Sie wird definiert als

$$F^{-}(x) := sup(u : F(u) \leq x).$$

Offenbar sind die Ungleichungen $u \leq F^{-}(x)$ und $F(u) \leq x$ äquivalent.

Wir zeigen, daß die Erzeugung von Zufallszahlen einer Vf. F auf die Erzeugung von Zufallszahlen zur gleichmäßigen Vf. $U_{[0,1]}$ zurückgeführt werden kann.

Lemma 10.2.1 *Es sei F eine beliebige Vf., und es sei $U \sim U_{[0,1]}$. Dann gilt $F^{-}(U) \sim F$.*

Beweis: Die Behauptung ergibt sich sofort aus

$$\begin{aligned} P\{F^{-}(U) < x\} &= 1 - P\{F^{-}(U) \geq x\} = 1 - P\{U \geq F(x)\} \\ &= P\{U < F(x)\} = F(x). \end{aligned}$$ □

Ist die Inverse einer Vf. F leicht zu berechnen, so erhalten wir aufgrund dieses Lemmas den folgenden Algorithmus zur Erzeugung einer Zufallszahl x zur Vf. F.

Inversionsmethode:

(1) Erzeuge eine Zufallszahl u zur Vf. $U_{[0,1]}$.

(2) Berechne $x = F^{-}(u)$.

Es sei p_G eine Dichte, für die ein Algorithmus zur Erzeugung von Zufallszahlen bekannt ist. Das nächste Hilfsresultat ermöglicht es, Zufallszahlen zu einer Vf. F mit Dichte p zu generieren, wenn der Quotient p/p_G beschränkt ist.

Lemma 10.2.2 *Die Dichte p lasse sich als Produkt $p = p_G h$ einer Dichte p_G (Vf. G) und einer Funktion h darstellen. Es sei*

$$m := sup\{h(u) : p(u) > 0\} < \infty. \tag{10.2.13}$$

Weiterhin seien $U \sim U_{[0,1]}$ und $V \sim G$ unabhängige Zufallsgrößen. Falls $P\{m\,U < h(V)\} > 0$, so ist

$$P\{V < x\,|\,m\,U < h(V)\} = F(x).$$

Beweis: Offenbar ist $m > 0$. Wegen der Unabhängigkeit von U und V erhalten wir mit dem Satz der totalen Wahrscheinlichkeit

$$\begin{aligned} P\{V < x, m\,U < h(V)\} &= \int_{-\infty}^{x} P\{m\,U < h(v)|V = v\}p_G(v)\,dv \\ &= \frac{1}{m}\int_{-\infty}^{x} h(v)p_G(v)\,dv = \frac{1}{m}F(x). \end{aligned}$$

Für $x \to \infty$ folgt daraus

$$P\{m\,U < h(V)\} = \frac{1}{m}. \tag{10.2.14}$$

Deshalb ergibt sich mit dem Begriff der bedingten Wahrscheinlichkeit

$$P\{V < x\,|\,m\,U < h(V)\} = F(x). \qquad \square$$

Wir kommen damit zu einem Algorithmus, mit dem man eine Zufallszahl x zur Vf. F mit Dichte $p = p_G\, h$ gewinnen kann.

Eliminationsmethode:

(1) Erzeuge eine Zufallszahl v zur Vf. G.

(2) Erzeuge eine Zufallszahl u zur Vf. $U_{[0,1]}$.

(3) Falls $mu < h(v)$, setze $x = v$, sonst gehe zu (1).

Aus diesem Algorithmus erkennt man die inhaltliche Bedeutung der Gleichung (10.2.14). Sie drückt aus, wieviele Zufallszahlen zu G und $U_{[0,1]}$ erzeugt werden müssen, um eine Zufallszahl zu F zu erhalten. Deswegen heißt $\eta = 1/m$ die *Effektivität* des Algorithmus.

Um die Zerlegungsmethode zu beschreiben, betrachten wir die Mischung F einer Familie $\{G_y : y \in \mathcal{R}\}$ mit der Vf. H,

$$F(x) := \int_{-\infty}^{\infty} G_y(x)\, H(dy).$$

Sind Algorithmen zur Erzeugung von Zufallszahlen zu H und G_y bekannt, so kann der folgende Algorithmus dazu dienen, eine Zufallszahl x zu F zu generieren.

Zerlegungsmethode:

(1) Erzeuge eine Zufallszahl h zur Vf. H.

(2) Erzeuge eine Zufallszahl v zur Vf. G_h.

(3) Setze $x = v$.

Für die Erzeugung von Zufallszahlen zu $N(0,1)$ sind viele Algorithmen vorgeschlagen worden. Wir geben hier exemplarisch den Algorithmus von *Box-Muller* zur Erzeugung zweier Zufallszahlen zu $N(0,1)$ an. Er basiert auf folgendem Hilfsresultat (vgl. Aufgabe 10.2.1).

Lemma 10.2.3 *Es seien X und Y unabhängige und identisch verteilte Zufallsgrößen mit Verteilung $N(0,1)$. Die Zufallsgrößen $T \in [0, 2\pi)$ und $R \geq 0$ seien die Polarkoordinaten von (X, Y), d. h. es gelten die Beziehungen $X = R\cos T$ und $Y = R\sin T$.*
Dann sind $T \sim U_{[0,2\pi)}$ und R mit $e^{-R^2/2} \sim U_{[0,1]}$ unabhängig.

Erzeugung zweier Zufallszahlen x und y zu $N(0,1)$.

(1) Erzeuge Zufallszahlen u_1, u_2 zur Vf. $U_{[0,1]}$.

(2) Setze $t = 2\pi u_1$.

(3) Setze $v = -\ln u_2$ und $r = \sqrt{2v}$.

(4) Setze $x = r\cos t$ und $y = r\sin t$.

Wir kommen nun zu Anwendungen der oben beschriebenen Verfahren. In den Kapiteln 2 und 7 haben wir gesehen, daß viele der von uns betrachteten Vf. als Verteilungen von Summen, Differenzen, Produkten oder Quotienten unabhängiger Zufallsgrößen gedeutet werden können. Zufallszahlen zu diesen Vf. lassen sich auf natürliche Weise erzeugen, wenn es Algorithmen für die Komponenten gibt. Besitzt eine solche Verteilung eine pos. def. Dichte, so kann man oft auch Zufallszahlen zur Vf. der adjungierten Dichte gewinnen.

A. Wir betrachten unabhängige Zufallsgrößen X mit pos. def. Dichte p_X (Vf. F) und Y (Vf. F_Y) mit nichtnegativer c. F. f_Y. Dann besitzt die Summe $W = X + Y$ nach Satz 7.1.1 ebenfalls eine pos. def. Dichte p. Sind Algorithmen für Zufallszahlen zu den Vf. F_X und F_Y bekannt, dann können wir auch Zufallszahlen von $W \sim F := F_X * F_Y$ berechnen. Haben wir darüber hinaus einen Algorithmus für Zufallszahlen zur Adjungierten $\hat{p}_X$, so liefert die Eliminationsmethode wegen der Darstellung

$$\hat{p}(x) = \left(\frac{p_{X0}}{\int_{-\infty}^{\infty} p_X(u)\, dF(u)} f_Y(x)\right) \hat{p}_X(x) =: \frac{1}{\eta}\, f_Y(x)\hat{p}_X(x) \quad (10.2.15)$$

einen Algorithmus mit Effektivität η für Zufallszahlen zu $\hat{p}$. Wir demonstrieren dies an folgendem

Beispiel 10.2.4 Es seien X und Y unabhängige Zufallsgrößen mit $X \sim N(0,1)$. Die Zufallsgröße Y habe die symmetrische Dreipunktverteilung

$$F_Y = (1-\alpha)\,\epsilon_0 + \frac{\alpha}{2}\,(\epsilon_{-z} + \epsilon_z), \quad 0 \le \alpha \le 1,\ z > 0,$$

(vgl. Beispiel 7.1.3). Ihre c. F. $f_Y(t) = 1 - \alpha(1 - \cos\ zt)$ ist für $0 \le \alpha \le 1/2$ nichtnegativ, und die Summe $W = X + Y$ besitzt für diese Parameter eine pos. def. Dichte p_α. Die Adjungierte $\hat{p}_\alpha$ hat die Gestalt

$$\hat{p}_\alpha(x) = \frac{1}{1-\alpha(1-e^{-z^2/2})}\,(1-\alpha(1-\cos\ zx))\;p_x(x).$$

Wir erhalten somit den folgenden Algorithmus zur Erzeugung einer Zufallszahl $\hat{w}$ zu $\hat{p}_\alpha$:

(1) Erzeuge eine Zufallszahl v zur Vf. $N(0,1)$.

(2) Erzeuge eine Zufallszahl u zur Vf. $U_{[0,1]}$.

(3) Falls $1-u/\alpha < \cos zv$, setze $\hat{w} = v$, sonst gehe zu (1).

Er hat die Effektivität $\eta = 1-\alpha(1-e^{-z^2/2})$.

B. Wir werden in diesem Abschnitt zeigen, auf welch einfache Art man Zufallszahlen zu einer Vf. F, deren c. F. f vom Pólya-Typ ist, generieren kann (vgl. Devroye (1984)).

Nach Kriterium 2.5.4 existieren für solche F unabhängige Zufallsgrößen

- $X \sim K^+$ mit $K^+(0+) = 0$ und
- Y mit der Dichte $p_Y(x) = \frac{1}{2\pi}\left(\frac{\sin x/2}{x/2}\right)^2$, $x \neq 0$,

so daß X/Y nach F verteilt ist. Außerdem gilt (vgl. Aufgabe 2.5.1)

$$K^+(x) = 1 - f(x) + xf_r'(x), \quad x > 0. \tag{10.2.16}$$

Dabei ist f_r' die rechtsseitige Ableitung der konvexen Funktion f.

Um Zufallszahlen zu F zu generieren, haben wir Zufallszahlen von X und Y zu erzeugen.

Zufallszahlen von Y. Besitzt Y die Dichte p_Y, so hat die Zufallsgröße $W = 2/Y$ die Dichte

$$p_W(x) = \frac{1}{\pi}\sin^2\frac{1}{x}, \quad x \neq 0.$$

Wir schreiben p_W in der Form $p_W = h\, p_G$ mit der Dichte

$$p_G(x) = \frac{1}{4} min(1, \frac{1}{x^2}), \quad x \neq 0. \tag{10.2.17}$$

Dann ist h eine beschränkte Funktion mit $m = 4/\pi$ (vgl. (10.2.13)). Zufallszahlen zur Vf. G lassen sich einfach erzeugen, denn für unabhängige Zufallsgrößen $U \sim U_{[-1,1]}$ und $V \sim (\epsilon_1 + \epsilon_{-1})/2$ gilt $U^V \sim G$. So führt das Eliminationsverfahren auf den folgenden Algorithmus zur Erzeugung einer Zufallszahl y von Y.

(1) Erzeuge Zufallszahlen u_1, u_2 zur Vf. $U_{[-1,1]}$.

(2) Falls $u_1 < 0$, ersetze u_2 durch $1/u_2$.

(3) Falls $|u_1| min(1, \frac{1}{u_2^2}) < \sin^2 \frac{1}{u_2^2}$, setze $y = 2/u_2$, sonst gehe zu (1).

Der Algorithmus hat eine Effektivität von $\pi/4$.

Zufallszahlen von $X \sim K^+$. Für eine beliebige Vf. K^+ aus (10.2.16) läßt sich kein allgemeines Herangehen angeben. Deswegen besprechen wir zwei typische Beispiele.

Beispiel 10.2.5 Es sei F die Vf. mit c. F.

$$f(t) = \frac{1}{(1 + |t|^\alpha)}, \quad 0 < \alpha \leq 1,$$

(vgl. Beispiel 2.5.2). Dann erhalten wir aus (10.2.16)

$$K^+(x) = 1 - \frac{1 + (1+\alpha)x^\alpha}{(1 + x^\alpha)^2}, \quad x > 0.$$

Um die Abhängigkeit von a zu unterdrücken, gehen wir zur Zufallsgröße $Z = X^a$ über. Es gilt dann

$$F_Z(x) = K^+(x^{1/a}) = 1 - \frac{1 + (1+\alpha)x}{(1+x)^2}, \quad x > 0.$$

Diese Vf. besitzt die Inverse

$$F_Z^-(x) = \frac{1 + \alpha - \sqrt{(1+\alpha)^2 - 4\alpha(1-x)}}{2(1-x)} - 1, \quad 0 \leq x < 1.$$

Wir erhalten somit den folgenden Algorithmus für eine Zufallszahl x zu F (Inversionsmethode):

(1) Erzeuge eine Zufallszahl u zu $U_{[0,1]}$.

(2) Berechne $v = F_Z^-(1-u)$.

(3) Setze $x = v^{1/\alpha}$.

Beispiel 10.2.6 Es sei F die symmetrisch stabile Vf. mit Parameter $a \in (0,1]$, d. h. ihre c. F. f habe die Gestalt

$$f(t) = e^{-|t|^a}. \tag{10.2.18}$$

Dann erhalten wir aus (10.2.16)

$$K^+(x) = 1 - e^{-x^a} - ax^a e^{-x^a}, \quad x > 0.$$

Wie oben betrachten wir die Zufallsgröße $Z = X^a$ mit Vf.

$$\begin{aligned} F_Z(x) = K^+(x^{1/a}) &= 1 - e^{-x} - axe^{-x} \\ = (1-a)(1-e^{-x}) &+ a(1 - e^{-x} - xe^{-x}), \quad x > 0, \end{aligned}$$

d. h. die Vf. F_Z ist eine Mischung von $Exp(1)$ und $Erl(1,2)$. Für zwei unabhängige Zufallsgrößen $W_1, W_2 \sim Exp(1)$ ist bekanntlich die Summe $W_1 + W_2$ nach $Erl(1,2)$ verteilt. So ergibt sich mit der Inversions- und Eliminationsmethode der folgende Algorithmus:

(1) Erzeuge Zufallszahlen u_1, u_2, u_3 zur Vf. $U_{[0,1]}$.

(2) Falls $u_1 < a$, setze $z := \ln(1/(u_2 u_3))$, sonst $z = \ln(1/u_2)$.

(3) Setze $x = z^{1/a}$.

C. Auf ähnliche Weise kann man Zufallszahlen zu einer Vf. F erzeugen, deren c. F. den Bedingungen von Satz 2.5.6 genügen.

In diesem Fall existieren unabhängige Zufallsgrößen

- $X \sim K$, wobei $K(0+) = 0$, und
- Y mit der Dichte $p_Y(x) = \frac{2}{\pi x^2}\left(1 - \frac{\sin x}{x}\right)$, $x \neq 0$,

so daß X/Y nach F verteilt ist. Außerdem gilt (vgl. Aufgabe 2.5.2)

$$K(x) = 1 - f(x) + f_r'(x)x - \frac{1}{2}f''(x)\,x^2, \quad x > 0. \qquad (10.2.19)$$

Dabei ist $-f_r''$ die rechtsseitige Ableitung der konvexen Funktion $-f'$. Um Zufallszahlen zu F zu generieren, haben wir Zufallszahlen von X und Y zu erzeugen.

Zufallszahlen von Y. Wir betrachten die Funktion $h := p_Y/p_G$ mit p_G aus (10.2.17). Dann ist h beschränkt und mit elementaren Rechnungen ergibt sich $m = 3,0996$. Wir können also wie oben fortfahren und erhalten aus der Eliminationsmethode einen Algorithmus mit der Effektivität $\eta = 0,3226$. Da p unimodal ist, gibt es nach Satz 1.4.5 unabhängige Zufallsgrößen $U \sim U_{[-1,1]}$ und $0 \leq Y_1 \sim F_1$, so daß $U\,Y_1$ die Dichte p besitzt. Dabei hat Y_1 nach Bemerkung zu Satz 1.4.5 die Dichte

$$p_1(x) = \frac{4}{\pi}\frac{1}{x^2}\left(2 + \cos x - 3\frac{sin x}{x}\right), \quad x > 0.$$

Auf die Dichte p_1 läßt sich dann erneut die Eliminationsmethode anwenden (vgl. Aufgabe 10.2.2).

Zufallszahlen von $X \sim K$. Für eine beliebige Vf. K aus (10.2.19) läßt sich wie in Punkt B kein allgemeines Herangehen angeben. Wir besprechen deshalb ein typisches Beispiel.

Beispiel 10.2.7 Es sei F die symmetrisch stabile Vf. mit Parameter $a \in (0,1]$, d. h. ihre c. F. f habe die Gestalt (10.2.18). Dann erhalten wir aus (10.2.19)

$$K(x) = 1 - e^{-x^a}\left(1 + \frac{3a - a^2}{2}x^a + \frac{a^2}{2}x^{2a}\right), \quad x > 0.$$

Die Zufallsgröße $Z = X^a$ besitzt folglich die Vf.

$$F_Z(x) = K(x^{1/a}) = 1 - e^{-x}\left(1 + \frac{3a - a^2}{2}x + \frac{a^2}{2}x^2\right), \quad x > 0.$$

Diese Vf. läßt sich für $a \leq 0.56$ als eine Mischung von $Exp(1)$, $Erl(1,2)$ und $Erl(1,3)$ darstellen, und zwar gilt

$$F_Z = \frac{2 - 3a - a^2}{2}Exp(1) + \frac{3a - a^2}{2}Erl(1,2) + a^2 Erl(1,3).$$

Fahren wir nun wie im Beispiel 10.2.6 fort, so erhalten wir Zufallszahlen zu K.

10.3 Stationäre Prozesse

In diesem Abschnitt werden im Unterschied zu den anderen einige Resultate nur angedeutet. Für ein tieferes Studium stochastischer Prozesse verweisen wir den Leser auf Bücher wie Gnedenko (1997), Gihman/Skorohod (1980). Einige Grundlagen sind im Anhang C zusammengestellt.

Wir betrachten einen im weiteren Sinn stationären stochastischen Prozeß $X(t)$, d. h. der Erwartungswert von $X(t)$ möge nicht von t abhängen. Weiter sei die *Kovarianzfunktion*

$$R(t,s) := Cov\,[(X(t), X(s)] = E\left[(X(t) - EX(t))(\overline{X(s) - EX(s)})\right]$$

$$= E\left[X(t)\overline{X(s)}\right] - E\,X(t)\,E\overline{X(s)}$$

nur eine Funktion der Differenz $t - s$, d. h. es gelte

$$R(t,s) = R(t-s,0) =: R(t-s).$$

Unter diesen Voraussetzungen ist die Varianz von $X(t)$ konstant. Der Prozeß $X(t)$ sei *standardisiert*, es sei also $E\,X(t) = 0$ und $Var\,X(t) = 1$. Wegen

$$E|X(s) - X(t)|^2 = E|X(s)|^2 - E[\overline{X(s)}X(t)] - E[X(s)\overline{X(t)}] + E|X(t)|^2$$

$$= 2Re\ (R(0) - R(s-t))$$

ist

$$\lim_{s\to t} E\,|X(s) - X(t)|^2 = 0 \tag{10.3.1}$$

genau dann, wenn $Re\ R(t)$ in 0 stetig ist. In diesem Fall heißt der stochastische Prozeß $X(t)$ in jedem Punkt t *stetig in* L_2 (manchmal auch *stetig im Quadratmittel*).

Die Funktion R ist für uns von Interesse, weil sie pos. def. ist: Für jede Wahl von reellen Zahlen $t_1, t_2, \cdots, t_n$ und komplexen Zahlen $z_1, z_2, \cdots, z_n$ gilt nämlich

$$\sum_{j=1}^{n} \sum_{k=1}^{n} R(t_j - t_k) z_j \bar{z}_k = E \left| \sum_{j=1}^{n} X(t_j) z_j \right|^2 \geq 0.$$

Ist der Prozeß stetig in L_2, so ist wegen Satz 2.1.5 die Kovarianzfunktion R stetig. Somit ergibt sich allein aus (10.3.1) die Stetigkeit von R. Mit dem Satz von Bochner folgt wegen $R(0) = 1$, daß R eine c. F. ist. Es gibt also eine Vf. F, die *Spektralfunktion des Prozesses*, deren c. F. f mit R zusammenfällt:

$$R(u) = \int_{-\infty}^{\infty} e^{iux}\, dF(x). \tag{10.3.2}$$

Falls F eine Dichte p besitzt, so heißt diese *Spektraldichte* von $X(t)$.

Ist die Kovarianzfunktion R nichtnegativ, so sind offenbar alle Zufallsgrößen $X(t)$ und $X(s)$ nichtnegativ korreliert. Wenn R darüber hinaus integrierbar ist, so besitzt F aufgrund des Fourierschen Umkehrtheorems die Spektraldichte p, und diese ist pos. def. (vgl. Kriterium 3.2.1). Die c. F. $\hat{f}$ von $\hat{p}$ kann als Kovarianzfunktion $\hat{R}$ eines stationären Prozesses $\hat{X}(t)$ gedeutet werden. Wir bezeichnen ihn als *adjungiert* zu $X(t)$. Der adjungierte Prozeß ist bis auf eine Hermitesche Abbildung eindeutig bestimmt.

Zwischen den beiden Prozessen $X(t)$ und $\hat{X}(t)$ lassen sich interessante Zusammenhänge herstellen.

Beispiel 10.3.1 Es sei $X(t)$ ein reeller stationärer Gauß-Prozeß, d. h. alle Vektoren $(X(t_1), X(t_2), ..., X(t_n))$, $t_j \in \mathcal{R}$, $n \geq 1$, sind normalverteilt. Seine Spektraldichte p sei pos. def. Wir setzen weiter voraus, daß die Varianzen σ^2 und $\hat{\sigma}^2$ von p bzw. $\hat{p}$ existieren.

Wir sagen, die Realisierung $X(\cdot, \omega)$ hat im Zeitpunkt t_0 einen u-Durchgang, wenn in einer beliebigen Umgebung von t_0 Punkte t_1 und t_2 existieren, so daß die Ungleichung

$$(X(t_1, \omega) - u)(X(t_2, \omega) - u) < 0, \quad t_1 < t_0 < t_2,$$

erfüllt ist. Es sei $N_{u,(0,T)}$ und $\hat{N}_{u,(0,T)}$ die Anzahl der u-Durchgänge von $X(t)$ bzw. $\hat{X}(t)$ im Intervall $(0, T)$. Nach Cramér, Leadbetter (1967),

§ 10, ist

$$EN_{u,(0,T)} = \frac{T\sigma}{\pi} e^{-u^2/2}.$$

Darüber hinaus existiert der Grenzwert,

$$\lim_{T \to 0} \frac{N_{u,(0,T)}}{T} =: q = \frac{\sigma}{\pi} e^{-u^2/2},$$

die Intensität der u-Durchgänge. Analoge Relationen gelten auch für den adjungierten Prozeß $\hat{X}(t)$. Mit Satz 9.3.3 erhalten wir dann

$$EN_{u,(0,T)}\, E\hat{N}_{u,(0,T)} = \frac{T^2 \sigma \hat{\sigma}}{\pi^2} e^{-u^2/2} \geq 0,068\, T^2\, e^{-u^2}$$

bzw.

$$q\hat{q} = \frac{\sigma\hat{\sigma}}{\pi^2}\, e^{-u^2} \geq 0,068\, e^{-u^2}. \tag{10.3.3}$$

Diese Ungleichungen lassen erkennen, daß beide Prozesse eng miteinander verknüpft sind: Sind z. B. u-Durchgänge bei $X(t)$ sehr selten, ist also q sehr klein, so sind u-Durchgänge bei $\hat{X}(t)$ entsprechend häufiger, denn $\hat{q}$ erfüllt (10.3.3). □

Wir führen noch einen Begriff aus der Signaltheorie ein. Es sei $X(t)$ ein standardisierter stationärer stochastischer Prozeß mit pos. def. Spektraldichte p. Mit einer Dichte $q \in L_2$ definieren wir den *Filter*

$$W(t) := \int_{-\infty}^{\infty} q(t-u) X(u)\, du. \tag{10.3.4}$$

Er beschreibt ein technisches System, das auf das Eingangssignal $X(u)$ in ganz bestimmter Weise reagiert: Am Ausgang des Systems erscheint zum Zeitpunkt t das transformierte Signal $q(t-u)X(u)$. Das Gesamtsignal am Ausgang hat folglich die Darstellung (10.3.4). Wir zeigen, daß der Filter eines stochastischen Prozesses mit pos. def. Spektraldichte wieder solch ein Prozeß ist.

Satz 10.3.2 *Es sei $X(t)$ ein standardisierter stationärer stochastischer Prozeß mit pos. def. Spektraldichte p. Weiter sei $q \in L_2$ eine Dichte mit c. F. g.*

Dann ist der durch (10.3.4) definierte Prozeß stationär und stetig mit

$$E\,W(t) = 0 \quad \textit{und} \quad Var\,W(t) = \int_{-\infty}^{\infty} |g(u)|^2 p(u)\,du. \tag{10.3.5}$$

Die Spektraldichte p_W von W existiert und ist pos. def.:

$$p_W(x) = \frac{|g(x)|^2\,p(x)}{\int_{-\infty}^{\infty} |g(u)|^2 p(u)\,du}. \tag{10.3.6}$$

Bemerkung. Mit Satz 7.1.1 ergibt sich als adjungierte Dichte

$$\hat{p}_W(x) = \int_{-\infty}^{\infty}\int_{-\infty}^{\infty} q(x-v+u)q(u)\hat{p}(v)\,du\,dv.$$

Beweis: Es sei R_X die Kovarianzfunktion von $X(t)$. Aus unseren Voraussetzungen folgt mit dem Satz von Fubini $E\,W(t) = 0$. Wir erhalten weiter

$$\begin{aligned} E\left[W(t)\overline{W(s)}\right] &= \int_{-\infty}^{\infty}\int_{-\infty}^{\infty} q(t-u)q(s-v)R_X(u-v)du\,dv \\ &= \int\int\int e^{i(u-v)w} q(t-u)q(s-v)\,du\,dv\,p(w)\,dw \\ = \int e^{i(t-s)w} &\left(\int\int e^{-i(t-u)w}q(t-u)e^{i(s-v)w}q(s-v))\,du\,dv\right)p(w)\,dw \\ &= \int_{-\infty}^{\infty} e^{i(t-s)w}|g(w)|^2 p(w)\,dw. \end{aligned}$$

Somit ist $W(t)$ ebenfalls ein stetiger stationärer Prozeß, seine Kovarianzfunktion hat die Gestalt

$$R_W(t) = \int_{-\infty}^{\infty} e^{itw}|g(w)|^2 p(w)\,dw.$$

Insbesondere gilt (10.3.5), und $W(t)$ besitzt die Spektraldichte (10.3.6). Nach Satz 7.1.4 ist $|g|^2$ bis auf einen Faktor eine pos. def. Dichte. Folglich ist die Spektraldichte pos. def. (vgl. Folgerung 7.1.2). □

Es sei nun $Y(t)$ ein *stochastischer Prozeß mit orthogonalen Zuwächsen*, und es gelte für alle reellen t und alle $h \geq 0$

$$E\,Y(t) = 0 \quad \text{und} \quad E|Y(t+h) - Y(t)|^2 = h.$$

Ist $q \in L_2$, so definiert das stochastische Integral

$$X(t) := \int_{-\infty}^{\infty} q(t-u)dY(u) \tag{10.3.7}$$

einen stochastischen Prozeß mit $EX(t) = 0$, für den nach der Parsevalschen Identität

$$E\left[X(t)\overline{X(s)}\right] = \int_{-\infty}^{\infty} q(t-s+u)\,\overline{q(u)}\,du \tag{10.3.8}$$

gilt, und daher ist $X(t)$ stationär. Die Kovarianzfunktion $R(t)$ von $X(t)$ hat also die Gestalt

$$R(t) = \int_{-\infty}^{\infty} q(t+u)\,\overline{q(u)}\,du. \tag{10.3.9}$$

R hat damit die Darstellung der c. F. im Wiener-Chintschin-Kriterium und ist somit eine stetige Funktion. Also ist der Prozeß stetig in L_2. Außerdem ist $Var\,X(t) = \int_{-\infty}^{\infty} |q(u)|^2\,du$.

Wir wollen nun zeigen, daß ein Prozeß $X(t)$ genau dann die Darstellung (10.3.7) besitzt, wenn die Wurzel der Spektraldichte pos. def. ist.

Satz 10.3.3 *Es sei $X(t)$ ein standardisierter stetiger stochastischer Prozeß mit Spektraldichte p.*

$X(t)$ besitzt genau dann die Darstellung (10.3.7), in der $Y(t)$ ein stochastischer Prozeß mit orthogonalen Zuwächsen und q eine pos. def. Dichte ist, wenn $\sqrt{p}$ pos. def. ist.

Zum Beweis benötigen wir die Spektraldarstellung eines stationären Prozesses und darüber hinaus das folgende

Lemma 10.3.4 *Die Funktion $q \in L_2$ habe die Fourier-Transformierte*

$$\breve{q}(t) = l.i.m. \frac{1}{\sqrt{2\pi}} \int_{-A}^{A} e^{itu}\,q(u)\,du.$$

Weiter sei $X(t)$ ein stationärer Prozeß mit der Spektralfunktion

$$F(x) := \int_{-\infty}^{x} |\breve{q}(u)|^2\,du$$

und der Spektraldarstellung

$$X(t) = \int_{-\infty}^{\infty} e^{itu} M(du).$$

Dann läßt sich

$$Y([a,b)) := \frac{1}{\sqrt{2\pi}} \int_{-\infty}^{\infty} \frac{e^{-iau} - e^{-ibu}}{iu} \frac{1}{\breve{q}(u)} M(du) \qquad (10.3.10)$$

zu einem orthogonalen Maß $Y(\cdot)$ fortsetzen, und es gilt

$$\int_{-\infty}^{\infty} e^{itu} M(du) = \int_{-\infty}^{\infty} q(t-u) Y(du). \qquad (10.3.11)$$

Beweis: Es sei $I_A(t)$ die Indikatorfunktion der Menge A, d. h.

$$I_A(t) := \begin{cases} 1 & \text{wenn} \quad t \in A \\ 0 & \text{wenn} \quad t \notin A \end{cases}.$$

Für jede beschränkte Borelmenge A aus $\mathcal{R}$ ist $I_A/\breve{q} \in L_2(F)$. Daher existiert das Integral

$$\mu(A) := \int_{-\infty}^{\infty} \frac{I_A(u)}{\breve{q}(u)} M(du).$$

Außerdem folgt aus der Identität von Parseval für alle beschränkten Borelmengen A, B die Beziehung $E[\mu(A)\mu(B)] = |A \cap B|$; dabei bezeichnet $|A|$ das Lebesguesche Maß der Borelmenge A aus $\mathcal{R}$. Man kann nachweisen, daß $\mu(\cdot)$ sich zu einem orthogonalen Maß fortsetzen läßt.

Wir betrachten

$$Y(t) := \frac{1}{\sqrt{2\pi}} \int_{-\infty}^{\infty} \frac{1 - e^{-itu}}{iu} \mu(du) = \frac{1}{\sqrt{2\pi}} \int_{-\infty}^{\infty} \frac{1 - e^{-itu}}{iu} \frac{1}{\breve{q}(u)} M(du)$$

und $Y([a,b)) := Y(b) - Y(a)$. Dann gilt (10.3.10). Nach der Identität von Parseval folgt

$$\begin{aligned} & E\left[Y([a,b))\overline{Y([c,d))}\right] \\ &= \frac{1}{2\pi} \int_{-\infty}^{\infty} \frac{e^{-iau} - e^{-ibu}}{iu} \frac{e^{icu} - e^{idu}}{-iu} \frac{1}{|\breve{q}(u)|^2} M(du) \\ &= \frac{1}{2\pi} \int_{-\infty}^{\infty} \frac{e^{-iau} - e^{-ibu}}{iu} \frac{e^{icu} - e^{idu}}{-iu} du = |[a,b) \cap [c,d)|. \end{aligned}$$

Aufgrund dieser Eigenschaften kann man auch $Y(\cdot)$ zu einem orthogonalen Maß ausdehnen.

Um (10.3.11) zu zeigen, wählen wir zunächst $q(x) = I_{(a,b]}(x)$ mit $a < b$. Dann gilt

$$\check{q}(u) = \frac{e^{ibu} - e^{iau}}{iu},$$

und wir erhalten

$$\int_{-\infty}^{\infty} q(t-u)Y(du) = Y([t-b, t-a)) = Y(t-a) - Y(t-b).$$

Wegen (10.3.10) gilt weiter

$$= \int_{-\infty}^{\infty} \frac{e^{-i(t-a)u} - e^{-i(t-b)u}}{-iu} \frac{1}{\check{q}(u)} M(du) = \int_{-\infty}^{\infty} e^{itu} M(du).$$

Diese Schlußweise überträgt sich auf Treppenfunktionen und nach Grenzübergang auf beliebige nichtnegative Funktionen. Also folgt die Behauptung (10.3.11). □

Beweis von Satz 10.3.3: a) $X(t)$ besitze die Darstellung (10.3.7) mit einem stochastischen Prozeß $Y(t)$ mit orthogonalen Zuwächsen und einer pos. def. Dichte q. Weiter sei $g \geq 0$ die c. F. zu q. Dann folgt wegen (10.3.8) aus der Identität von Parseval

$$R(t) = \frac{1}{2\pi} \int_{-\infty}^{\infty} e^{itu} |g(u)|^2 \, du,$$

d. h. $p(u) := |g(u)|^2/(2\pi) = g^2(u)/(2\pi)$ ist die Spektralfunktion von $X(t)$. Folglich ist $\sqrt{p} = g/\sqrt{2\pi}$ pos. def.

b) Es sei nun $\sqrt{p}$ pos. def. Dann ist $g := \sqrt{p/p_0}$ eine c. F. Ihre Fourier-Transformierte

$$q(x) := \frac{1}{2\pi\sqrt{p_0}} l.i.m. \int_{-A}^{A} e^{-ixu} \sqrt{p(u)} \, du$$

ist ebenfalls Element von L_2.

Für die Spektralfunktion F des Prozesses gilt dann

$$F(x) = \int_{-\infty}^{x} p(u) \, du = \int_{-\infty}^{x} |\sqrt{p_0} g(u)|^2 \, du.$$

Wir können nun Lemma 10.3.4 für $q\sqrt{p_0}$ anwenden und erhalten die Behauptung. □

Wie bei Paaren $(p, \hat{p})$ von pos. def. Dichten gibt es auch im Falle der Prozesse $X(t)$ und $\hat{X}(t)$ sowohl Eigenschaften, die beide Prozessen besitzen, als auch solche, die nicht beide Prozesse aufweisen. Um Beispiele dafür anzugeben, führen wir den Begriff der Ableitung eines Prozesses ein. Der Prozeß $X'(t)$ heißt *erste Ableitung* von $X(t)$ in L_2, wenn für alle t

$$\lim_{u \to 0} E \left| \frac{X(t+u) - X(t)}{u} - X'(t) \right|^2 = 0 \tag{10.3.12}$$

gilt. Diese Bedingung ist unter einfachen Voraussetzungen erfüllt: Ist z. B. die Kovarianzfunktion R eines standardisierten stationären Prozesses $X(t)$ zweifach stetig differenzierbar, so existiert $X'(t)$, und $X'(t)$ ist ein stetiger stationärer Prozeß mit Erwartung $EX'(t) = 0$ und Kovarianzfunktion $R_{X'(t)}(x) = -R''(x)$.

Beispiele 10.3.5 (1) Es sei $X(t)$ ein stetiger stationärer Prozeß mit pos. def. Spektraldichte p. Dann brauchen p und $\hat{p}$ nicht gleichzeitig zweite Momente zu besitzen, wie das Paar

$$(p(x), \hat{p}(x)) = \left(\frac{1}{2} max(1 - \frac{|x|}{2}, 0), \frac{1}{\pi} \frac{\sin^2 x}{x^2} \right)$$

zeigt. In diesem Fall existiert R'' und ist stetig. Damit ist der Prozeß $X'(t)$ definiert, $\hat{X}(t)$ dagegen besitzt keine erste Ableitung.

(2) Wir betrachten nun den Fall, daß p und $\hat{p}$ das zweite Moment besitzen. Die Prozesse $X'(t)$ und $\hat{X}'(t)$ haben dann keine pos. def. Spektralfunktion. Bezeichnen wir nämlich mit p_1 die Spektraldichte von $X'(t)$, so gilt $p_1(x) = x^2 p(x)$. Also ist p_1 wegen $p_1(0) = 0$ nicht pos. def. □

Aufgaben

Aufgabe 10.1.1 *Es sei p eine Re-Dichte der Gestalt (10.1.1) und* $m_{\hat{F},1} < \infty$. *Dann ist G weder vom Typ IFR noch vom Typ DFR.*
Hinweis: *Benutzen Sie Aufgabe 2.4.1 und Lemma 2.4.3.*

Aufgabe 10.1.2 *Es sei p eine Re-Dichte der Gestalt (10.1.1) und* $m_{\hat{F},2} < \infty$. *Dann ist* r_G *in einer gewissen Nullpunktumgebung monoton wachsend.*

Aufgabe 10.2.1 *Beweisen Sie das Lemma 10.2.3 und leiten Sie daraus den Algorithmus von Box-Muller her.*

Aufgabe 10.2.2 *Entwickeln Sie mit dem Eliminationsverfahren einen Algorithmus zur Erzeugung von Zufallszahlen zu der Dichte*

$$p(x) = \frac{4}{\pi}\frac{1}{x^2}\left(2 + \cos x - 3\frac{sin x}{x}\right), \quad x > 0.$$

Aufgabe 10.2.3 *Leiten Sie einen Algorithmus zur Erzeugung von Zufallszahlen zu der Vf.*

$$F := \sum_{j=1}^{k} \alpha_j Erl(1,j), \quad \alpha_j \geq 0, \quad \sum_{j=1}^{k} \alpha_j = 1, \quad k \geq 1,$$

her.

Aufgabe 10.3.1 *Untersuchen Sie, für welche Paare aus Beispiel 3.1.5 beide Dichten das zweite Moment besitzen.*

Anhang A

Integrationstheorie

Wir stellen in diesem Abschnitt einige Resultate aus der Integrationstheorie zusammen und verweisen für ein genaueres Studium auf die Bücher von Bauer (1990), Bauer (1991), Gänßler/Stute (1977), Rudin(1974) und Širjaev (1988).

Es sei $\mathcal{R}$ die Menge der reellen Zahlen und $\mathcal{B}$ die Menge der Borelmengen von $\mathcal{R}$. Im folgenden sind F, G, H stets σ-endliche Maße auf dem meßbaren Raum $(\mathcal{R}, \mathcal{B})$. Eine meßbare Funktion $h : \mathcal{R} \to \mathcal{R}$ heißt F-integrierbar, falls sie bezüglich des Maßes F integrierbar ist.

Schwarzsche Ungleichung

Satz A.1 *Gegeben seien zwei quadratisch F-integrierbare Funktionen $h, k : \mathcal{R} \to \mathcal{C}$. Dann gilt*

$$\left|\int_{-\infty}^{\infty} h(u)\, k(u) F(du)\right| \leq \sqrt{\int_{-\infty}^{\infty} |h(u)|^2 F(du)}\sqrt{\int_{-\infty}^{\infty} |k(u)|^2 F(du)}.$$

Gleichheit gilt genau dann, wenn h und k linear abhängig sind, und zwar fast überall bezüglich F.

Vertauschung von Integrationen

Satz A.2 (Fubini) *Es sei $h : \mathcal{R}^2 \to [c, \infty)$ meßbar bezüglich des Produktmaßes $F \otimes G$. Dann sind die Funktionen $h(\cdot, v)$ für alle v und $h(u, \cdot)$ für alle u meßbar. Darüber hinaus gilt für eine $F \otimes G-$integrierbare Funktion h*

$$\int_{\mathcal{R}^2} h(u,v)\,(F \otimes G)(du, dv) =$$
$$\int_{-\infty}^{\infty} \left(\int_{-\infty}^{\infty} h(u,v)\,G(dv) \right) F(du) = \int_{-\infty}^{\infty} \left(\int_{-\infty}^{\infty} h(u,v)\,F(du) \right) G(dv).$$

Insbesondere ist h $F \otimes G-$integrierbar, wenn eines der Doppelintegrale existiert.

Grenzübergänge unter dem Integral

Satz A.3 (Lemma von Fatou) *Die Funktionen $s_n : \mathcal{R} \to [0, \infty)$ seien für alle $n \geq 1$ F-integrierbar. Dann gilt*

$$\underline{\lim}_{n\to\infty} \int_{-\infty}^{\infty} s_n(u)\,F(du) \geq \int_{-\infty}^{\infty} \underline{\lim}_{n\to\infty} s_n(u)\,F(du).$$

Wenden wir diesen Satz auf $-s_n$ an, so folgt

Satz A.4 *Die Funktionen $s_n : \mathcal{R} \to (-\infty, 0]$ seien für alle $n \geq 1$ F-integrierbar. Dann gilt*

$$\overline{\lim}_{n\to\infty} \int_{-\infty}^{\infty} s_n(u)\,F(du) \leq \int_{-\infty}^{\infty} \overline{\lim}_{n\to\infty} s_n(u)\,F(du).$$

Im nächsten Satz kombinieren wir zwei bequeme hinreichende Bedingungen dafür, daß Grenzwertbildung und Integration vertauschbar sind; sie werden mit dem Namen Lebesgue verknüpft.

Satz A.5 *Die Funktionen $s_n : \mathcal{R} \to \mathcal{R}$ seien für alle $n \geq 1$ F-integrierbar. Es gelte*

$$\lim_{n\to\infty} s_n(x) := s(x)$$

fast überall bezüglich F. Dann ist jede der beiden folgenden Bedingungen hinreichend dafür, daß die Funktion s F-integrierbar ist und daß gilt:

$$\lim_{n\to\infty} \int_{-\infty}^{\infty} s_n(u)\, F(du) = \int_{-\infty}^{\infty} lim_{n\to\infty}\, s_n(u)\, F(du) = \int_{-\infty}^{\infty} s(u)\, F(du).$$

(i) Majorisierte Konvergenz: Es existiert eine F-integrierbare Majorante $S : \mathcal{R} \to [0,\infty)$, so daß

$$|s_n(x)| \leq S(x), \quad n \geq 1,$$

ist.

(ii) Monotone Konvergenz: Es gilt

$$s_{n_1}(x) \leq s_{n_2}(x), \quad 0 \leq n_1 \leq n_2,$$

und es existiert eine Konstante $C > 0$, so daß für alle $n \geq 1$

$$\left|\int_{-\infty}^{\infty} s_n(u)\, F(du)\right| \leq C$$

ist.

Ist das Maß F ein Wahrscheinlichkeitsmaß, ist also $F\{\mathcal{R}\} = 1$, so ist es bekanntlich durch seine Vf. $F\{(-\infty, x)\}$ eindeutig bestimmt. Umgekehrt definiert eine Vf. F ein entsprechendes Wahrscheinlichkeitsmaß. Deswegen unterscheiden wir das Maß und die zugehörige Vf. nicht.

Zwischen Riemann-Stieltjes-Integralen und Maßintegralen besteht ein enger Zusammenhang. Wird bezüglich der Vf. F integriert, so zeigen wir mit $dF(x)$ an, daß wir Riemann-Stieltjes-Integrale meinen.

Satz A.6 *(1) Die Funktion $h : [a,b] \to \mathcal{R}$ sei bezüglich der Vf. F im Sinne von Riemann-Stieltjes integrierbar. Dann ist h auch integrierbar bezüglich des Maßes F, und es gilt*

$$\int_a^b h(u)\, F(du) = \int_a^b h(u)\, dF(u).$$

(2) Die Funktion $h : \mathcal{R} \to [0,\infty)$ sei bezüglich der Vf. F im Sinne von Riemann-Stieltjes uneigentlich integrierbar. Dann ist h auch integrierbar bezüglich des Maßes F, und es gilt

$$\int_{-\infty}^{\infty} h(u)\, F(du) = \int_{-\infty}^{\infty} h(u)\, dF(u).$$

Differentiation unter dem Integral

Satz A.7 *Die Funktion $s(x,y) : (a,b) \times \mathcal{R} \to \mathcal{R}$ sei stetig differenzierbar bezüglich x, und $s(x,\cdot)$ sei F-integrierbar für alle x. Existiert eine F-integrierbare Funktion S mit*

$$\left|\frac{\partial s(x,y)}{\partial x}\right| =: |s_x(x,y)| \leq S(y),$$

dann folgt

$$\frac{\partial}{\partial x}\int_{-\infty}^{\infty} s(x,y)\,F(dy) = \int_{-\infty}^{\infty} s_x(x,y)\,F(dy).$$

Mischungen von Verteilungen

Es sei H eine Vf. und $\{G_y : y \in \mathcal{R}\}$ eine Familie von Funktionen $G_y : \mathcal{R} \to [0,1]$ mit den nachstehenden Eigenschaften:

(1) Für jedes $y \in \mathcal{R}$ ist G_y eine Vf.

(2) Für jedes $x \in \mathcal{R}$ ist $G_y(x)$ integrierbar bezüglich der Vf. H.

Dann ist die folgende Aussage richtig.

Satz A.8 *Die Funktion*

$$F(x) := \int_{-\infty}^{\infty} G_y(x)\,H(dy) \tag{A.1}$$

ist eine Vf. mit der c. F.

$$f(t) := \int_{-\infty}^{\infty} g_y(x)\,H(dy),$$

dabei bezeichnet g_y die c. F. von G_y.

Die Vf. F aus (A.1) heißt *Mischung der Familie* $\{G_y : y \in \mathcal{R}\}$. Die Vf. H wird als *mischende Vf.* bezeichnet.

Korollar A.9 *Die Vf. G_y besitze für alle $y \in \mathcal{R}$ die Dichte q_y, und $q.(\cdot)$ sei meßbar (bezüglich des Produktmaßes aus dem Lebesgueschen Maß und H).*

(1) Dann hat die Mischung F die Dichte

$$p(x) := \int_{-\infty}^{\infty} q_y(x)\, H(dy). \tag{A.2}$$

(2) Ist umgekehrt die Funktion p durch (A.2) gegeben, so ist p die Dichte der Mischung F.

Satz von der totalen Wahrscheinlichkeit

Es seien X und Y Zufallsgrößen auf dem Wahrscheinlichkeitsraum $(\Omega, \mathcal{A}, P)$. Die Menge aller P-integrierbaren (quadratisch P-integrierbaren) Funktionen bezeichnen wir mit $L_1(P) := L_1(\Omega, \mathcal{A}, P)$ $(L_2(P) := L_2(\Omega, \mathcal{A}, P))$. Wir betrachten das Problem der besten Approximation von X durch Borel-meßbare Funktionen von Y.

Dazu beschränken wir uns zunächst auf Zufallsgrößen X mit zweitem Moment, d. h. auf $X \in L_2(P)$. Dann existiert eine Zufallsgröße $g_0(Y)$, die das Optimierungsproblem

$$\inf\{E(X - g(Y))^2 : g \text{ – Borel-meßbar}\} = E(X - g_0(Y))^2$$

löst. Alle übrigen Lösungen dieses Problems stimmen mit der Zufallsgröße $g_0(Y)$ fast überall übcrein. $g_0(Y)$ heißt die *bedingte Erwartung* von X bezüglich Y, und wir schreiben

$$E(X|Y) := g_0(Y).$$

Entsprechend bezeichnen wir $g_0(y)$ als *bedingten Erwartungswert* von X bezüglich $Y = y$ und schreiben

$$E(X|Y = y) := g_0(y).$$

Der bedingte Erwartungswert $g_0(y)$ ist F_Y–fast-überall definiert. Diese Definition reduziert sich auf die klassische bedingte Erwartung, wenn Y eine diskrete Zufallsgröße ist. Im Fall $P\{Y = y\} > 0$ ist nämlich der bedingte Erwartungswert von X bezüglich $Y = y$ als Erwartung der bedingten Vf.

$$F_{X|Y=y}(x) := P\{X < x|Y = y\} = \frac{P\{X < x, Y = y\}}{P\{Y = y\}}$$

definiert.

Wir gehen nun zur bedingten Erwartung einer Zufallsgröße $X \in L_1(P)$ über. Die Definition erfolgt in zwei Schritten.

Zunächst zerlegen wir $X \in L_1(P)$ in die Differenz zweier nichtnegativer Zufallsgrößen $X = X^+ - X^-$ mit $X^+ := max(0, X)$ und $X^- := max(0, -X)$. Es genügt also, den Erwartungswert für nichtnegative Zufallsgrößen $X \in L_1(P)$ zu erklären. Dabei benutzen wir die Tatsache, daß $L_2(P)$ bezüglich der punktweisen Konvergenz dicht in $L_1(P)$ ist. So gibt es für jedes $X \in L_1(P)$, $X \geq 0$, eine Folge $X_n \in L_2(P)$ mit

$$\lim_{n\to\infty} X_n(\omega) = X(\omega).$$

Der Grenzwert

$$\lim_{n\to\infty} E(X_n|Y) =: E(X|Y)$$

existiert und ist unabhängig von der Wahl der Approximationsfolge. Somit kann er als bedingte Erwartung von X bezüglich Y aufgefaßt werden. Für beliebige Zufallsgrößen $X \in L_1(P)$ wird die bedingte Erwartung durch

$$E(X|Y) := E(X^+|Y) - E(X^-|Y)$$

definiert.

Eigenschaften der bedingten Erwartung :

Satz A.10 (Satz von der totalen Erwartung) *Ist $X \in L_1(P)$, so gilt*

$$EX = E\,E(X|Y) = \int_{-\infty}^{\infty} E(X|Y = y)\, dF_Y(y),$$

dabei ist F_Y die Vf. von Y.

Satz A.11 *Es sei $h : \mathcal{R}^2 \to \mathcal{R}$ Borel-meßbar und $h(X, Y) \in L_1(P)$. Dann haben wir*

$$E(h(X, Y)|Y = y) = E(h(X, y)|Y = y).$$

Insbesondere ist für unabhängige Zufallsgrößen X und Y für F_Y–fast alle y auch $h(X, y) \in L_1(P)$, und es gilt

$$E(h(X, Y)|Y = y) = E\,h(X, y).$$

Dieser Satz wird auch *Einsetzregel* genannt. Mit Hilfe der bedingten Erwartung wird nun die bedingte Wahrscheinlichkeit eingeführt. Ist $A \subseteq \mathcal{R}$ eine Borel-Teilmenge und $\{X \in A\}$ ein zufälliges Ereignis, so betrachten wir die Zufallsgröße

$$I_A(\omega) := \begin{cases} 1 & \text{für} \quad X(\omega) \in A \\ 0 & \text{für} \quad X(\omega) \notin A \end{cases} .$$

Die bedingte Wahrscheinlichkeit von $\{X \in A\}$ unter $Y = y$ definieren wir durch

$$P\{X \in A | Y = y)\} := E(I_A | Y = y).$$

Es zeigt sich, daß dies für F_Y–fast alle y ein Wahrscheinlichkeitsmaß ist. Dadurch können wir ganz allgemein für F_Y–fast alle y die bedingte Vf. von X unter $Y = y$ erklären:

$$F_{X|Y=y}(x) = P\{X < x | Y = y\}.$$

Satz A.10 heißt in diesen Zusammenhang *Satz von der totalen Wahrscheinlichkeit.* Außerdem zeigt es sich, daß der bedingte Erwartungswert der Erwartungswert einer Vf. ist.

Satz A.12 *Es sei* $X \in L_1(P)$. *Dann gilt*

$$E(X|Y = y) = \int_{-\infty}^{\infty} x \, dF_{X|Y=y}(x).$$

Anhang B

Integral-Transformationen

Um Vf. F von nichtnegativen Zufallsgrößen zu untersuchen, werden oft anstelle der c. F. andere Integral-Transformationen herangezogen. Zur Einführung hierzu kann Feller (1971), Gnedenko (1997), Kawata (1972) dienen.

Definition B.1 *Ist F eine Vf. mit $F(0) = 0$, so heißt*

$$\check{f}(s) = \int_0^\infty e^{-su}\, dF(u), \quad s \geq 0,$$

Laplace-Stieltjes-Transformierte von F (LS-Transformierte). Besitzt F eine Dichte p, so wird $\check{f}$ auch Laplace-Transformierte von p genannt.

Satz B.2 *Die LS-Transformierte $\check{f}$ einer Vf. F gestattet eine analytische Fortsetzung in die offene rechte Halbebene $Re\ s > 0$, die in der abgeschlossenen rechten Halbebene $Re\ s \geq 0$ stetig ist; dabei ist*

$$\check{f}(s) := \int_0^\infty e^{-su}\, dF(u), \quad Re\ s \geq 0.$$

Offensichtlich besteht zwischen der c. F. f und der LS-Transformierte $\check{f}$ der folgende Zusammenhang:

$$\check{f}(-it) = f(t), \quad -\infty < t < \infty.$$

Daher gibt es die beiden folgenden Entsprechungen für die Sätze 2.2.2 und 2.2.3.

Satz B.3 (Eindeutigkeitssatz) *Zwei Vf.* F_1 *und* F_2 *mit* $F_1(0) = F_2(0) = 0$ *stimmen genau dann überein, wenn ihre LS-Transformierten* $\check{f}_1$ *und* $\check{f}_2$ *übereinstimmen.*

Satz B.4 (Produktsatz) *Es seien* X_1 *und* X_2 *zwei unabhängige nichtnegative Zufallsgrößen mit Vf.* F_1 *bzw.* F_2*. Dann ist die LS-Transformierte* $\check{f}$ *der Vf. von* $X_1 + X_2$ *gegeben durch*

$$\check{f} = \check{f}_1 \check{f}_2.$$

Zwischen Laplace-Trasformationen und vollmonotonen Funktionen besteht ein enger Zusammenhang. Dabei heißt $h : (0, \infty) \to [0, \infty)$ eine *vollmonotone Funktion*, wenn alle Ableitungen $h^{(k)}$ existieren und

$$(-1)^k h^{(k)} \geq 0, \quad k = 1, 2, ...,$$

gilt.

Satz B.5 (Bernstein) *Eine Funktion* $h : [0, \infty) \to [0, \infty)$ *ist genau dann die LS-Transformierte einer Vf.* F *mit* $F(0) = 0$*, wenn* h *auf* $(0, \infty)$ *vollmonoton und* $h(0) = 1$ *ist.*

Das folgende Resultat zeigt, daß eine integrierbare Funktion $h : \mathcal{R} \to \mathcal{C}$ und ihre Fourier-Transformierte

$$\check{h}(t) := \frac{1}{\sqrt{2\pi}} \int_{-\infty}^{\infty} e^{itu}\, h(u)\, du. \tag{B.1}$$

bei $|t| \to \infty$ nicht beide sehr schnell verschwinden können.

Satz B.6 (Hardy) *Es sei* $h : \mathcal{R} \to \mathcal{C}$, $h \neq 0$*. Für ein* $a > 0$ *und eine natürliche Zahl* m *sei*

$$h(x) = O(|x|^m e^{-ax^2}), \quad |x| \to \infty.$$

Weiter gelte für $b > 0$ *mit* $4ab \geq 1$

$$\check{h}(t) = O(|t|^m e^{-bt^2}), \quad |t| \to \infty.$$

Dann ist $4ab = 1$ *und*

$$\check{h}(t) = P(t) e^{-bt^2}, \quad t \in \mathcal{R},$$

dabei bezeichnet P *ein Polynom höchstens vom Grad* m*.*

Anhang C

Stationäre Prozesse

Wir führen drei Integralbegriffe ein, die mit komplexen stationären Prozessen verbunden sind (vgl. Gihman/Skorohod (1980), Širjajev (1988), Priestley (1989):

- Das Integral einer reellen Funktion bezüglich eines orthogonalen Maßes (Spektraldarstellung).
- Das Integral einer reellen Funktion bezüglich eines Prozesses mit orthogonalen Zuwächsen (Prozesse mit orthogonalen Zuwächsen).
- Das Integral eines Prozesses bezüglich des Lebesgueschen Maßes (Filter).

Spektraldarstellung

Wie in § 10.3 sei $X(t)$ ein im weiteren Sinn stationärer komplexer Prozeß. Wir zeigen in groben Zügen, daß $X(t)$ eine analoge Darstellung wie die Kovarianzfunktion $R(t)$ besitzt (vgl. 10.3.2). Dazu betrachten wir einen Wahrscheinlichkeitsraum $(\Omega, \mathcal{A}, P)$, die Menge

$$L_2(P) := L_2(\Omega, \mathcal{A}, P)$$

der quadratisch P-integrierbaren komplexen Zufallsgrößen $X : \Omega \to \mathcal{C}$ und die Teilmenge

$$L_{2,0}(P) := L_{2,0}(\Omega, \mathcal{A}, P)$$

der Zufallsgrößen $X \in L_2(P)$ mit $EX = 0$. Für $X, Y \in L_{2,0}(P)$ definieren wir das Skalarprodukt

$$(X,Y) := \int_\Omega X(\omega)\overline{Y(\omega)}P(d\omega) = Cov(X,Y).$$

Identifizieren wir Funktionen, die P-fast überall übereinstimmen, so wird $L_{2,0}(P)$ ein Hilbertraum mit dem Skalarprodukt $(\cdot,\cdot)$.

Für einen standardisierten stationären Prozeß $X(t)$ mit Spektralfunktion F bezeichnen wir das zur Spektralfunktion gehörige Maß ebenfalls mit F und führen den Hilbertraum $L_2(F) = L_2(\mathcal{R}, \mathcal{B}, F)$ ein. Dabei ist $\mathcal{B}$ die Menge der Borelmengen von $\mathcal{R}$. Wir bilden nun den kleinsten abgeschlossenen Teilraum $\mathcal{X}$, der die Menge $\{X(t) : t \in \mathcal{R}\} \subset L_{2,0}(P)$ enthält. Man kann zeigen, daß durch die Abbildung $X(t) \to e^{it\cdot}$ die Räume $\mathcal{X}$ und $L_2(F)$ isomorph werden.

Wir erinnern nun an den Begriff des orthogonalen Maßes. Es sei $\mathcal{H}$ ein Hilbertraum mit der Norm $\|\cdot\|$. Eine Funktion $M : \mathcal{B} \to \mathcal{H}$ heißt *orthogonales Maß*, falls folgende Bedingungen erfüllt sind:

(1) $M(\emptyset) = 0$.

(2) Für alle Folgen paarweise disjunkter Mengen $B_1, B_2, \ldots \in \mathcal{B}$ gilt

$$M(\bigcup_{n=1}^{\infty} B_n) = \sum_{n=1}^{\infty} M(B_n).$$

(3) Für $A, B \in \mathcal{B}$ mit $A \cap B = \emptyset$ gilt $M(A \cap B) = 0$.

Es zeigt sich, daß $\lambda(B) :=\| M(B) \|^2$ ein endliches Borelsches Maß ist.

Wir führen nun die Integration einer Funktion $g \in L_2(\lambda) = L_2(\mathcal{R}, \mathcal{B}, \lambda)$ bezüglich eines orthogonalen Maßes M ein. Das Integral

$$\int_{-\infty}^{\infty} g(u)M(du) \in \mathcal{H}$$

wird zunächst für Indikatorfunktionen und Treppenfunktionen erklärt. Ist g eine Indikatorfunktion, d. h. $g = I_B$ für eine Borelmenge B, so setzt man

$$\int_{-\infty}^{\infty} g(u)M(du) = M(B).$$

Ist g eine Treppenfunktion der Gestalt

$$g(u) = \sum_{k=1}^{n} a_k I_{B_k}(u), \quad B_k \in \mathcal{B}, \quad k = 1, ..., n,$$

so setzt man

$$\int_{-\infty}^{\infty} g(u)\, M(du) := \sum_{k=1}^{n} a_k M(B_k).$$

Da die Treppenfunktionen dicht in $L_2(\lambda)$ sind, läßt sich diese Definition durch Grenzübergang auf allgemeine $g \in L_2(\lambda)$ fortsetzen.

Eine wichtige Eigenschaft dieses Integralbegriffs wird durch die *Parsevalsche Identität* ausgedrückt: Für $g, h \in L_2(\lambda)$ haben wir in $\mathcal{H}$

$$\left(\int_{-\infty}^{\infty} g(u)\, M(du), \int_{-\infty}^{\infty} h(u)\, M(du)\right) = \int_{-\infty}^{\infty} g(u)\overline{h(u)}\, \lambda(du). \quad \text{(C.1)}$$

Wir kommen nun zur Spektraldarstellung eines stationären Prozesses.

Satz C.1 *(1) Es sei $X(t)$ ein standardisierter stetiger stationärer Prozeß mit Spektralfunktion F. Dann existiert ein orthogonales Maß $M : \mathcal{B} \to L_{2,0}(P)$ mit der Eigenschaft*

$$X(t) = \int_{-\infty}^{\infty} e^{itu}\, M(du). \quad \text{(C.2)}$$

Außerdem gilt

$$F(x) = \| M((-\infty, x)) \|^2 . \quad \text{(C.3)}$$

(2) Es sei $M : \mathcal{B} \to L_{2,0}(P)$ ein orthogonales Maß. Dann definiert (C.2) einen stetigen stationären Prozeß mit der Spektralfunktion F aus (C.3) und der Erwartung 0.

Prozesse mit orthogonalen Zuwächsen

Für einen stochastischen Prozeß $Y(t)$ gelte $EY(t) = 0$ und

$$Cov(Y(t) - Y(s), Y(v) - Y(u)) = \begin{cases} 0 & s < t \leq u < v \\ E|Y(t) - Y(s)|^2 & s = u < t = v \end{cases} .$$

In diesem Fall nennt man $Y(t)$ einen *Prozeß mit orthogonalen Zuwächsen.* Er sei *linksstetig*, d. h. es gelte

$$\lim_{s\uparrow t} E|Y(t) - Y(s)|^2 = 0. \tag{C.4}$$

Wir betrachten nun ein Intervall $[a,b] \subset \mathcal{R}$ und definieren

$$m(t) := E|Y(t) - Y(a)|^2, \quad t \in [a,b].$$

Dann haben wir $E|Y(t) - Y(s)|^2 = m(t) - m(s)$, folglich ist m in $[a,b]$ monoton wachsend und beschränkt. Da $Y(t)$ linksstetig ist, gilt dies auch für $m(t)$. Setzen wir

$$\lambda_{a,b}([s,t)) := m(t) - m(s), \quad [s,t) \subseteq [a,b],$$

so läßt sich $\lambda_{a,b}$ zu einem Borelschen Maß über $[a,b)$ ausdehnen. Es wird ebenfalls mit $\lambda_{a,b}$ bezeichnet. Definieren wir für $A \in \mathcal{B} \cap [a,b]$ $\lambda(A) := \lambda_{a,b}(A)$, so können wir λ zu einem σ-endlichen Borelschen Maß über $\mathcal{R}$ fortsetzen. Wir definieren nun

$$M([s,t)) := Y(t) - Y(s) \; (\in L_{2,0}(P))$$

und setzen M auf die Algebra fort, die von den Intervallen erzeugt wird. Dazu definieren wir für zwei disjunkte Intervalle $[s,t), [u,v)$

$$M([s,t) \cup [u,v)) := M([s,t)) + M([u,v)).$$

Für zwei beliebige Intervalle $[s,t), [u,v)$ haben wir dann

$$Cov(M([s,t)), M([u,v))) = E\left[M([s,t))\overline{M([u,v))}\right] = \lambda(([s,t) \cap [u,v)).$$

Da λ ein Borelsches Maß ist, läßt sich M zu einem orthogonalen Maß M auf $\mathcal{B}$ ausdehnen.

Es sei $g \in L_2(\lambda)$. Dann existiert

$$I_{a,b} := \int_{[a,b]} g(u)\, M(du).$$

Wie man leicht sieht, besitzt $I_{a,b}$ bei $a \to -\infty$ und $b \to \infty$ einen Grenzwert in $L_{2,0}(P)$. Deswegen existiert das uneigentliche Integral

$$\lim_{a\to-\infty, b\to\infty} I_{a,b} =: \int_{-\infty}^{\infty} g(u)\, M(du).$$

Wir definieren nun das Integral einer Funktion $g \in L_2(\lambda)$ bezüglich des stochastischen Prozesses $Y(t)$ durch

$$\int_{-\infty}^{\infty} g(u)\, dY(u) := \int_{-\infty}^{\infty} g(u)\, M(du).$$

Für $g, h \in L_2(\lambda)$ erhalten wir aufgrund der Konstruktion des Integrals aus (C.1) die *Parsevalsche Identität*

$$\left(\int_{-\infty}^{\infty} g(u)\, dY(u), \int_{-\infty}^{\infty} h(u)\, dY(u))\right) = \int_{-\infty}^{\infty} g(u)\overline{h(u)}\, \lambda(du).$$

Filter

Es sei $X(t)$ ein stetiger standardisierter stationärer Prozeß mit Kovarianzfunktion R. Wir definieren für $q \in L_1$ das uneigentliche Integral

$$\int_{-\infty}^{\infty} q(u)X(u)\, du,$$

indem wir zunächst das Integral $I_{a,b} := \int_a^b q(u)X(u)\, du$ erklären. Es sei $u_0^{(n)} = a < u_1^{(n)} < u_2^{(n)} < ... < u_{k_n}^{(n)} = b$ eine Zerlegung von $[a, b]$. Wir setzen

$$S_n := \sum_{j=1}^{k_n} q(u_j^{(n)})X(u_j^{(n)})(u_j^{(n)} - u_{j-1}^{(n)}).$$

Da $X(t) \in L_{2,0}(P)$ ist, gilt dies auch für S_n. Es konvergieren die Erwartungen

$$\begin{aligned} &ES_n\overline{S_m} = (S_n, S_m) \\ &= \sum_{j=1}^{k_n}\sum_{l=1}^{k_m} q(u_j^{(n)})\overline{q(u_l^{(m)})}R(u_j^{(n)} - u_l^{(m)})(u_j^{(n)} - u_{j-1}^{(n)})(u_l^{(m)} - u_{l-1}^{(m)}), \end{aligned}$$

falls

$$\lim_{n\to\infty} max(u_j^{(n)} - u_{j-1}^{(n)} : j = 1, 2, ..., k_n) = 0$$

ist, denn dies sind gerade die Approximationssummen für das Integral

$$\int_a^b \int_a^b q(u)\overline{q(v)}R(u - v)\, du\, dv \le \left(\int_a^b |q(u)|\, du\right)^2.$$

Daher konvergiert S_n in $L_{2,0}(P)$ gegen ein Element, das wir mit $I_{a,b}$ bezeichnen. Weiter konvergieren die $I_{a,b}$ in $L_{2,0}(P)$ bei $a \to -\infty$ und $b \to \infty$ gegen den Filter von $X(t)$,

$$\int_{-\infty}^{\infty} q(u)X(u)\,du := \lim_{a \to -\infty,\, b \to \infty} I_{a,b}.$$

Für $q, r \in L_1$ erhalten wir mit diesem Integralbegriff die *Parsevalsche Identität*

$$\left(\int_{-\infty}^{\infty} q(u)X(u)\,du, \int_{-\infty}^{\infty} r(u)X(u)\,du\right) = \int\int q(u)\overline{r(v)}R(u-v)\,du\,dv.$$

Anhang D

Tabellen für Verteilungen

Zur besseren Referenz führen wir in den nachfolgenden Tabellen bekannte stetige Verteilungen, ihre Dichten, ihre charakteristischen Funktionen und ihre Erwartungen und Varianzen auf (falls vorhanden).

GleichmäßigeVerteilung

Symbol, Parameter	$U_{(a,b)}, \quad -\infty < a < b < \infty$
Dichte	$\frac{1}{b-a}, \quad a \leq x \leq b$
Verteilungsfunktion	$\begin{cases} 0 & x \leq a \\ \frac{x-a}{b-a} & a < x \leq b \\ 1 & x > b \end{cases}$
charakteristische Funktion	$\begin{cases} \frac{e^{ibt}-e^{iat}}{(b-a)ti} & t \neq 1 \\ 1 & t = 1 \end{cases}$
Erwartung Varianz Modalwerte	$(a+b)/2$ $(b-a)^2/12$ $[a,b]$
Moment der Ordnung n	$\frac{b^{n+1}-a^{n+1}}{(n+1)(b-a)}, \ n \geq 0$

Cauchy – Verteilung

Symbol, Parameter	$C(a,b), \quad b > 0,\ a \in \mathcal{R}$
Dichte	$\frac{1}{\pi}\frac{b}{b^2+(x-a)^2}$
Verteilungsfunktion	$\frac{1}{2} + \frac{1}{\pi}\arctan\frac{x-a}{b}$
charakteristische Funktion	$e^{iat-b\|t\|}$

In Null gestutzte Cauchy-Verteilung

Symbol	C_0
Dichte	$\frac{2}{\pi}\frac{1}{1+x^2},\ x \geq 0$
Verteilungsfunktion	$\frac{2}{\pi}\arctan x,\ x \geq 0$
charakteristische Funktion	$e^{-\|t\|}$

Gamma – Verteilung

Symbol, Parameter	$\Gamma(a,b),\ a>0,\ b>0$
Dichte	$\frac{a^b}{\Gamma(b)} e^{-ax} x^{b-1},\ x \geq 0$
Verteilungsfunktion	$\int_0^x \frac{a^b}{\Gamma(b)} e^{-au} u^{b-1}\, du,\ x \geq 0$
charakteristische Funktion	$\left(1-\frac{it}{a}\right)^{-b}$
Erwartung Varianz Modalwert	b/a b/a^2 $max(b-1,0)/a$
Moment der Ordnung n	$\frac{\Gamma(b+n)}{a^n\Gamma(b)},\ n>-b$

Erlang – Verteilung

Symbol, Parameter	$Erl(a,k), \quad a>0, \quad k\geq 1$
Dichte	$\frac{a^k}{(k-1)!} x^{k-1} e^{-ax}, \quad x \geq 0$
Verteilungsfunktion	$1-e^{-ax}\left(1+\frac{ax}{1!}+\ldots+\frac{(ax)^{k-1}}{(k-1)!}\right)$, $x \geq 0$
charakteristische Funktion	$\left(1-\frac{it}{a}\right)^{-k}$
Erwartung Varianz	k/a k/a^2
Moment der Ordnung n	$\frac{(k+n-1)!}{a^n(k-1)!},\ n>-k$

Laplace – Verteilung

Symbol, Parameter	$L(a,b), \quad b>0,\ a \in \mathcal{R}$
Dichte	$\frac{1}{2b}e^{-\lvert x-a\rvert/b}$
Verteilungsfunktion	$\begin{cases} \frac{e^{-\lvert x-a\rvert/b}}{2} & \text{für} \quad x \le 0 \\ 1-\frac{e^{-\lvert x-a\rvert/b}}{2} & \text{für} \quad x > 0 \end{cases}$
charakteristische Funktion	$\frac{e^{iat}}{1+b^2t^2}$
Erwartung Varianz	a $2b^2$
Momente	$\frac{\Gamma(1+n)}{a^n}$, $n > -1$

Exponentialverteilung

Symbol, Parameter	$Exp(a), \quad a>0$
Dichte	$a\,e^{-ax}, \quad x \ge 0$
Verteilungsfunktion	$1-e^{-ax}, \quad x \ge 0$
charakteristische Funktion	$\left(1+\frac{it}{a}\right)^{-1}$
Erwartung Varianz	$1/a$ $1/a^2$
Momente	$\frac{\Gamma(1+n)}{a^n}$, $n > -1$

Normalverteilung

Symbol, Parameter	$N(\mu, \sigma^2), \quad \sigma > 0,\ \mu \in \mathcal{R}$
Dichte	$\frac{1}{\sqrt{2\pi}\sigma} e^{-(x-\mu)^2/(2\sigma^2)}$
Verteilungsfunktion	$\int_{-\infty}^{x} \frac{1}{\sqrt{2\pi}\sigma} e^{-(u-\mu)^2/(2\sigma^2)}\, du$
charakteristische Funktion	$e^{i\mu t - \sigma^2 t^2/2}$
Erwartung Varianz	μ σ^2
Momente von $N(0, \sigma^2)$ Ordnung : $2n+1,\ n \geq 0$ Ordnung : $2n,\ n \geq 1$	 0 $(2n-1)(2n-3)...3\ \sigma^{2n}$

In Null gestutzte Normalverteilung

Dichte	$\varphi_0(x) = \sqrt{\frac{2}{\pi}} e^{-x^2/2},\ x \geq 0$
Verteilungsfunktion	$\Phi_0(x) = \int_0^x \sqrt{\frac{2}{\pi}} e^{-u^2/2}\, du,\ x \geq 0$
charakteristische Funktion	$e^{-t^2/2}(1 - i\sqrt{\frac{2}{\pi}} \int_0^t e^{u^2/2}\, du)$
Erwartung Varianz	$\sqrt{\frac{2}{\pi}} \approx 0,80$ $1 - \frac{2}{\pi} \approx 0,36$
Momente der Ordnung $2n+1,\ n \geq 0$ $2n,\ n \geq 1$	 $2n(2n-2)...2\sqrt{\frac{2}{\pi}}$ $(2n-1)(2n-3)...3$

Weibull-Verteilung

Symbol, Parameter	$W(a,b), \quad a>0, \quad b>0$
Dichte	$a\,b\,e^{-ax^b}\,x^{b-1}, \quad x\geq 0$
Verteilungsfunktion	$1-e^{-ax^b}, \quad x\geq 0$
Erwartung Varianz Modalwert	$\Gamma(1+1/b)/a^{1/b}$ $\left(\Gamma(1+2/b)-\Gamma^2(1+1/b)\right)/a^{2/b}$ $max(\left[\frac{b-1}{ab}\right]^{1/b},0)$
Moment der Ordnung n	$\frac{\Gamma(1+n/b)}{a^{n/b}}, \; n\geq -b$

Rayleigh-Verteilung

Symbol, Parameter	G_0
Dichte	$xe^{-x^2/2}, \quad x\geq 0$
Verteilungsfunktion	$1-e^{-x^2/2}, \; x\geq 0$
charakteristische Funktion	$1-te^{-t^2/2}(\int_0^\infty e^{u^2/2}\,du - i\sqrt{\frac{\pi}{2}})$
Erwartung Varianz	$\sqrt{\frac{\pi}{2}}\approx 1,253$ $2-\frac{\pi}{2}\approx 0,429$
Momente der Ordnung $2n-1, \; n\geq 0$ $2n, \; n\geq 1$	 $(2n-1)(2n-3)...3\sqrt{\frac{\pi}{2}}$ $2n(2n-2)...2$

Literaturverzeichnis

[1] D. F. Andrew, C. L. Mallows. Scale mixtures of normal distributions. *J. R. Statist. Soc. B.*, 36:99–102, 1974.

[2] R. Askey. Some characteristic functions of unimodal distributions. *J. Math. Anal. Appl.*, 50:465–469, 1975.

[3] T. A. Azlarov, N. A. Volodin. *Characterization problems connected with the exponential distribution.* Springer, New York, 1986.

[4] N. Balakrishnan (Editor). *Handbook of the Logistic Distribution.* Dekker, New York, 1992.

[5] J. Bass, P. Lévy. Propriétés des lois dont les fonctions caractéristiques sont $1/chz$, z/shz, $1/ch^2z$. *C. R. Acad. Sci.*, 230:815, 1950.

[6] H. Bauer. *Maß- und Integrationstheorie.* de Gruyter, Berlin, 1990.

[7] H. Bauer. *Wahrscheinlichkeitstheorie und Grundzüge der Maßtheorie.* de Gruyter, 4. Auflage, Berlin, 1991.

[8] E. Bertin, I. Cuculescu und R. Theodorescu. *Unimodality of Probabilty Measures.* Kluwer, Dordrecht, 1997.

[9] L. Bondesson. *Generalized Gamma Convolutions and Related Classes of Distributions and Densities.* Lecture Notes in Statistics, Springer Verlag, Berlin, 1992.

[10] G. E. P. Box, G. C. Tiao. *Bayesian Inference in Statistical Analysis.* Wiley Classics Library Edition, Wiley, New York, 1992.

[11] I. N. Bronstein, K. A. Semendjajew. *Taschenbuch der Mathematik.* Teubner Verlagsgesellschaft, Leipzig, 1987.

[12] F. Carlson. Une inégalité. *Arkiv foer Matematik, Astromi och Fysik*, 25B:1–15, 1934.

[13] A. Y. Chintschin. Über unimodale Verteilungen (russ.). *Izv. Nauchn-Isled. Inst. Mat. Mech. Tomsk. Gos. Univ.*, 2:1–7, 1938.

[14] H. Cramér. *Mathematical Methods of Statistics.* Princeton Univ. Press., Princeton, 1946.

[15] M. M. Crum. On positive definite functions. *Proc. London Math. Soc.*, 6:548–560, 1956.

[16] L. Devroye. Methods for generating random variates with Pólya characteristic functions. *Statistics and Probability Letters*, 2:257–261, 1984.

[17] L. Devroye. *Non-Uniform Random Variate Generation.* Springer, New York, 1986.

[18] S. W. Dharmadhikari, K. Joag-dev. *Unimodality, Convexity, and Applications.* Academic Press, Boston, 1988.

[19] I. Dreier. On the uncertainity principle for positive definite densities. *Z. Anal. Anw.*, 15:1015–1023, 1996.

[20] I. Dreier. Inequalities between the second and fourth moments. *Statistics*, 32:189–198, 1998.

[21] I. Dreier. *Ungleichungen für reelle charakteristische Funktionen und zugehörige Momente.* Dissertation, Technische Universität Dresden, 1999.

[22] H. Dym, H. P. McKean. *Fourier Series and Integrals.* Academic Press, New York, 1972.

[23] W. Feller. *An Introduction to Probability and its Applications.* Volume 2, Wiley, New York, 2nd Edition, 1971.

[24] P. Gänßler, W. Stute. *Wahrscheinlichkeitstheorie.* Springer-Verlag, Berlin, 1977.

[25] B. W. Gihman, A. V. Skorohod. *The Theory of Stochastic Processes, Volume I.* Springer-Verlag, Berlin, 1980.

[26] J. Gil-Pelaez. Note on the inversion theorem. *Biometrika*, 38:481–482, 1951.

[27] B. V. Gnedenko. *Einführung in die Wahrscheinlichkeitstheorie.* Harri Deutsch, Thun und Frankfurt, 10. Auflage, 1997.

[28] T. Gneiting. Normal scale mixtures and dual probability densities. *J. Statist. Comput. Simulations*, 59:375–384, 1997.

[29] T. Gneiting. *Symmetric Positive Definite Functions with Applications in Spatial Statistics.* Dissertation, Universität Bayreuth, 1997.

[30] T. Gneiting. On the uncertainty relation for positive definite probability densities. *Statistics*, 31:83–88, 1998.

[31] A. Hayfavi, S. Klotz , I. V. Ostrovskii. Analytic and asymptotic properties of Linnik's probability density. *C. R. Acad. Sci., Série I*, 319:985–990, 1994.

[32] L. J. Hodges, E. L. Lehmann. Matching in paired comparison. *Ann. Math. Statist.*, 25:787–791, 1954.

[33] N. L. Johnson, S. Klotz , N. Balakrishnan. *Continuous Univariate Distributions.* Volume 1, Wiley, New York, 2nd Edition, 1994.

[34] N. L. Johnson, S. Klotz , N. Balakrishnan. *Continuous Univariate Distributions.* Volume 2, Wiley, New York, 2nd Edition, 1995.

[35] T. Kawata. *Fourier Analysis in Probability.* Academic Press, New York - London, 1972.

[36] A. N. Kolmogorov, S. V. Fomin. *Reelle Funktionen und Funktionalanalysis.* Verlag der Wissenschaften, Berlin, 1975.

[37] G. Laue. Existence and representation of density functions. *Math. Nachr.*, 114:7–21, 1983.

[38] G. Laue. Results on moments of non-negative random variables. *Sankhya, Series A*, 48:299–314, 1986.

[39] G. Laue. *Charakteristische Funktionen nichtnegativer Zufallsgrößen — Theorie und Anwendungen.* Habilitationsschrift, Universität Leipzig, 1988.

[40] G. Laue. Self-reciprocal functions in probability theory. *Math. Nachr.*, 139:289–301, 1988.

[41] G. Laue. A new characterization of IFR-distributions. *Math. Nachr.*, 149:7–17, 1990.

[42] P. Lévy. Extensions d'un théorème de D. Dugué et M. Girault. *Zeitschrift für Wahrscheinlichkeitstheorie und verwandte Gebiete*, 1:159–173, 1962.

[43] T. Lewis. Probability functions which are proportional to characteristic functions and the infinite divisibility of the von Mises distribution. In *Perspectives in Probability and Statistics*, 19-28, London, New York, San Francisco, 1976. Academic Press.

[44] E. Lukacs. *Characteristic Functions.* 2nd Edition, Griffin, New York - London, 1970.

[45] M. Mathias. Über positive Fourier-Integrale. *Math. Z.*, 16:103–125, 1923.

[46] H. Niederreiter. *Random Number Generation and Quasi-Monte Carlo Methods.* SIAM, Philadelphia, 1992.

[47] C. Pfannschmidt. *Positiv definite Verteilungsdichten.* Dissertation, Universität Leipzig, 1995.

[48] M. B. Priestley. *Spectral Analysis and Time Series.* Volume 1, Academic Press, New York, 6nd Edition, 1989.

[49] S. Purkayastha. Simple proofs of two results on convolutions of unimodal distributions. *Statist. Prob. Letters*, 39:97–100, 1998.

[50] H.-J. Roßberg. Positiv definite Verteilungsdichten. *Wiss. Z. Karl-Marx-Univ. Leipzig*, 37:366–374, 1988.

[51] H.-J. Roßberg. *Positiv definite Verteilungsdichten. Anhang zu: B. W. Gnedenko, Einführung in die Wahrscheinlichkeitstheorie, 9. Aufl.* Akademie-Verlag, Berlin, 1991.

[52] U. Rösler. Distributions slanted to the right. *Statistica Neerlandica*, 49:83–93, 1995.

[53] H.-J. Rossberg. Limit theorems for positive definite probabilitiy densities. In *Lecture Notes in Mathematics*, 1412:296-308, New York-Heidelberg-Berlin, 1989. Springer Verlag.

[54] H.-J. Rossberg. Positive definite probability densities and probability distributions. *J. Math. Sci.*, 76:2181–2197, 1995.

[55] H.-J. Rossberg. A stability theorem for solutions of the integral equation for self-adjoint probability densities. *Frontiers in Pure and Applied Probability*, 3, 1995.

[56] H.-J. Rossberg, B. Jesiak, G. Siegel. *Analytic Methods of Probability Theory.* Akademie-Verlag, Berlin, 1985.

[57] W. Rudin. *Real and Complex Analysis.* McGraw-Hill, 1974.

[58] I. M. Ryžik, I. M. Gradstejn. *Summen-, Produkt- und Integraltafeln.* Deutscher Verlag der Wissenschaften, Berlin, 1957.

[59] Z. Sasvári. *Positive Definite and Definitizable Functions.* Akademie Verlag, Berlin, 1994.

[60] K. Schladitz, H. J. Engelbert. On probability density functions which are their own characteristic functions. *Teor. verojatn. primen.*, 40:694–698, 1995.

[61] L. A. Shepp. Symmetric random walk. *Trans. Amer. Math. Soc.*, 104:144–153, 1962.

[62] F. W. Steutel. *Preservation of infinite divisibility under mixing and related topics.* Math. Centre Tracts 33, Math. Centre, Amsterdam, 1970.

[63] J. T. Teugels. Probability density functions which are their own characteristic functions. *Bull. Soc. Math. Belg.*, 23:263–272, 1971.

[64] H.-H. Thulke. *Spezielle Probleme aus der Theorie positiv definiter Dichten.* Dissertation, Universität Leipzig, 1995.

[65] E. C. Titchmarsh. *Introduction to the Theory of Fourier Integrals.* Claredeon Press, Oxford, 1937.

[66] H. Vogt. Unimodality of differences. *Metrika*, 30:165–170, 1983.

[67] A. N. Širjaev. *Wahrscheinlichkeit.* Deutscher Verlag der Wissenschaften, Berlin, 1988.

[68] A. Wintner. *Asymptotic Distributions and Infinite Convolutions.* Edwards Brothers, Ann Arbor, 1938.

Index

Bandemer

Ratschläge zum mathematischen Umgang mit Ungewißheit

Reasonable Computing

Von Prof. Dr. **Hans Bandemer**
Halle/Saale

1997. 228 Seiten mit 23 Bildern.
16,2 x 22,9 cm.
Geb. DM 54,80
ÖS 400,– / SFr 49,–
ISBN 3-8154-2118-7

Auf der Basis seiner jahrzehntelangen Erfahrungen mit der Anwendung mathematischer Methoden gibt der Autor Ratschläge, wie die den Problemen und Daten innewohnende Unsicherheit, die Ungewißheit und Vagheit mathematisch erfaßt und verwendet werden können. Das Spektrum reicht dabei von der einfachen Interpolation bis hin zu Wavelets, von der Fehlerfortpflanzung bis zur Fuzzytheorie und neuronalen Netzen. Der Schwerpunkt des Buches liegt in der hauptsächlich verbalen Darlegung der Grundgedanken der einzelnen Zugänge und in Ratschlägen für deren vernünftige Benutzung in Abhängigkeit von der Zielstellung und der Informationslage des gegebenen praktischen Problems. Zum Verständnis genügt dem Leser ein Grundkurs in Mathematik auf Hochschulniveau.

Preisänderungen vorbehalten.

B. G. Teubner Stuttgart · Leipzig